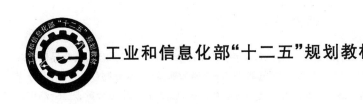
工业和信息化部"十二五"规划教材

含氮化合物制备与表征实验

主　编　李丽洁
副主编　金韶华　陈树森

北京航空航天大学出版社

内容简介

本书取材于科研成果,与当今科研发展前沿紧密相关。内容包括奥克托今(HMX)、六硝基六氮杂异伍兹烷(HNIW)、1,1-二氨基-2,2-二硝基乙烯(FOX-7)、2,6-二氨基-3,5-二硝基吡嗪-1-氧化物(LLM-105)等先进含能材料的合成与制备;高效液相色谱、红外光谱、近红外光谱等表征方法;粒度分析、应力分析、差热-热重联用(DTG-60)分析、比表面积测试、撞击感度测试、微热量热(C80)测试、绝热反应量热(ARC)测试等含能材料测试技术;在线红外光谱分析等机理研究手段;体系组分定量分析方法;合成反应安全性评价方法等。

本书适合高等院校特种能源工程与烟火技术、材料化学、高分子材料与工程、化学工程与工艺、应用化学、化学、物理化学、制药工程、生物工程、弹药工程与爆炸技术等化学相关专业三、四年级学生使用,是本科生继有机化学实验、分析化学实验等基础实验课程之后继续深化学习的实验课程教材,是基础实验课程与本科毕业论文设计之间的桥梁,也可为后续化学相关专业本科生继续深造奠定基础。

图书在版编目(CIP)数据

含氮化合物制备与表征实验 / 李丽洁主编. -- 北京:北京航空航天大学出版社,2015.7
ISBN 978-7-5124-1846-2

Ⅰ. ①含… Ⅱ. ①李… Ⅲ. ①氮化合物-制备-实验 Ⅳ. ①TQ126.2-33

中国版本图书馆 CIP 数据核字(2015)第 161410 号

版权所有,侵权必究。

含氮化合物制备与表征实验

主　编　李丽洁
副主编　金韶华　陈树森

责任编辑　杨　昕

*

北京航空航天大学出版社出版发行

北京市海淀区学院路 37 号(邮编 100191)　http://www.buaapress.com.cn
发行部电话:(010)82317024　传真:(010)82328026
读者信箱: goodtextbook@126.com　邮购电话:(010)82316936
北京兴华昌盛印刷有限公司 印装　各地书店经销

*

开本:787×1 092　1/16　印张:14.5　字数:317 千字
2015 年 8 月第 1 版　2015 年 8 月第 1 次印刷　印数:1 000 册
ISBN 978-7-5124-1846-2　定价:35.00 元

若本书有倒页、脱页、缺页等印装质量问题,请与本社发行部联系调换。联系电话:(010)82317024

前　言

　　北京理工大学于 2002 年成立材料学院,该学院的组成源于原化工与材料学院精细化工(含能材料方向)61 专业和高分子材料 62 专业以及原机械工程与自动化学院 71 专业。61、62 专业组成现在的高分子材料系。新学院成立后,本科生专业课程设置中就不再包括含能材料的专业课程(包括实验),使得含能材料方向的研究生学习没有延续性。为此,2003 年高能量密度化合物合成与应用课题组开设了"含氮化合物制备与表征实验"课程,旨在使学生在本科阶段能够接触到与含能材料相关的知识,并能够在有机化学实验的基础上,进行含能材料相关物质的制备实验,掌握含能材料的表征方法,了解先进的分析测试技术在含能材料领域的应用,了解科研发展的前沿和动态。通过本课程的学习,培养学生运用化学知识的能力和实践能力;使学生通过实验获得感性知识,巩固和加深对化学基本理论、基本知识的理解,并适当扩大知识面;培养学生的实验技能,学会使用常规的和先进的仪器设备;培养学生独立思考、独立工作、独立设计的能力;培养学生的创新能力和团队协作精神;培养学生严谨的科学态度和良好的工作作风。

　　《含氮化合物制备与表征实验》是实验教材,其内容取自科研成果,与当今科研发展前沿紧密相关,该实验的结果反馈给科研任务,从而使教学与科研相辅相成。

　　《含氮化合物制备与表征实验》内容包括:(1)奥克托今(HMX)、六硝基六氮杂异伍兹烷(HNIW)、1,1-二氨基-2,2-二硝基乙烯(FOX-7)、2,6-二氨基-3,5-二硝基吡嗪-1-氧化物(LLM-105)等含能材料相关物质的制备;(2)高效液相色谱、傅里叶红外光谱、近红外光谱等表征方法;(3)粒度分析、应力分析、差热-热重联用(DTG-60)分析、比表面积测试、撞击感度测试、微热量热(C80)测试、绝热反应量热(ARC)测试等含能材料测试技术;(4)在线红外光谱分析等机理研究手段;(5)体系组分定量分析方法;(6)合成反应安全性评价方法;(7)分子模拟实验等 38 个实验。本实验教材还包括了基本的有机实验操作内容、含氮化合物制备技术、先进的分析测试技术和 18 种先进仪器设备的操作规程。其内容新颖,体现了含能材料领域的最新成就,适应本科生后续培养环节和继续深造发展的需求,可吸引更多优秀的学生进入国防领域。通过系列含氮化合物的制备,学生能够深入理解有机合成反应,熟悉有机合成反应的设计思想;通过对合成条件的探索,学生能够熟悉工艺条件优化的过程和思想;通过对制备的含氮化合物的表征,学生能够熟悉红外光谱、差热-热重分析、微热量热、绝热反应量热、高效液相色谱、熔点、粒度、比表面积、真密度等分析测试的基本原理,并能在仪器上独立操作。

本教材适合高等院校特种能源工程与烟火技术、材料化学、高分子材料与工程、化学工程与工艺、应用化学、化学、物理化学、制药工程、生物工程、弹药工程与爆炸技术等化学相关专业三、四年级学生使用，是本科生继有机化学实验、分析化学实验等基础实验课程之后继续深化学习的实验课程教材，是基础实验课程与本科毕业论文设计之间的桥梁，也可为后续化学相关专业本科生继续深造奠定基础。

课程设计还不是很全面，在教学的实践与科研的发展中还需要进一步完善，也希望各位读者不吝赐教。

目 录

第1章 实验基础知识 ··· 1
  1.1 实验须知 ·· 1
    1.1.1 实验目的 ·· 1
    1.1.2 实验程序与要求 ··· 1
    1.1.3 实验室规则 ··· 2
    1.1.4 实验室安全知识 ··· 2
    1.1.5 实验数据处理基础知识 ·· 3
  1.2 玻璃器具的使用 ··· 8
    1.2.1 实验室常用玻璃器具 ··· 8
    1.2.2 普通玻璃器具的洗涤与干燥 ·· 13
    1.2.3 玻璃量具的洗涤 ··· 16
  1.3 常见实验基本技术 ·· 18
    1.3.1 加热方法及装置 ··· 18
    1.3.2 冷却方法及装置 ··· 21
    1.3.3 化学试剂的取用 ··· 22
    1.3.4 化学试剂的干燥 ··· 23
    1.3.5 分离与提纯技术 ··· 26
    1.3.6 气体的发生、净化和收集 ··· 33
    1.3.7 微型实验仪器及使用 ··· 36
    1.3.8 薄层色谱技术 ·· 37
    1.3.9 柱层析技术 ··· 40

第2章 含氮化合物制备技术 ··· 45
  2.1 高能量密度化合物的主要特点 ·· 46
  2.2 高能量密度化合物的发展 ·· 46
  2.3 高能量密度化合物的分类 ·· 47
  2.4 高能量密度化合物的合成 ·· 48
    2.4.1 TNT 的合成与发展 ·· 48
    2.4.2 RDX 的合成与发展 ··· 48
    2.4.3 HMX 的合成与发展 ·· 50
    2.4.4 HNIW 的合成与发展 ··· 58
  2.5 有应用价值的不敏感高能量密度化合物 ·· 68
    2.5.1 1,3,3-三硝基氮杂环丁烷 ·· 68

2.5.2 3-硝基-1,2,4-三唑-5-酮	69
2.5.3 1,1-二氨基-2,2-二硝基乙烯	70
2.5.4 2,6-二氨基-3,5-二硝基吡嗪-1-氧化物	71
2.5.5 1,3,5-三氨基-2,4,6-三硝基苯	72
2.5.6 1,1'-二羟基-5,5'-联四唑二羟胺盐	73
2.6 其他新型高能量密度化合物	74
2.7 计算化学在高能量密度化合物设计中的应用	77

第3章 含氮化合物制备与表征系列实验 ... 78

3.1 实验1 3,7-二硝基-1,3,5,7-四氮杂双环[3.3.1]壬烷的合成 ... 79
- 3.1.1 实验目的 ... 79
- 3.1.2 实验原理 ... 79
- 3.1.3 实验药品与仪器 ... 80
- 3.1.4 实验步骤 ... 81
- 3.1.5 思考题 ... 82

3.2 实验2 1,5-二乙酰基-3,7-桥亚甲基-1,3,5,7-四氮杂环辛烷的合成 ... 82
- 3.2.1 实验目的 ... 82
- 3.2.2 实验原理 ... 82
- 3.2.3 实验药品与仪器 ... 83
- 3.2.4 实验步骤 ... 83
- 3.2.5 思考题 ... 84

3.3 实验3 1,3,5,7-四乙酰基-1,3,5,7-四氮杂环辛烷的合成 ... 84
- 3.3.1 实验目的 ... 84
- 3.3.2 实验原理 ... 84
- 3.3.3 实验药品和仪器 ... 85
- 3.3.4 实验步骤 ... 85
- 3.3.5 思考题 ... 85

3.4 实验4 1,5-二乙酰基-3,7-二硝基-1,3,5,7-四氮杂环辛烷的合成 ... 86
- 3.4.1 实验目的 ... 86
- 3.4.2 实验原理 ... 86
- 3.4.3 实验药品和仪器 ... 86
- 3.4.4 实验步骤 ... 87
- 3.4.5 思考题 ... 87

3.5 实验5 2-氯-6-甲氧基吡嗪的合成 ... 87
- 3.5.1 实验目的 ... 87
- 3.5.2 实验原理 ... 88
- 3.5.3 实验药品与仪器 ... 88
- 3.5.4 实验步骤 ... 88
- 3.5.5 思考题 ... 88

目 录

3.6	实验6 3,5-二硝基-2-氯-6-甲氧基吡嗪的合成	89
	3.6.1 实验目的	89
	3.6.2 实验原理	89
	3.6.3 实验药品和仪器	89
	3.6.4 实验步骤	89
	3.6.5 思考题	89
3.7	实验7 2-甲基-2-甲氧基-4,5-咪唑啉二酮的合成	89
	3.7.1 实验目的	89
	3.7.2 实验原理	90
	3.7.3 实验药品和仪器	90
	3.7.4 实验步骤	91
	3.7.5 思考题	91
3.8	实验8 2-(二硝基亚甲基)-4,5-二氧咪唑烷二酮的合成	91
	3.8.1 实验目的	91
	3.8.2 实验原理	91
	3.8.3 实验药品和仪器	92
	3.8.4 实验步骤	92
	3.8.5 思考题	93
3.9	实验9 六苄基六氮杂异伍兹烷的合成	93
	3.9.1 实验目的	93
	3.9.2 实验原理	93
	3.9.3 实验药品与仪器	96
	3.9.4 实验步骤	96
	3.9.5 思考题	96
3.10	实验10 四乙酰基二苄基六氮杂异伍兹烷的合成	97
	3.10.1 实验目的	97
	3.10.2 实验原理	97
	3.10.3 实验药品与仪器	98
	3.10.4 实验步骤	99
	3.10.5 思考题	100
3.11	实验11 四乙酰基二甲酰基六氮杂异伍兹烷的合成	100
	3.11.1 实验目的	100
	3.11.2 实验原理	100
	3.11.3 实验药品与仪器	100
	3.11.4 实验步骤	101
	3.11.5 思考题	101
3.12	实验12 四乙酰基六氮杂异伍兹烷的合成	101
	3.12.1 实验目的	101
	3.12.2 实验原理	101

		3.12.3 实验药品与仪器	102
		3.12.4 实验步骤	102
		3.12.5 思考题	102
3.13	实验13	三乙酰基三苄基六氮杂异伍兹烷的合成	102
		3.13.1 实验目的	102
		3.13.2 实验原理	102
		3.13.3 实验药品与仪器	103
		3.13.4 实验步骤	103
		3.13.5 思考题	103
3.14	实验14	三乙酰基三甲酰基六氮杂异伍兹烷的合成	103
		3.14.1 实验目的	103
		3.14.2 实验原理	103
		3.14.3 实验药品与仪器	104
		3.14.4 实验步骤	104
		3.14.5 思考题	104
3.15	实验15	六乙酰基六氮杂异伍兹烷的合成	104
		3.15.1 实验目的	104
		3.15.2 实验原理	104
		3.15.3 实验药品与仪器	105
		3.15.4 实验步骤	105
		3.15.5 思考题	105
3.16	实验16	六烯丙基六氮杂异伍兹烷的合成	105
		3.16.1 实验目的	105
		3.16.2 实验原理	105
		3.16.3 实验药品与仪器	106
		3.16.4 实验步骤	106
		3.16.5 思考题	106
3.17	实验17	由四乙酰基二甲酰基六氮杂异伍兹烷合成六硝基六氮杂异伍兹烷	107
		3.17.1 实验目的	107
		3.17.2 实验原理	107
		3.17.3 实验药品与仪器	108
		3.17.4 实验步骤	108
		3.17.5 思考题	109
3.18	实验18	由四乙酰基六氮杂异伍兹烷合成六硝基六氮杂异伍兹烷	109
		3.18.1 实验目的	109
		3.18.2 实验原理	109
		3.18.3 实验药品与仪器	109
		3.18.4 实验步骤	109
		3.18.5 思考题	110

- 3.19 实验19 由四乙酰基二苄基六氮杂异伍兹烷合成六硝基六氮杂异伍兹烷 …… 110
  - 3.19.1 实验目的 …… 110
  - 3.19.2 实验原理 …… 110
  - 3.19.3 实验药品与仪器 …… 111
  - 3.19.4 实验步骤 …… 111
  - 3.19.5 思考题 …… 111
- 3.20 实验20 乙二肟的合成 …… 111
  - 3.20.1 实验目的 …… 111
  - 3.20.2 实验原理 …… 112
  - 3.20.3 实验药品与仪器 …… 112
  - 3.20.4 实验步骤 …… 112
  - 3.20.5 思考题 …… 112
- 3.21 实验21 二氯乙二肟的合成 …… 112
  - 3.21.1 实验目的 …… 112
  - 3.21.2 实验原理 …… 112
  - 3.21.3 实验药品与仪器 …… 113
  - 3.21.4 实验步骤 …… 113
  - 3.21.5 思考题 …… 113
- 3.22 实验22 制备具有不同结晶特性的RDX产品 …… 113
  - 3.22.1 实验目的 …… 113
  - 3.22.2 实验原理 …… 113
  - 3.22.3 实验药品和仪器 …… 115
  - 3.22.4 实验步骤 …… 115
  - 3.22.5 思考题 …… 115
- 3.23 实验23 高效液相色谱分析 …… 115
  - 3.23.1 实验目的 …… 115
  - 3.23.2 实验原理 …… 116
  - 3.23.3 实验药品与仪器 …… 117
  - 3.23.4 实验步骤 …… 117
  - 3.23.5 思考题 …… 118
- 3.24 实验24 熔点测试 …… 118
  - 3.24.1 实验目的 …… 118
  - 3.24.2 实验原理 …… 118
  - 3.24.3 实验步骤 …… 119
  - 3.24.4 思考题 …… 120
- 3.25 实验25 红外光谱测试 …… 120
  - 3.25.1 实验目的 …… 120
  - 3.25.2 实验原理 …… 120
  - 3.25.3 实验药品与仪器 …… 122

3.25.4　实验步骤 ··· 122
　　3.25.5　思考题 ··· 122
3.26　实验26　撞击感度测试 ·· 123
　　3.26.1　实验目的 ··· 123
　　3.26.2　实验原理 ··· 123
　　3.26.3　实验药品与仪器 ··· 124
　　3.26.4　实验步骤 ··· 125
　　3.26.5　思考题 ··· 125
3.27　实验27　动态应力测试 ·· 125
　　3.27.1　实验目的 ··· 125
　　3.27.2　实验原理 ··· 125
　　3.27.3　实验药品与仪器 ··· 126
　　3.27.4　实验步骤 ··· 126
　　3.27.5　思考题 ··· 126
3.28　实验28　粒径分布测试 ·· 127
　　3.28.1　实验目的 ··· 127
　　3.28.2　实验原理 ··· 127
　　3.28.3　实验药品与仪器 ··· 128
　　3.28.4　实验步骤 ··· 128
　　3.28.5　思考题 ··· 128
3.29　实验29　比表面积测试 ·· 128
　　3.29.1　实验目的 ··· 128
　　3.29.2　实验原理 ··· 129
　　3.29.3　实验药品与仪器 ··· 131
　　3.29.4　实验步骤 ··· 131
　　3.29.5　思考题 ··· 132
3.30　实验30　晶体表观密度测试 ·· 133
　　3.30.1　实验目的 ··· 133
　　3.30.2　实验原理 ··· 133
　　3.30.3　实验药品与仪器 ··· 133
　　3.30.4　实验步骤 ··· 134
　　3.30.5　思考题 ··· 134
3.31　实验31　绝热量热测试 ·· 134
　　3.31.1　实验目的 ··· 134
　　3.31.2　实验原理 ··· 134
　　3.31.3　实验药品与仪器 ··· 136
　　3.31.4　实验步骤 ··· 136
　　3.31.5　思考题 ··· 137
3.32　实验32　差热分析 ··· 137

3.32.1	实验目的	137
3.32.2	实验原理	137
3.32.3	实验药品与仪器	139
3.32.4	实验步骤	139
3.32.5	思考题	139

3.33 实验33 微热量热技术分析二元混合炸药组分相容性 …… 140

- 3.33.1 实验目的 …… 140
- 3.33.2 实验原理 …… 140
- 3.33.3 实验药品与仪器 …… 141
- 3.33.4 实验步骤 …… 141
- 3.33.5 思考题 …… 141

3.34 实验34 在线红外光谱技术研究醋酐水解反应机理 …… 141

- 3.34.1 实验目的 …… 141
- 3.34.2 实验原理 …… 141
- 3.34.3 实验药品与仪器 …… 142
- 3.34.4 实验步骤 …… 142
- 3.34.5 思考题 …… 143

3.35 实验35 近红外光谱技术建立硝酸-水二元体系组分定量分析方法 …… 143

- 3.35.1 实验目的 …… 143
- 3.35.2 实验原理 …… 143
- 3.35.3 实验药品与仪器 …… 144
- 3.35.4 实验步骤 …… 144
- 3.35.5 思考题 …… 145

3.36 实验36 采用反应量热技术评价醋酐水解放热反应工艺安全性 …… 145

- 3.36.1 实验目的 …… 145
- 3.36.2 实验原理 …… 145
- 3.36.3 实验药品与仪器 …… 147
- 3.36.4 实验步骤 …… 147
- 3.36.5 思考题 …… 148

3.37 实验37 采用微热量热法测试醋酐水解反应的放热量 …… 150

- 3.37.1 实验目的 …… 150
- 3.37.2 实验原理 …… 150
- 3.37.3 实验药品与仪器 …… 150
- 3.37.4 实验步骤 …… 151
- 3.37.5 思考题 …… 151

3.38 实验38 采用分子动力学方法研究HNIW热分解 …… 151

- 3.38.1 实验目的 …… 151
- 3.38.2 实验原理 …… 151
- 3.38.3 实验软件 …… 151

3.38.4 实验内容 ······ 152
  3.38.5 思考题 ······ 152

第4章 仪器设备简介和操作规程 ······ 153

 4.1 实验室大型仪器设备使用管理条例 ······ 153
 4.2 ULTRAPYCNOMETER 1000 型全自动真密度仪 ······ 153
  4.2.1 仪器简介 ······ 153
  4.2.2 操作规程 ······ 155
 4.3 NOVA 1000e 快速全自动比表面和孔隙度分析仪 ······ 155
  4.3.1 仪器简介 ······ 155
  4.3.2 操作规程 ······ 156
 4.4 动态应力测试仪 ······ 157
  4.4.1 仪器简介 ······ 157
  4.4.2 操作规程 ······ 158
 4.5 氢气瓶 ······ 158
  4.5.1 仪器简介 ······ 158
  4.5.2 操作规程 ······ 158
 4.6 CILAS 1064 型高精度粒度分析仪 ······ 159
  4.6.1 仪器简介 ······ 159
  4.6.2 操作规程 ······ 160
 4.7 C80 微热量热仪 ······ 160
  4.7.1 仪器简介 ······ 160
  4.7.2 操作规程 ······ 161
 4.8 聚焦光束反射测量仪-颗粒录影显微镜联用 ······ 162
  4.8.1 仪器简介 ······ 162
  4.8.2 操作规程 ······ 164
 4.9 快速筛选仪 ······ 164
  4.9.1 仪器简介 ······ 164
  4.9.2 操作规程 ······ 165
 4.10 绝热加速量热仪 ······ 166
  4.10.1 仪器简介 ······ 166
  4.10.2 操作规程 ······ 168
 4.11 氢解压力釜 ······ 168
  4.11.1 仪器简介 ······ 168
  4.11.2 操作规程 ······ 169
 4.12 全自动反应量热仪 ······ 170
  4.12.1 仪器简介 ······ 170
  4.12.2 操作规程 ······ 170
 4.13 百克量单元试验装置 ······ 174

  4.13.1 仪器简介 …………………………………………………………………… 174
  4.13.2 操作规程 …………………………………………………………………… 175
 4.14 POPE 两英寸刮膜式多组分物质分离设备 …………………………………… 176
  4.14.1 设备简介 …………………………………………………………………… 176
  4.14.2 操作规程 …………………………………………………………………… 177
 4.15 ReactIR IC10 型在线反应红外分析仪 ………………………………………… 178
  4.15.1 仪器简介 …………………………………………………………………… 178
  4.15.2 操作规程 …………………………………………………………………… 179
 4.16 超临界流体色谱仪 ……………………………………………………………… 180
  4.16.1 仪器简介 …………………………………………………………………… 180
  4.16.2 操作规程 …………………………………………………………………… 181
 4.17 计算机集群 ……………………………………………………………………… 181
  4.17.1 设备简介 …………………………………………………………………… 181
  4.17.2 操作规程 …………………………………………………………………… 182
 4.18 Material Studio 材料模拟软件 ………………………………………………… 183
  4.18.1 软件简介 …………………………………………………………………… 183
  4.18.2 操作规程 …………………………………………………………………… 184
 4.19 近红外光谱定量分析模型的建立 ……………………………………………… 185
  4.19.1 近红外光谱仪器介绍 ……………………………………………………… 185
  4.19.2 定量分析模型建立流程 …………………………………………………… 185

附　录 …………………………………………………………………………………… 195
 附录 A 常用酸碱的浓度 ………………………………………………………… 195
 附录 B 常用缓冲溶液 …………………………………………………………… 195
 附录 C HPLC 固定相及其应用范围 ……………………………………………… 196
 附录 D 高效液相色谱故障及排除方法 ………………………………………… 197
 附录 E 高效液相色谱柱的清洗和再生方法 ……………………………………… 198
 附录 F 色谱谱柱再生案例 ……………………………………………………… 200
 附录 G 部分高能量密度化合物相关中间体和产物的红外波谱图 …………… 203

参考文献 ………………………………………………………………………………… 214

第1章 实验基础知识

含氮化合物制备与表征实验是以化学实验的方法与手段为基础的实验课程,因此实验原理、实验方法、实验程序、实验操作、实验安全与实验数据处理等都与化学实验相关。

含氮化合物制备与表征实验是含能材料相关专业学生选修的一门实验课。通过实验课程的学习,学生掌握含能材料相关实验的基本操作和实验技能,巩固化学的基本理论,培养学生运用化学知识的能力和实践能力。

1.1 实验须知

1.1.1 实验目的

① 学生通过实验获得感性知识,巩固和加深对化学基本理论、基本知识的理解,并适当扩大知识面。

② 培养学生实验的基本操作技能,掌握应用于含能材料领域的先进分析测试技术,学会使用先进的仪器设备。

③ 培养学生创新能力和合作精神。

④ 培养学生独立思考、独立工作、独立设计的能力。

⑤ 培养学生严谨的科学态度和良好的工作作风。

1.1.2 实验程序与要求

(1) 预习

充分预习是做好实验的重要环节。含氮化合物制备与表征实验是在教师指导下,由学生独立完成的。只有充分理解实验原理、操作步骤,明确应在实验中解决哪些问题,才能有条不紊地进行实验,因此,应做到以下几点:

① 阅读实验教材,明确本次实验的目的及实验内容。

② 合理安排实验时间。掌握本次实验的主要内容,了解实验中所涉及的有关操作技术及注意事项。

③ 写出预习报告。其内容包括:实验名称、实验目的、实验原理、操作步骤(可用反应式、流程图表示)、注意事项,留出合适位置记录实验现象或设计记录实验数据和实验现象的表格。切忌照抄实验教材。实验时教师将检查预习情况。

(2) 观看教学录像片

教学录像片是一部声形并茂的教材,在教学中有独特的作用。实验前,将安排放映教学录像片,这将很好地帮助学生预习实验,掌握正确的操作技能,因此要求学生按时认真收看,并做好记录。

(3) 实 验

实验是培养独立工作和思维能力的重要环节,应独立、认真地完成。

① 对于基础实验,需要在教师指导下,按实验教材上规定的方法、步骤及药品用量进行实验。细心观察,如实将实验现象及数据记录在预习报告中,养成严谨的学风。

② 对于综合设计实验,需要在调研文献资料的基础上撰写实验方案。方案要合理,思路要清晰。若发现问题,应及时查明原因,修改方案。

③ 在实验中遇到疑难问题或反常现象,应认真分析操作步骤,思考其原因,自觉养成思索钻研的习惯。

④ 遵守实验室规则和安全守则,实验中始终保持桌面布局合理、环境整齐清洁。

(4) 实验报告

实验报告是对每次实验的全面总结,它体现出学生的实验水平及分析问题的能力,应严肃认真地书写。实验报告包括五项内容:

① 实验目的　简述实验目的。

② 实验原理　简述有关基本原理和主要反应方程式。

③ 实验内容　尽量采用表格、框图、符号等形式,清晰反映实验内容,避免照抄教材。正确表达、记录实验现象和实验数据,不允许主观臆造。

④ 解释、结论及数据处理　对现象加以简单的解释,写出主要反应方程式,得出结论。数据计算要表达清晰。

⑤ 问题讨论　针对实验中遇到的问题提出自己的见解,定量实验应分析误差原因,对实验内容提出改进意见,按要求完成课后思考题。

1.1.3　实验室规则

① 实验前充分预习,写好预习报告,按时进入实验室。未预习者不能进行实验。

② 实验前要清点仪器,如果发现有破损或缺少,应立即报告老师,按规定手续补领。实验时仪器若有破损,亦应立即报告老师,按规定手续补领。

③ 实验时应保持安静,按正确操作方法进行实验,仔细观察现象,如实记录结果。

④ 实验时应保持实验室和桌面清洁整齐。药品仪器应整齐地摆放在一定位置,用后立即放还原位。药品应按用量取用,自药品瓶中取出的药品,不能倒回原瓶中,以免带入杂质;取用药品后,应立即盖上瓶塞,以免弄错瓶塞,沾污药品。有腐蚀性或污染性的废物应倒入废液桶或指定容器内。火柴梗、废纸屑、碎玻璃等倒入垃圾箱内,不得随意乱丢。

⑤ 注意安全操作,遵守安全守则。

⑥ 实验结束后,实验记录交教师检查签字后,方能离开实验室。实验室的一切物品不得带离实验室。

⑦ 各实验台轮流值日,打扫实验室,保持实验室清洁卫生。离开实验室前,必须检查电插头或闸刀是否拉开,水龙头是否关闭等。

1.1.4　实验室安全知识

含氮化合物制备与表征实验需要高度重视安全问题,严格遵守操作规程及安全守则,以免事故的发生。

(1) 实验室安全守则

① 实验室内应严禁饮食、吸烟、大声喧哗。

② 切勿品尝实验用化学药品,对性质不明的药品不允许任意混合。

③ 一切有毒、有刺激性气体物质的实验,都要在通风橱中进行;一切易燃、易爆物质的实验,应在远离火种、电源的地方进行。

④ 在试管中加热液体时,不要将试管指向自己或别人,也不要俯视正在加热的液体,以免液体溅出伤人。

⑤ 稀释浓硫酸时,应将浓硫酸慢慢地注入水中,并不断搅拌,以免迸溅致伤。

⑥ 嗅闻气体时,应用手轻拂,将少量气体煽向自己再嗅。

⑦ 有毒、有腐蚀性废液不得倒入下水道,应回收后集中处理。

⑧ 实验完毕,应将实验台面整理干净,关闭水、电、煤气后再离开实验室。

(2) 实验室意外事故的处理

① 如遇起火,应首先移走易燃药品,切断电源,根据着火情况选择适当的灭火方法。一般小火可用湿布或砂土等扑灭,火势稍大时可使用灭火器,但不可用水扑救。

② 如遇触电事故,应首先切断电源,必要时进行人工呼吸或送往医院。

③ 若受强酸或浓碱腐蚀,应立即用大量清水冲洗,然后相应地用饱和碳酸氢钠或3%硼酸溶液冲洗,再用水冲洗后,外敷 ZnO(或硼酸)软膏。

④ 若吸入少量刺激性气体或有毒气体而感到不适,应立即到室外呼吸新鲜空气。

⑤ 若烫伤,切勿用水冲洗,可用高锰酸钾或苦味酸液攒洗后,再搽上凡士林或烫伤药膏。

⑥ 若割伤,伤口内有玻璃碎片或其他异物,需先清出,然后再在伤口处敷上云南白药或创可贴。

⑦ 一旦毒物进入口内,可将 5~10 mL 稀硫酸铜溶液加入一杯温水中,口服后,将手指伸入咽喉部,促使呕吐,然后立即送医院。

⑧ 金属汞易挥发,它通过呼吸道进入体内,逐渐积累会引起慢性中毒。所以,一旦汞洒落在桌上或地上,必须尽可能收集,并用硫磺粉盖在洒落的地方,使汞转化为不挥发的硫化汞。

1.1.5 实验数据处理基础知识

为了得到准确可靠的实验结论,不仅需要在实验过程中准确测定数据,还需要正确地记录和计算分析结果,即对实验数据进行处理。这里只简单介绍实验过程中会用到的数据处理的相关知识,详细内容请参考《试验设计与数据处理》等相关书籍。

1.1.5.1 有效数字的意义及位数

记录实验数据时应取几位数字,计算分析结果时应保留几位数字,这就需要了解有效数字的概念。有效数字是指实验中实际能测量到的数字。例如,某物体在台秤上称量得 4.6 g,由于台秤可称量至 0.1 g,因此该物体的质量为 (4.6 ± 0.1) g,它的有效数字是两位。如果该物体在分析天平上称量,得 4.615 5 g,由于分析天平可称量至 0.000 1 g,因此该物体的质量为 $(4.615\ 5\pm0.000\ 1)$ g,它的有效数字是五位。又如,用滴定管取液体,能估计到 0.01 mL。该数若为 23.43 mL,则表示该测量数据为 (23.43 ± 0.01) mL,它的有效数字是四位。可见,在有效数字中最后一位是估计数,不是十分准确的。除有特殊说明外,一般认为它有±1 单位的误差,称作不定数字或可疑数字,其余数字都是准确数字。因此任何超过或低于仪器精确限度的有效数字的数字都是不恰当的。例如上述滴定管读数为 23.43 mL,不能当作 23.430 mL,也不能当作 23.4 mL,因为前者夸大了仪器的精确度,而后者缩小了仪器的精确度。因此,实验测得的数据不仅表示测得结果的大小,还要反映测量的准确程度。表 1-1 中用几个例子说明了有效数字的位数。

表 1-1 举例说明有效数字的位数

数 值	13.00	13.0	0.13	0.103 0	0.010 3	0.001 3
有效数字的位数	4 位	3 位	2 位	4 位	3 位	2 位

从表 1-1 可以看出以下两点:① 一个有效数字的位数,是从左边第一个非零的数字到可疑数字的个数。② 零有双重的意义。零在数字的中间或末端,则表示一定的数值,应包括在有效数字的位数中;如果零在第一个非零的数字前面,只表示小数点的位置,所以不包括在有效数字的位数中。

对于很小或很大的数字,采用指数表示法更为简便合理。用指数法表示时,"10"不包括在有效数字中。对数值的有效数字位数,仅由小数部分等位数决定,首位数字只起定位作用,不是有效数字。

1.1.5.2 有效数字的运算规则

在计算过程中,有效数字的取舍也很重要,必须按照一定的规则进行计算。常用的基本规则如下:

① 有效数字的运算结果也应是有效数字。多余的数字按"四舍六入五留双"的原则处理。就是说,在有效数字后边的尾数若为 4 或小于 4 时就舍去;若为 6 或大于 6 时就进位;等于 5 时,若进位后得偶数就进位,若进位后得奇数时就舍去,总之保留尾数为偶数。上述的过程叫修约数字。修约数字只允许对原测值一次修约到所需要的位数,不得连续修约。例如,将 25.454 6 修约为两位有效数字时,不能按如下修约:

$$25.454\ 6 \rightarrow 25.455 \rightarrow 25.46 \rightarrow 25.5 \rightarrow 26$$

而应一次修约为 25.454 6→25。

② 当几个数相加减时,其和或差有效数字的保留,应以小数点后位数最少的数据为依据。例如,18.215 4、2.563 及 0.55 三数相加,则在 0.55 中小数点后第二位已为可疑,因此三数相加后,第二位小数已属可疑,其余数字应按"四舍六入五留双"的原则处理,即 18.215 4 应改写为 18.22;2.563 应改写为 2.56,于是三者之和为

$$18.22+2.56+0.55=21.33$$

这表明结果中的第二位小数已有±0.01 的误差,符合加减的原则。

③ 当几个数相乘除时,积或商有效数字的保留应以有效数字位数最少者为准。例如,0.012 1、1.058 和 25.64 这三个数相乘时,其积应为

$$0.012\ 1 \times 1.06 \times 25.6 = 0.328$$

因为第一个数值 0.012 1 只有三位有效数字,是所有数值中有效数字位数最少者,以此为准来确定其他数字有效数字的位数(只保留三位)。计算结果亦是三位有效数字,符合乘除运算规则。

1.1.5.3 误差的种类

(1) 系统误差

系统误差是指在一定试验条件下,由某个或者某些因素按照某一确定的规律起作用而形

成的误差,它是由测定方法、仪器、试剂、个人生理特点等造成的。它决定试验结果的准确度。

系统误差的大小和符号在同一试验中是恒定的,或在试验条件改变时,按照某一确定的规律变化。

系统误差是重复出现的可测的误差,可以设法避免,或者通过校正加以消除。

(2) 随机误差

随机误差也称为偶然误差,是由于在试验过程中一系列有关因素的细小随机波动或者偶然原因而形成的,具有相互抵消性的误差。它决定试验结果的精密度。

它的特点是大小相近的正、负误差出现机会相等,小误差出现频率高,多次重复测定后可发现上述规律可用正态分布曲线表示,符合统计规律。此类误差难避免,不能校正,但是可以通过增加平行测定次数的方法使随机误差大大减小。

(3) 过失误差

过失误差也称为操作误差,它是一种显然与事实不符的误差,是由实验人员粗心大意造成的。该误差是完全可以避免的。因此,实验人员应该严守规程,认真按照规定进行实验操作,若发现过失应将此测定值舍去,不参与平均值计算。

关于深层次误差理论不属于本书范畴,请读者参阅数理统计专著。

通过努力获得准确度、精确度均高的测定结果是实验人员进行实验的最终目的。

1.1.5.4 精密度

精密度表示几次平行测定结果与平均值的离散程度,离散程度越小,测定结果越精确。精密度可用偏差、极差、标准差、变异系数等判断。偏差、极差、标准差、变异系数越小,样品测量值波动越小,测定结果的精密度就越高。精密度高是准确度高的先决条件。

单次测定结果与多次测定结果的算术平均值之间的差值称绝对偏差,即

$$绝对偏差 = 单次测定值 - 多次测定的算术平均值$$

绝对偏差与多次测定的平均值之比为相对偏差,即

$$相对偏差 = \frac{绝对偏差}{多次测定的平均值} \times 100\%$$

极差记为 R,定义为样本中最大值与最小值的差,即

$$R = \max(x_1, x_2, x_3, \cdots, x_n) - \min(x_1, x_2, x_3, \cdots, x_n)$$

标准差是随机误差的代表,是随机误差绝对值的统计均值,正式名称为标准偏差,总体标准差用 σ 表示。

$$\sigma = \sqrt{\frac{\sum_{i=1}^{n}(x_i - \mu)^2}{n}}$$

式中:μ 为真实值。σ 无法求出,一般用样本标准差 s 估计。s 反映了整个样本变量的分散程度,样本标准差小,说明样本变量的分布比较密集在平均数附近。当 $n \to \infty$ 时,s 趋向于 σ。

$$s^2 = \sum \frac{(x - \bar{x})^2}{n - 1}$$

式中:x 为测定值,$\bar{x}$ 为测量平均值,n 为测定次数。

变异系数是衡量样本中各观测值离散程度的另一个统计量。样本标准差与平均数的比值称为变异系数,记为 CV(Coefficient of Variation)。变异系数的大小同时受平均数和样本标准差影响,变异系数越大,样本波动越大。

$$CV = \frac{s}{\bar{x}}$$

1.1.5.5 正确度

正确度反映系统误差的大小。精密度高并不意味着正确度也高；精密度不高，但当实验次数足够多时，有时也可以得到很高的正确度。

正确度与精密度之间的关系如图1-1所示。

(a) 精密度高，正确度差　　(b) 正确度高，精密度差　　(c) 精密度和正确度均高

图1-1　正确度与精密度之间的关系

1.1.5.6 准确度

准确度是指某一测量值或一组测量值的平均数与"真实值"接近的程度。准确度反映了系统误差和随机误差的综合。准确度常用误差来表示，误差越小，测定结果的准确度越高。严格来说，"真实值"是无法测得的，在实际工作中，常用专门机构提供的数据，如手册上的数据作为真实值；还可以将高精密度仪器测量值作为真实值；也可以将多次实验的平均值作为真实值。

误差分为绝对误差和相对误差。绝对误差是测定值与真实值的差值，即

$$绝对误差 = 测定值 - 真实值$$

绝对误差只能显示误差变化的范围，不能确切表示测定的准确度。

相对误差是绝对误差与真实值的百分比，即

$$相对误差 = \frac{绝对误差}{真实值}$$

如果实验过程中不知道真实值，则取绝对误差与实验值或者平均值之比作为相对误差。一般用相对误差表示测定误差，常用百分数（%）或者千分数（‰）表示。图1-2给出了精密度、正确度、准确度三者的关系。

(a) 精密度、正确度和准确度均好　　(b) 精密度好，正确度和准确度差　　(c) 正确度好，精密度和准确度差　　(d) 精密度、正确度和准确度均差

图1-2　精密度、正确度、准确度三者的关系

1.1.5.7 坏值的剔出

通常可以采用下面两种方法对测量数据的坏值进行剔出。

(1) 拉依拉达准则($n>100$)

判断方法:当测量值 x_i 满足下式

$$|x_i - \bar{x}| > 3s_x$$

时,判断 x_i 为坏值。

式中:x_i 为测量值,$\bar{x}$ 是平均值,s_x 是标准偏差。

(2) 肖维涅准则($n>5$)

本方法借助肖维涅数据取舍标准来决定坏值。

判断方法:当测量值 x_i 满足下式

$$|x_i - \bar{x}| > c_n s_x$$

时,判断 x_i 为坏值。

式中:x_i 为测量值,$\bar{x}$ 是平均值,s_x 是样本标准偏差,c_x 是根据观察次数 n 查肖维涅数据取舍标准表查得的系数,也可以根据下面的公式计算:

$4 \leqslant n < 70$ 时, $c_x = 0.359 \ln(n-1.5) + 1.193$

$70 \leqslant n \leqslant 2\,000$ 时, $c_x = 0.268\,8 \ln(n-20) + 1.63$

1.1.5.8 图示图解法

图示图解可以形象、直观地显示实验结果,因此,这是一种重要的数据处理方法。可以使用 Excel、Oringin 等作图软件进行作图,并进行拟合,对图形进行数据分析。如图 1-3 所示,该图给出了合成 HNIW 过程中,采用不同料比条件下,HNIW 产品得率与体系浓度的关系。通过对图形数据的分析可以直观地给出实验结论。

图 1-4 给出了 HNIW 的高效液相色谱图,从图 1-4 中很容易看出 HNIW 的纯度(>99.5%)。

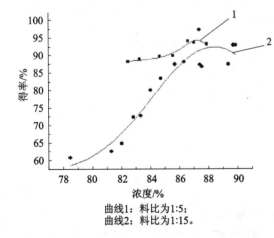

曲线1:料比为1:5;
曲线2:料比为1:15。

图 1-3 HNIW 得率随浓度的变化曲线

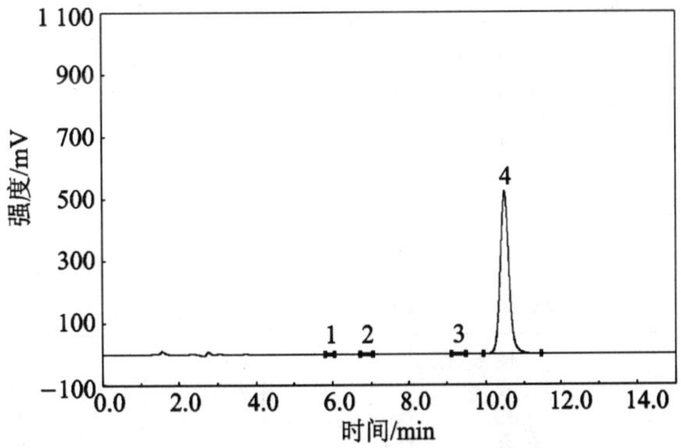

图 1-4 HNIW 产品的高效液相色谱图

图形数据处理方法有最小二乘法、线性回归法、逐差法等。具体可参考相关书籍。

1.2 玻璃器具的使用

1.2.1 实验室常用玻璃器具

常用化学仪器的形貌、规格、主要用途和使用注意事项如表1-2所列。

表1-2 常用化学仪器

仪器名称	规 格	主要用途	使用注意事项
烧瓶 短颈圆底烧瓶 长颈圆底烧瓶 二颈烧瓶 斜三颈烧瓶 直三颈烧瓶 梨形烧瓶 圆底(厚口、短颈)烧瓶 定氮烧瓶 锥形烧瓶 具塞锥形烧瓶	以容量(mL)表示,有普通型和标准磨口型。磨口还以磨口标号表示其口径大小,如10、14、19、24等。 按形状分,有圆形、茄形、梨形、锥形;按口径分,有细口、厚口、磨口;按瓶底分,有平底、圆底;按颈分,有长颈、短颈;按口的数目分,有单口、两口、三口等	①圆底烧瓶:常温或加热条件下作反应容器。 ②平底烧瓶:配制溶液或代替圆底烧瓶,还可作洗瓶,它不耐压,不能用于减压蒸馏。 ③梨形烧瓶:少量使用,常用于旋转浓缩。 ④三口烧瓶:用于需要搅拌的实验,中间插搅拌器,两边插温度计、加料管或滴液漏斗、冷凝管等。 ⑤蒸馏烧瓶用于液体蒸馏,也可用作少量气体发生装置。 ⑥锥形烧瓶:滴定分析、加热、煮沸、溶解、稀释及粗略比色	①盛放液体不能超过烧瓶容量的2/3。 ②不能直接加热,需要垫石棉网加热。 ③避免加热时喷溅或破裂 ④避免受热不均匀而破裂
接头、塞子 玻璃塞 导气接头 交接头 温度计套管	与磨口烧瓶的口径相同	与烧瓶、恒压滴定漏斗等配合使用,接不同规格磨口;接搅拌棒或者温度计或者用作气体导管;用作塞子	磨口塞子和接头在使用时要涂抹凡士林
结晶皿	按照皿的直径划分,有90 mm、100 mm、125 mm、150 mm、180 mm规格,皿高一般为直径的1/2	结晶皿洗净、烘干,将需要精制的母液盛入结晶皿内进行结晶	

续表 1-2

仪器名称	规 格	主要用途	使用注意事项
冷凝管 空气冷凝管　直形冷凝管 球形冷凝管　蛇形冷凝管 蛇形回流冷凝管	空气冷凝管按照上管直径和下管直径可以分为300、400、500、600规格，其余冷凝管按照外套长度分为200、300、400、500、600等规格	① 空气冷凝管：适用于沸点在140 ℃以上的高沸点物质蒸馏或者有些不能与水接触的物质蒸馏冷却。 ② 直形冷凝管：适用于沸点在140 ℃以下物质的蒸馏、分馏，用于倾斜式蒸馏装置。 ③ 球形冷凝管：适用于垂直蒸馏、回流。 ④ 蛇形冷凝管：适用于垂直式连续长时间的蒸馏或者回流。 ⑤ 蛇形回流冷凝管：适用于回流装置	
点滴管 直形一球附橡皮头点滴管　直形附橡皮头点滴管 弯形一球附橡皮头点滴管　弯形附橡皮头点滴管	点滴管分为直形和弯形两种，每类又分为有球和无球两种，一般无球的全长90 mm，有球的全长100 mm	用于吸取蒸馏水或者其他液体，也用作微量点滴定性分析实验	
布式漏斗	布式漏斗：磁制或玻璃制，以容量(mL)或斗径(cm)表示。 过滤管：直径×管长(mm)，磨口的以容积表示	与抽滤瓶配合使用，用于晶体或粗颗粒药品的减压过滤。当沉淀量少时，用小号漏斗与过滤管配合使用	减压过滤需注意： ① 滤纸要略小于漏斗的内径，才能贴紧，防止滤液由边上漏滤，过滤不完全。 ② 先开抽气管，再过滤。过滤完毕后，先分开抽气管与抽滤瓶的连接处，然后关抽气管，防止抽气管水流倒吸。 ③ 不能用火直接加热抽滤装置，防止玻璃破裂。 ④ 注意漏斗与滤瓶大小配合。 ⑤ 注意漏斗大小与过滤的沉淀或晶体量的配合

续表 1-2

仪器名称	规 格	主要用途	使用注意事项
离心试管（尖底离心管、尖底刻度离心管、圆底刻度离心管）	分有刻度、无刻度离心试管，有刻度的以容量表示	少量试剂的反应器，还可用于沉淀分离	不可直接加热，只能用水浴加热。离心时，放置试管位置要对称，从离心机套管内取出时要用镊子
滴瓶（具磨砂滴管滴瓶、棕色具磨砂滴管滴瓶）	按照容量分为 30 mL、60 mL、125 mL	储存各种试剂标准溶液、指示剂溶液，用于点滴分析	
蒸馏水瓶（具下口蒸馏水瓶、具磨砂玻璃塞及磨砂活塞嘴蒸馏水瓶）	按照容量划分，一般有 2.5 L、5 L、10 L 和 20 L 规格	储存蒸馏水或者各种试剂、溶液	
抽滤瓶（具上嘴抽滤瓶、具上下嘴抽滤瓶）	按照容量划分，有 250 mL、500 mL 等	用于减压过滤	
研钵	按规格划分有 60、75、90、120、150、180；按照材质划分有玻璃、玛瑙等	药品、颗粒状固体物质等粉碎、研磨	
分液漏斗（球形分液漏斗、筒形分液漏斗、恒压筒形分液漏斗）	按照容量划分规格，有 10 mL、25 mL、50 mL	溶液萃取、分离，或者在反应过程中计量加液	

续表 1-2

仪器名称	规　格	主要用途	使用注意事项
量筒 量筒　具塞量筒	按照容量划分规格，有 5 mL、10 mL、25 mL 等	量取不同体积的液体，或者对不规则固体物质计算体积；也可用作溶液的稀释	不能储藏液体
温度计	分为内标式、外标式和棒式三种；按照注入介质分为水银温度计和酒精温度计；按照测量的温度范围可分为 −10～100 ℃，0～250 ℃ 等	用于温度测量	
药匙	由牛骨或塑料制成	取固体药品时使用，两端各有一个勺，一大一小，根据用药量大小分别选用	选用大、小勺以盛取试剂后能放进容器口为准。取用一种药品后，必须洗净并用滤纸碎片擦干才能取另一种药品
表面皿	以皿直径大小表示，如：25 mm、35 mm、45 mm、60 mm、80 mm 等	硬料玻璃材质的表面皿可用于定量分析；窗玻璃材质的表面皿仅用于烧杯、蒸发皿、结晶皿、漏斗等仪器的盖子；表面皿均可晾干晶体，称量腐蚀性物质时代替天平秤盘使用	不能用火直接加热
洗瓶	由塑料瓶及斜管配成，容量一般为 500 mL	洗瓶内盛蒸馏水或去离子水作配制溶液及淌洗器皿、加水所用的专用仪器	注意保持清洁、专用，不能加热，不能装自来水
电炉	按电阻丝规格划分，有 1 000 W、1 500 W、2 000 W 等	加热反应系统用	注意调节电压；注意待加热玻璃仪器在电炉上的放置位置，以利于温升由低到高；掌握电器的安全使用知识

续表 1-2

仪器名称	规　格	主要用途	使用注意事项
水浴锅	铜或铝制品，锅盖为叠盖式金属圆环	用于间接加热，也可用于粗略控温实验	选择好圆环，使加热器皿浸没入锅中 2/3 左右。经常加水，防止锅内水被烧干。用完后将锅内剩水倒出并擦干
容量瓶 白色容量瓶　棕色容量瓶	分无色、棕色两种。以刻度以下容量表示，如 50 mL、100 mL、250 mL 等（注明温度）	配制准确浓度溶液用或溶液定量稀释用，棕色容量瓶适用于对遇光分解变质的溶液的稀释和配制	不能加热、不能用作反应容器，或稀释酸碱时准确量取液体
胖肚吸管	注明容量及温度，有 10 mL、15 mL、20 mL、25 mL、50 mL、100 mL 等	用于一次性精确移取一定体积的液体	用时先用少量要移取的液体淋洗 3 次。一般管内残留液体不要吹出（标明吹字者除外）。用吸耳球将液体吸入，液面超过刻度，再用食指按住管口，轻轻放气入内，待液面降至刻度线后紧按管口移往指定容器，放开食指，使溶液注入
分度吸管 （刻度吸管）	有分刻度，按刻度的最大标度表示，如 1 mL、2 mL、5 mL、10 mL、25 mL、50 mL 等。也有 0.1 mL、0.2 mL、0.25 mL、0.5 mL 微吸量管。根据需要分为完全流出式、吹出式、不完全流出式	用于精确移取一定体积的液体	用时先用少量要移取的液体淋洗 3 次。一般管内残留液体不要吹出（吹出式除外）。用吸耳球将液体吸入，液面超过刻度，再用食指按住管口，轻轻放气入内，待液面降至刻度线后紧按管口移往指定容器，放开食指，使溶液注入一定体积，然后食指按住管口

续表 1-2

仪器名称	规　格	主要用途	使用注意事项
酸式滴定管 碱式滴定管 （碱式滴定管　滴定管夹　酸式滴定管）	常用容量分析仪器之一，分无色、棕色、蓝带滴定管，按刻度表示如 25 mL、50 mL 等	容量分析用或量取较准确体积用	用前洗净，装液前要用欲装溶液润洗 3 次。用酸式滴定管时，左手开启旋塞，注意往压紧方向用力，切不可漏液。用碱式滴定管时，用左手轻捏橡胶管内玻珠，溶液即可放出，注意用前赶尽气泡。酸管旋塞应擦凡士林。酸碱管不能对调使用
称量瓶 高型具磨砂玻璃塞称量瓶　低型具磨砂玻璃塞称量瓶	分高型、低型两种，按瓶直径×瓶高表示，如 40 mm×25 mm	准确称取一定量的易挥发、易潮解、易腐蚀的固体和液体。低型瓶可用于测定水分含量，高型瓶多用于液体称量	不能加热。盖子是磨口配套的，不能互换。不用时应洗净，在磨口处垫上纸条
干燥器	盖口磨砂，按照颜色划分有无色、棕色两种；按照气压划分有常压、真空两种；按器口内径划分，有 100 mm、150 mm、180 mm 等	干燥药品用	注意所装变色硅胶和其他干燥剂吸湿后的再处理。磨口处要涂凡士林润滑剂使之密封性良好
泥三角	铁丝弯成，套有瓷管，有大小之分	用于搁置坩埚加热用	使用前检查铁丝是否断裂，已断裂者不再使用。坩埚放置要正确，坩埚底应横着斜放在三个瓷管之一上。灼烧后小心拿取

1.2.2　普通玻璃器具的洗涤与干燥

1.2.2.1　常用洁净剂

最常用的洁净剂是肥皂、肥皂液（特制商品）、洗衣粉、去污粉、洗液、有机溶剂等。

肥皂、肥皂液、洗衣粉、去污粉，用于可以用刷子直接刷洗的仪器，如烧杯、三角瓶、试剂瓶等；洗液多用于不便用刷子洗刷的仪器，如滴定管、移液管、容量瓶、蒸馏器等特殊形状的仪器，也用于洗涤长久不用的杯皿器具和刷子刷不掉的结垢。用洗液洗涤仪器，是利用洗液本身与污物起化学反应的作用,将污物去除,因此需要浸泡一定的时间使其充分作用。有机溶剂是针对污物属于某种类型的油腻性,而借助有机溶剂能溶解油脂的作用洗除,或借助某些有机溶剂能与水混合而又发挥快的特殊性,冲洗一下带水的仪器将水洗去。例如,甲苯、二甲苯、汽油等可以洗油垢,酒精、乙醚、丙酮可以冲洗刚洗净而带水的仪器。

1.2.2.2 常用洗涤液的配制

洗涤液简称洗液,根据不同的要求有各种不同的洗液。将较常用的几种简要介绍如下。

(1) 酸性洗涤液

酸性洗涤液包括纯酸洗液和强酸氧化剂洗液。

根据器皿污垢的性质,直接用浓盐酸(HCl)、浓硫酸(H_2SO_4)、浓硝酸(HNO_3)浸泡或浸煮器皿(温度不宜太高,否则浓酸挥发刺激人)。

强酸氧化剂洗液是用重铬酸钾($K_2Cr_2O_7$)和浓硫酸(H_2SO_4)配成。$K_2Cr_2O_7$在酸性溶液中,有很强的氧化能力,对玻璃仪器又极少有侵蚀作用,所以这种洗液在实验室内使用最广泛。

$K_2Cr_2O_7$-H_2SO_4洗液的浓度为5%~12%。配制方法:取一定量的工业用$K_2Cr_2O_7$,先用1~2倍的水加热溶解,稍冷后,将所需体积的工业用浓H_2SO_4缓慢加入到$K_2Cr_2O_7$溶液中(千万不能将水或溶液加入H_2SO_4中),边加边用玻璃棒搅拌,并注意不要溅出,混合均匀,待冷却后,装入洗液瓶备用。新配制的洗液为红褐色,氧化能力很强。当洗液用久后会变为黑绿色,即说明该洗液已无氧化洗涤能力。

例如,配制12%的洗液500 mL。取60 g工业品$K_2Cr_2O_7$置于100 mL水中(加水量不是固定不变的,以能溶解为度),加热溶解,冷却,缓慢加入浓H_2SO_4溶液340 mL,边加边搅拌,冷却后装瓶备用。

这种洗液在使用时要注意不能溅到身上,以防"烧"破衣服和损伤皮肤。洗液倒入要洗的仪器中,应使仪器周壁全浸洗后稍停一会再倒回洗液瓶。第一次用少量水冲洗刚浸洗过的仪器后,废液应倒入废液缸中,不要倒在水池和下水道里,以免腐蚀水池和下水道。

(2) 碱性洗涤液

常用的碱性洗涤液包括纯碱洗液和碱性高锰酸钾洗液。碱性洗液用于洗涤有油污物的仪器,用此洗液是采用长时间(24 h以上)浸泡法,或者浸煮法,作用缓慢。从碱洗液中捞取仪器时,要戴乳胶手套,以免烧伤皮肤。

纯碱洗液多采用10%以上的氢氧化钠($NaOH$,浓烧碱)、氢氧化钾(KOH)、碳酸钠(Na_2CO_3,纯碱)、碳酸氢钠($NaHCO_3$,小苏打)、磷酸钠(Na_3PO_4,磷酸三钠)、磷酸氢二钠(Na_2HPO_4)等溶液浸泡或浸煮器皿(可以煮沸)。

碱性高锰酸钾作洗液的配制方法:取高锰酸钾($KMnO_4$)4 g加少量水溶解后,再加入10%氢氧化钠($NaOH$)100 mL。

(3) 有机洗涤液

带有油性污物的器皿,可以用汽油、甲苯、二甲苯、丙酮、酒精、三氯甲烷、乙醚等有机溶剂擦洗或浸泡。但用有机溶剂作为洗液浪费较大,能用刷子洗刷的大件仪器尽量采用碱性洗液,只有无法使用刷子的小件或特殊形状的仪器才使用有机溶剂洗涤,如活塞内孔、移液管尖头、滴定管尖头、滴定管活塞孔、滴管、小瓶等。

(4) 洗消液

经常使用的洗消液有:1%或5%的次氯酸钠($NaClO$)溶液、20%的HNO_3和2%的

$KMnO_4$ 溶液。

盛放过致癌性化学物质的器皿，为了防止对人体的侵害，在洗刷之前应使用对这些致癌性物质有破坏分解作用的洗消液进行浸泡，然后再进行洗涤。

1%或5%的 NaClO 溶液对黄曲霉素有破坏作用。用1%的 NaClO 溶液对污染的玻璃仪器浸泡半天或用5%的 NaClO 溶液浸泡片刻后，即可达到破坏黄曲霉素的作用。配法：取漂白粉100 g，加水500 mL，搅拌均匀，另将工业用 Na_2CO_3 80 g 溶于500 mL 温水中，再将两液混合，搅拌，澄清后过滤，此滤液含 NaClO 为2.5%；若用漂粉精配制，则 Na_2CO_3 的质量应加倍，所得溶液浓度约为5%。如需要1%的 NaClO 溶液，可将上述溶液按比例进行稀释。

20%的 HNO_3 溶液和2%的 $KMnO_4$ 溶液对苯并芘有破坏作用，被苯并芘污染的玻璃仪器可用20%的 HNO_3 浸泡24 h，取出后用自来水冲去残存酸液，再进行洗涤。被苯并芘污染的乳胶手套及微量注射器等可用2%的 $KMnO_4$ 溶液浸泡2 h 后，再进行洗涤。

1.2.2.3 玻璃器具的洗涤

在实验室中，洗涤玻璃仪器不仅是一项必须做的实验前的准备工作，也是一项技术性的工作。洗涤仪器的方法很多，应根据实验要求、污染物的性质和污染程度来决定。仪器洗涤是否符合要求，对实验结果有很大影响。

洗涤玻璃仪器的步骤与要求如下。

(1) 常法洗涤仪器

洗刷仪器时，应首先将手用肥皂洗净，免得手上的油污附在仪器上，增加洗刷的困难。如仪器长久存放附有灰尘，先用清水冲去，再按要求选用洁净剂洗刷或洗涤。如用去污粉，将刷子蘸上少量去污粉，将仪器内外全刷一遍，再边用水冲边刷洗至肉眼看不见有去污粉时，用自来水洗3～6次，再用蒸馏水冲洗3次以上。一个洗干净的玻璃仪器，应该以挂不住水珠为宜。如仍能挂住水珠，仍然需要重新洗涤。用蒸馏水冲洗时，要用顺壁冲洗方法并充分振荡，经蒸馏水冲洗后的仪器，用指示剂检查应为中性。

(2) 痕量金属分析使用的玻璃仪器的洗涤

用于痕量金属分析的玻璃仪器，使用1∶1～1∶9的 HNO_3 溶液浸泡，然后使用常用方法洗涤。

(3) 荧光分析使用的玻璃仪器的洗涤

由于洗衣粉中含有荧光增白剂，因此，进行荧光分析时，玻璃仪器应避免使用洗衣粉洗涤，避免因此带来的分析误差。

(4) 致癌物分析使用的玻璃仪器的洗涤

分析致癌物质时，应选用适当洗消液浸泡，然后再按常用方法洗涤。

1.2.2.4 玻璃器具的干燥

做实验经常要用到的仪器应在每次实验完毕后洗净干燥备用。用于不同的实验，干燥有不同的要求，一般定量分析用的烧杯、锥形瓶等仪器洗净即可使用，而其他实验使用的仪器，很多都要求是干燥的，应根据不同要求进行仪器干燥。

(1) 自然风干

不着急使用的仪器可自然风干。自然风干是指把已洗净的仪器(洗净的标志是：玻璃仪器的器壁上，不应附着有不溶物或油污，装着水把它倒转过来，水顺着器壁流下，器壁上只留下一层既薄又均匀的水膜,不挂水珠)放在干燥架上自然风干,这是常用和简单的方法。可用安有木钉的架子或带有透气孔的玻璃柜放置仪器。但必须注意,如玻璃仪器洗得不够干净,水珠不易流下,干燥较为缓慢。

（2）烘　干

洗净的仪器控去水分,放在烘箱内烘干,烘箱温度为 105～110 ℃,烘 1 h 左右,也可放在红外灯干燥箱中烘干,此法适用于一般仪器。称量瓶等在烘干后要放在干燥器中冷却和保存。对实心玻璃塞及厚壁仪器烘干时要注意慢慢升温并且温度不可过高,以免破裂。量器不可放于烘箱中烘。

硬质试管可用酒精灯加热烘干,要从底部烤起,把管口向下,以免水珠倒流把试管炸裂,烘到无水珠后把试管口向上赶净水汽。

（3）热(冷)风吹干

对于急于干燥的仪器或不适于放入烘箱的较大的仪器可用吹干的办法。通常用少量乙醇、丙酮(或最后再用乙醚)倒入已控去水分的仪器中摇洗,然后用电吹风机吹,开始用冷风吹 1～2 min,当大部分溶剂挥发后吹入热风至完全干燥,再用冷风吹去残余蒸气,使其不会冷凝在容器内。

1.2.3　玻璃量具的洗涤

常用的玻璃量具除量筒外,还有容量瓶、滴定管和移液管(吸管)等。量筒只能用来量取对体积不需十分精确的液体,而容量瓶、滴定管和移液管则有较高的精密度,容量在 100 mL 以下的这些容器的精密度一般可到 0.01 mL。

1.2.3.1　容量瓶

容量瓶主要是用来精确地配制一定体积和一定浓度的溶液的量器。使用容量瓶时,要先把容量瓶洗净。通常依次分别用洗液、自来水和去离子水洗,洗净的容量瓶其内壁应不挂水珠。如果是用浓溶液配制稀溶液,应先在烧杯中加入少量去离子水,将一定体积的浓溶液沿玻璃棒分数次慢慢地注入水中,每次加入浓溶液后,应搅拌。如果是用固体溶质配制溶液,则应先将固体溶质放入烧杯中,用少量去离子水溶解;然后将烧杯中的溶液沿玻璃棒小心地注入容量瓶中,如图 1-5 所示;再从洗瓶中挤出少量水淋洗烧杯及玻璃棒 2～3 次,并将每次淋洗的水都注入容量瓶中;最后把水加到标线。但须注意,当液面接近标线时,应使用滴管小心地逐滴将水加到标线处(注意:观察时视线、液面与标线均应在同一水平面上)。塞紧瓶塞,将容量瓶倒转数次,并在倒转时加以振荡,以保证瓶内溶液浓度上下各部分均匀。瓶口是磨口的,不能张冠李戴,一般可用橡皮圈系在瓶颈上。

1.2.3.2　滴定管

滴定管主要是滴定时用来精确度量液体的容器。刻度由上而下数值增大,与量筒刻度相反。常用滴定管的容量为 50 mL,每一小刻度相当于 0.1 mL,而读数可估计到 0.01 mL。一般滴定管分为酸式滴定管(如图 1-6(a)所示)和碱式滴定管(如图 1-6(b)所示),它们的差别在于管的下端。酸式滴定管的下端连接玻璃旋塞,旋转打开旋塞,可控制管内溶液逐滴滴出。酸式滴定管是用来盛装酸性溶液或氧化性溶液的,不能用于碱性溶液,因为碱性溶液会腐蚀玻璃旋塞,时间长了,就会使玻璃旋塞粘住。而碱式滴定管是用来盛装碱性溶液的,它的下端是由乳胶管连接玻璃管嘴。乳胶管内由一个玻璃珠代替旋塞,用大拇指和食指轻轻往一边挤压玻璃球旁的乳胶管,使管内形成一条窄缝,溶液即从玻璃管嘴中滴出。碱式滴定管不能用来盛装氧化性溶液,例如 $KMnO_4$、I_2 等。

图 1-5　将溶液沿玻璃棒注入容量瓶

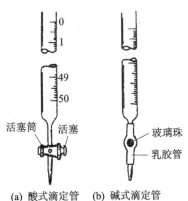

图 1-6　酸式滴定管与碱式滴定管

使用酸式滴定管时,玻璃活塞须涂有一层薄润滑脂(一般可用凡士林代替)。润滑脂的涂法如下:先将活塞取下,将活塞筒及活塞洗净并用滤纸片将水吸干,然后在活塞筒小口一端的内壁及活塞大头一端的表面分别涂一层很薄的润滑脂(活塞筒及活塞的中间小孔处不得沾有润滑脂),再小心地将活塞塞好,旋转活塞,直到活塞全部呈透明。最后检查一下是否漏水。

滴定管在装入滴定溶液前,除了须用洗涤液、水及去离子水依次洗涤洁净外,还须需用少量滴定溶液(每次约 10 mL)洗涤 2~3 次,以免滴定溶液被管内残留的水所稀释。洗涤滴定管时,应将滴定管平持(上端略向上倾斜)并不断转动,使洗涤的水或溶液与内壁的任何部分充分接触,然后用右手将滴定管持直,左手开放阀门,使洗涤的水或溶液通过阀门下面的一段玻璃管流出(起洗涤作用)。在洗涤酸式滴定管时,需要注意用手托住活塞筒部分(或用橡皮圈系住活塞),以防止活塞脱落而打碎。

滴定管装好溶液后必须把滴定管阀门下端的气泡逐出,以免造成读数误差。逐去气泡的方法如下:一般可迅速打开滴定管阀门,利用溶液的急流把气泡逐去。对于碱式滴定管,也可把乳胶管稍向上折,然后稍微捏挤玻璃小球旁侧的乳胶管,气泡即易被管中溶液压出,如图 1-7 所示。

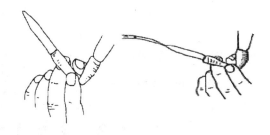

图 1-7　逐去气泡

滴定管应保持垂直。滴定前后需记录读数,终读数与初读数之差就是溶液的用量。初读数应调节在刻度刚为"0"或低于"0"。读数时最好在滴定管的后面衬一张白纸,对于无色或浅色溶液,视线应与管内溶液弯月面底部保持水平,仔细读到小数点后两位数字。对于深色溶液(如 $KMnO_4$),则应观察溶液液面的最上缘(即视线应与液面两侧的最高点相切),读数也必须准确到 0.01 mL。视线不平或者没有估计到小数点后第二位数字,都会影响测定的精密度。例如,图 1-8 所示的读数应记作 24.43,而不能误读为 24.34 或 24.53,也不能简化为 24.4。

滴定开始前,先把悬挂在滴定管尖端外的液滴除去。测定时用左手控制阀门,右手持锥形瓶(瓶口应接近滴定管尖端,不要过高或过低)或搅拌棒,并不断转动手腕,以摇动锥形瓶或搅拌棒,使溶液均匀混合,如图1-9所示。

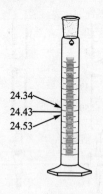

图1-8 刻度的读数

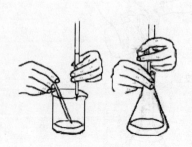

图1-9 滴 定

将到滴定终点时(这时每滴入一滴溶液,指示剂转变的颜色复原较慢),要防止过量,并且要用洗瓶挤少量水淋洗瓶壁,以免有残留的液滴未起反应。

为了便于判断终点时指示剂颜色的变化,可把锥形瓶或烧杯放在白瓷板或白纸上观察。最后,必须待滴定管内液面完全稳定后,方可读数。

1.2.3.3 移液管

用移液管量取液体时,右手大拇指和中指拿移液管管颈上端,将移液管的尖端部分深深地插入液体中,用左手拿吸耳球把液体慢慢吸入管中,待溶液上升到标线以上约2 cm处,立即用食指按住管口。将移液管持直并移出液面,如图1-10(a)所示,管的末端仍靠在盛有溶液器皿的内壁上,微微松动食指,不断转动移液管身,使液面平稳下降,直到溶液的弯月面与标线相切时,立即用食指按住管口,取出移液管,插入盛装溶液的器皿中,管的末端仍靠在器皿的内壁。此时移液管应垂直,盛装溶液的器皿稍倾斜,松开食指让管内溶液自然地全部沿器壁流下,停留15 s,拿出移液管,如图1-10所示。

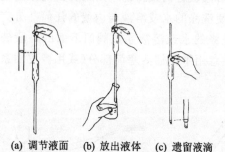

(a) 调节液面　(b) 放出液体　(c) 遗留液滴

图1-10 移液管的使用

1.3 常见实验基本技术

1.3.1 加热方法及装置

实验室常用的加热方法主要有空气浴、水浴、油浴、酸液浴、砂浴、金属浴,涉及的装置主要有烧杯、烧瓶、锥形瓶、蒸发皿、坩埚、试管等。这些仪器一般不能骤热,受热后也不能立即与潮湿、冷的物体接触,以免由于骤热骤冷而破裂。加热液体时,液体体积一般不应超过容器容量的一半。在加热前必须将容器的外壁擦干。

按照加热方式可分为直接加热和间接加热。在有机实验中一般不用直接加热,例如用电热板加热圆底烧瓶,会因受热不均匀,导致圆底烧瓶局部过热,甚至导致破裂,所以,在实验室安全规则中禁止用明火直接加热。

为了保证加热均匀,一般使用热浴间接加热,作为传热的介质有空气、水、有机液体、熔融的盐和金属。根据加热温度、升温速度等的需要,选择间接加热的手段。

1.3.1.1 空气浴

空气浴是利用热空气间接加热的方法,是最简单的加热方法。对于沸点在80 ℃以上的液体均可采用。

用烧杯、烧瓶和锥形瓶等容量较大的仪器加热时,把容器放在石棉网上加热,如图1-11所示,否则容易因受热不匀而破裂。因为受热不均匀,所以不能用于回流低、沸点易燃的液体或者减压蒸馏。

半球形的电热套是比较好的空气浴,因为电热套中的电热丝是玻璃纤维包裹着的,较安全,一般可加热至400 ℃,电热套主要用于回流加热。蒸馏或减压蒸馏以不用为宜,因为在蒸馏过程中随着容器内物质逐渐减少,会使容器壁过热。电热套有各种规格,取用时要与容器的大小相适应。为了便于控制温度,要连调压变压器。

蒸发皿、坩埚灼烧时,应放在泥三角上,如图1-12所示,若须移动则必须用坩埚钳夹取。

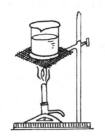
图1-11 烧杯加热

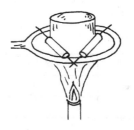
图1-12 坩埚的灼烧

在火焰上加热试管时,应使用试管夹夹住试管的中上部(微热时也可以用拇指和食指持试管),试管与桌面成60°,如图1-13所示。加热液体时,应先加热液体的中上部,慢慢移动试管,然后上下移动或摇荡试管,务必使各部分液体受热均匀,以免管内液体因受热不匀而骤然溅出。

加热潮湿的或加热后有水产生的固体时,应将管口稍微向下倾斜,使管口略低于底部,如图1-14所示,以免在试管口冷凝的水流向灼热的试管底而使试管破裂。

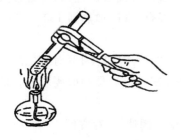
图1-13 用试管加热液体

图1-14 用试管加热潮湿的固体

1.3.1.2 水浴

水浴是较常用的热浴方法。如果要在一定温度范围内且加热的温度不超过100 ℃进行较长时间加热,则可选择水浴加热的方式,简称水浴或者蒸气浴。加热装置常使用水浴锅,该装置是具有可彼此分离的同心圆环盖的铜制水锅,也可用烧杯代替,如图1-15和图1-16所示。但是,必须强调指出,当用于钾和钠的操作时,决不能在水浴上进行。使用水浴时,勿使容器触及水浴器壁或其底部。

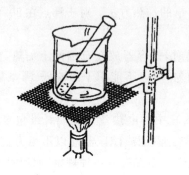

图1-15 水浴加热

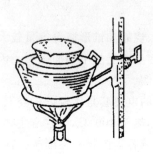

图1-16 蒸气浴加热

如果加热温度稍高于100 ℃,则可选用适当的无机盐类饱和水溶液作为热溶液,如表1-3所列。

表1-3 几种常见的热溶液

盐 类	饱和水溶液的沸点/℃	盐 类	饱和水溶液的沸点/℃
NaCl	109	KNO_3	116
$MgSO_4$	108	$CaCl_2$	180

由于水浴中的水会不断蒸发,因此,需要适当添加热水,使水浴中水面经常保持稍高于容器内的液面。

1.3.1.3 油浴

油浴是使用油作为热浴物质的热浴方法,适用的加热温度100~250 ℃,优点是使反应物受热均匀,需注意的是反应物的温度一般低于油浴液20 ℃左右。

常用的油浴液有:

① 甘油:可以加热到140~150 ℃,温度过高时会分解。甘油吸水性强,放置过久的甘油需要加热去除吸收的水分。甘油常与邻苯二甲酸二丁酯混合,可以加热到140~180 ℃,温度过高时会分解。

② 植物油:如菜油、蓖麻油、花生油等,可以加热到220 ℃,常加入1%对苯二酚等抗氧化剂,便于久用;温度过高时会分解,达到闪点时可能燃烧起来,所以,使用时要小心。橄榄油着火点为360 ℃,是较安全的植物油。

③ 固体石蜡:能加热到220 ℃以上,冷却到室温时凝成固体,保存方便。

④ 石蜡油:可以加热到200 ℃左右,温度稍高并不分解,但较易燃烧。

⑤ 硅油和真空泵油:能加热到250 ℃,热稳定性好,价格贵。

用油浴加热时,要特别小心。首先,注意防止着火,当油受热冒烟时,应立即停止加热。油浴中应挂一支温度计,可以观察油浴的温度和有无过热现象,便于调节火焰控制温度。须注意的是,油量不能过多,否则受热后有溢出而引起火灾的危险。使用油浴时要尽力防止可能引起油浴燃烧的因素。其次,水不能溅入油中,否则会引起飞溅和泡沫。最后,油浴使用过程中应有固定人员值守,以免发生意外。

加热完毕取出反应容器时,仍用铁夹夹住反应容器使其离开液面悬置片刻,待容器壁上附着的油滴完后,用纸和干布擦干。

1.3.1.4 酸 液

常用酸液为浓硫酸,可加热至 250～270 ℃,当加热至 300 ℃左右时分解,生成白烟,若添加硫酸钾,则加热温度可升到 350 ℃左右,见表 1-4。

表 1-4 酸液的加热温度

浓硫酸(密度 1.84 g·cm^{-3})/硫酸钾($\omega_{浓硫酸}/\omega_{硫酸钾}$)	70/30	60/40
加热温度/℃	325	365

上述混合物冷却时,即成半固体或固体,因此,温度计应在液体未完全冷却前取出。

1.3.1.5 砂 浴

砂浴是指用铁盆装干燥的细海砂(或河沙),把反应容器半埋砂中加热。加热沸点在 80 ℃以上的液体时可以采用砂浴,特别适用于加热温度在 220 ℃以上者。但是,砂浴的缺点是传热慢,温度上升慢,且不易控制,因此,砂层要薄一些。砂浴中应插入温度计。温度计水银球要靠近反应器。

应当指出:离心试管的管底较薄,不宜直接加热,而应在热水浴中加热。

1.3.1.6 金属浴

选用适当的低熔合金,可加热至 350 ℃左右,一般都不超过 350 ℃,否则,合金将会迅速氧化。

1.3.2 冷却方法及装置

含氮化合物制备实验中,经常会遇到反应或分离提纯等需要在低温下进行的问题,需要冷却操作。冷却的方法很多,可分为物理方法和化学方法,但绝大多数为物理方法。

常见的冷却方法有冰相变、冰盐浴、干冰相变、液氮制冷、冰水浴、冷水浴等。

1.3.2.1 冰相变冷却

冰相变冷却是最早使用的降温方法,通俗来说就是直接用冰冷却,该方法主要是利用冰融化的潜热来冷却。冰融化和冰升华均可用于冷却。常压下冰在 0 ℃融化,冰的汽化潜热为 335 kJ/kg,能够满足 0 ℃以上的制冷要求。冰冷却时,常借助空气或水作中间介质以吸收冷却对象的潜热。此时,换热过程发生在水或空气与冰表面之间。被冷却物体所能达到的温度一般比冰的溶解温度高 5～10 ℃。

厚度 10 cm 左右的冰块,其比表面积在 0.028～0.033 m^2/kg 之间。为了增大比表面积,可以将冰粉碎成碎冰。水到冰的表面传热系数为 116 W/(m^2·K)。空气到冰表面的表面传热系数与二者之间的温度差以及空气的运动情况有关。

1.3.2.2 冰盐浴冷却

冰盐浴的降温原理与溶液的凝固点下降有关。当食盐和冰均匀地混合在一起时,冰因吸收环境热量稍有融化变成水,食盐遇水而溶解,使表面水形成了浓盐溶液。由于浓盐溶液的冰点较纯水低,而此时体系中为浓盐溶液和冰共存,因此体系的温度必须下降才能维持这一共存状态(浓盐溶液和冰的共存温度应该比纯水的冰点更低)。这将导致更多的冰融化变成水来稀释浓盐溶液,在融化过程中因大量吸热而使体系温度降低。

一般冰盐混合冷却剂的温度可在 0 ℃ 以下,例如:常用的普通食盐与碎冰的混合物(33∶100),其温度可由 -1 ℃ 降至 -21.3 ℃。但在实际操作中温度为 -5~-18 ℃。冰盐浴不宜用大块的冰,而且要按上述比例将食盐均匀撒在碎冰上,这样冰冷效果才好。

常用的冰盐浴配方见表 1-5。若无冰,则可用某些盐类溶于水吸热作为冷却剂使用。

表 1-5　低温冰盐浴配方(碎冰用量 100 克)

浴温/℃	盐类及用量	浴温/℃	盐类及用量
-4.0	$CaCl_2 \cdot 6H_2O$(20 g)	-30.0	NH_4Cl(20g)+$NaCl$(40 g)
-9.0	$CaCl_2 \cdot 6H_2O$(41 g)	-30.6	NH_4NO_3(32g)+NH_4CNS(59 g)
-21.5	$CaCl_2 \cdot 6H_2O$(81 g)	-30.2	NH_4Cl(13g)+$NaNO_3$(37.5 g)
-40.3	$CaCl_2 \cdot 6H_2O$(124 g)	-34.1	KNO_3(2g)+$KCNS$(112 g)
-54.9	$CaCl_2 \cdot 6H_2O$(143 g)	-37.4	NH_4CNS(39.5g)+$NaNO_3$(54.4 g)
-21.3	$NaCl$(33 g)	-40	NH_4NO_3(42g)+$NaCl$(42 g)
-17.7	$NaNO_3$(50 g)	-17.9	NH_4Cl(26g)+KNO_3(13.5 g)

1.3.2.3 干冰相变冷却

固态 CO_2 俗称干冰。CO_2 的三相点参数为:温度 -56 ℃,压力 0.52 MPa。干冰在三相点以上吸热时融化为液态二氧化碳;在三相点和三相点以下吸热时,则直接升华为二氧化碳蒸气。干冰是良好的制冷剂,它化学性质稳定,对人体无害。早在 19 世纪,干冰冷却就用于食品工业、冷藏运输、医疗、人工降雨、机械零件冷处理和冷配合等方面。类似的还有液氮制冷等。

1.3.2.4 冰水浴和冷水浴

冰水浴是冰水混合物,体系温度为冰点温度 0 ℃。冷水浴是指通过添加冷水控制温度的方法,一般控制温度在 5~20 ℃。

除上述方法外,冷却方法还有激光制冷、蒸气压缩式制冷、蒸气吸收式制冷、蒸气喷射式制冷、吸附式制冷、热电制冷、气体膨胀制冷、绝热放气制冷和气体涡流制冷等,这些在本实验中均不会使用,因此不做详细介绍。

1.3.3 化学试剂的取用

常用的化学试剂根据其纯度不同,分成不同的规格。我国生产的试剂一般分为四种规格,如表 1-6 所列。此外,还有一些特殊用途的试剂,如光谱纯、色谱纯、放射化学纯、MOS 试剂等。

表1-6 常用试剂规格、用途

试剂规格	名称	代号	瓶签颜色	用途
一级	保证试剂(优级纯)	GR	绿	作基准物
二级	分析试剂(分析纯)	AR	红	科研和分析鉴定
三级	化学纯(纯)	CP,P	蓝	要求不太高的分析实验
四级	实验试剂(化学用)	LR	棕黄	普通实验

根据试剂的特性,选用不同的储存方法:一般固体试剂装在广口瓶内,液体试剂装在细口瓶或滴瓶中,见光易分解的物质(如 $AgNO_3$、$KMnO_4$ 等)装在棕色试剂瓶中。此外,一些具有特殊性质的试剂选择特殊的存储方法,例如:氢氟酸能腐蚀玻璃,就要用塑料瓶装;因为碱会与玻璃作用,时间长了,塞子会和瓶颈粘住,所以,存放碱的试剂瓶要用橡皮塞(或带滴管的橡皮塞),不宜用磨砂玻璃塞;反之,浓硫酸、硝酸对橡皮塞、软木塞都有较强的腐蚀作用,就要用磨砂玻璃塞的试剂瓶装,浓硝酸还有挥发性,不宜用有橡皮帽的滴瓶装。

每个试剂瓶都贴有标签,以标明试剂的纯度或浓度。经常使用的试剂,还应涂一层薄蜡来保护标签。

液体、固体试剂取用时,必须遵守以下规则:

① 不能用手接触试剂,以免危害健康和沾污试剂。
② 瓶塞应倒置桌面上,以免弄脏,取用试剂后,立即盖严,将试剂瓶放回原处,标签朝外。
③ 尽量不多取试剂,多取的试剂不能倒回原瓶,以免影响整瓶试剂的纯度,应放在其他合适容器中另做处理或供他人使用。
④ 从滴瓶中取用试剂时,注意不要倒持滴管,这样试剂会流入橡皮帽,可能与橡胶发生反应,引起瓶内试剂变质。
⑤ 不准用自用的滴管到试剂瓶中取药。如果确需滴加药品,而试剂瓶又不带滴管,可把液体倒入离心管或小试管中,再用自用的滴管取用。
⑥ 要用干净的药匙取用固体试剂,用过的药匙要洗净擦干才能再用。如果只取少量的粉末试剂,便用药匙柄末端的小凹处挑取。
⑦ 需要称量的固体试剂用称量纸称量,对于具有腐蚀性、强氧化性、易潮解的固体试剂需要用小烧杯、称量瓶、表面皿等称量。
⑧ 如果要把粉末试剂放进小口容器的底部,又要避免容器其余内壁沾有试剂,就要使用干燥的容器,或者先把试剂放在平滑干净的纸片上,再将纸片卷成小圆筒,送进平放的容器中,然后竖立容器,用手轻弹纸卷,让试剂全部落下(注意,纸张不能重复使用)。
⑨ 把锌粒、大理石等粒状固体或其他坚硬且密度较大的固体物质装入容器时,应把容器斜放,然后慢慢竖立容器,使固体沿着容器内壁滑到底部,以免击破容器底部。

1.3.4 化学试剂的干燥

干燥是指除去附在体系中的少量水分。液体和固体试剂的干燥方法大致有物理方法(不加干燥剂)和化学方法(加入干燥剂)两种。如吸收、分馏、分子筛脱水均属于物理干燥方法,有机溶剂中加干燥剂通过化学反应(例如 $Na+H_2O \rightarrow NaOH+H_2\uparrow$)或者与水生成水化物除去水分的方法则属于化学方法干燥。采用化学方法干燥时,有机溶剂中所含的水分一般在百分之几以下；否则，必须使用大量的干燥剂，同时有机溶剂因被干燥剂带走而造成的损失也较大。

1.3.4.1 液体试剂的干燥

（1）常用干燥剂

常用干燥剂的种类很多，选用时必须注意下列几点：

① 干燥剂与有机物应不发生任何化学变化，对有机物也无催化作用。

② 干燥剂应不溶于有机液体中。

③ 选用与水结合生成水合物的干燥剂时需要考虑干燥剂的吸水容量和干燥效能；要求干燥剂的干燥速度快，吸水量大，价格便宜。吸水容量是指单位质量干燥剂吸水量，干燥效能是指达到平衡时液体被干燥的程度。

常用的干燥剂有下列几种：

1）无水氯化钙

30 ℃以下吸水后形成 $CaCl_2 \cdot nH_2O$，$n=1,2,4,6$。吸水容量 0.97（按照 $CaCl_2 \cdot 6H_2O$ 计算），干燥效能中等，平衡速度慢，因此使用时需要放置一段时间并间歇振荡。无水氯化钙只适于烃类、卤代烃、醚类等有机物的干燥，不适于醇、酚、胺、酰胺、某些醛、酮以及酯等有机物的干燥，因为无水氯化钙能与后者形成络合物。由于工业品无水氯化钙可能含有氢氧化钙或氧化钙，因此也不宜用作酸（或酸性液体）的干燥剂。由于价廉，因此无水氯化钙是最常用的干燥剂之一。

2）无水硫酸镁

无水硫酸镁是中性盐，不与有机物和酸性物质起作用，吸水后形成 $MgSO_4 \cdot nH_2O$，$n=1,2,4,5,6,7$。48 ℃以下形成 $MgSO_4 \cdot 7H_2O$，吸水容量为 1.05，干燥效能中等，可以干燥很多不能用无水氯化钙来干燥的有机化合物，价格较便宜，是一种应用范围广的中性干燥剂。

3）无水硫酸钠

无水硫酸钠的用途和无水硫酸镁相似，价廉，37 ℃以下吸水容量为 1.25（按照 $NaSO_4 \cdot 10H_2O$ 计算），但是干燥速度缓慢，干燥效能差。当有机物水分较多时，常先用本品处理后再用其他干燥剂处理。

4）无水硫酸钙

无水硫酸钙是一种作用快，效能高的干燥剂，不溶于有机溶剂，不与有机化合物产生化学反应，与水形成稳定水合物，但是吸水容量小，常用于二次干燥。

5）无水碳酸钾

吸水容量为 0.2（按照 $K_2CO_3 \cdot 2H_2O$ 计算），干燥速度慢，干燥效能较弱，可用于初步干燥醇、酯、酮、腈类等中性有机物和生物碱等一般的有机碱性物质。但不适用于干燥酸、酚或其他酸性物质。

6）金属钠

醚、烷烃、芳烃、叔胺等有机物用无水氯化钙或硫酸镁等处理后，若仍含有微量的水分时，可加入金属钠（切成薄片或压成丝）除去。不宜用作醇、酯、酸、卤烃、醛、酮及某些胺等能与钠起反应或易被还原的有机物的干燥剂。

各类有机物的常用干燥剂如表 1-7 所列。

表 1-7　各类有机物的常用干燥剂

液态有机化合物	适用的干燥剂
醚类、烷烃、芳烃	$CaCl_2$、Na、P_2O_5
醇类	K_2CO_3、$MgSO_4$、Na_2SO_4、CaO
醛类	$MgSO_4$、Na_2SO_4
酮类	$MgSO_4$、Na_2SO_4、K_2CO_3
酸类	$MgSO_4$、Na_2SO_4
酯类	$MgSO_4$、Na_2SO_4、K_2CO_3
卤代烃	$CaCl_2$、$MgSO_4$、Na_2SO_4、P_2O_5
有机碱类（胺类）	NaOH、KOH

7) 分子筛

应用最广泛的是沸石分子筛（含硅铝酸盐的结晶），具有高效能选择吸附能力，常用 A 型分子筛有 3 Å（1 Å = 10^{-10} m）型、4 Å 型、5 Å 型。根据孔径的大小可以筛分各种分子大小不同的混合醚、乙醇、氯仿等有机溶剂中的水分以及有机反应中生成的水分。表 1-8 列出了分子筛的吸附性能。

表 1-8　分子筛的吸附性能

类　型	孔径/Å	吸附物质	不能吸附的物质
3 Å	3.2～3.3	氮气、氧气、氢气、水、甲醇、乙醇、乙腈	乙炔、二氧化碳
4 Å	4.2～4.7	三氯甲烷及可被 3 Å 吸附的分子	乙炔等更大的分子
5 Å	4.9～5.5	C3～C14 正构烷烃及可被 3 Å、4 Å 吸附的分子	$(n-C_4H_9)_2NH$ 及更大的分子

(2) 液态有机化合物干燥的操作

液态有机化合物的干燥一般在干燥的三角烧瓶内操作。把按照条件选定的干燥剂投入液体里，塞紧（用金属钠作干燥剂时则例外，此时塞中应插入一个无水氯化钙管，使氢气放空而水汽不致进入），振荡片刻，静置，使所有的水分全被吸去。如果水分太多，或干燥剂用量太少，致使部分干燥剂溶解于水时，可将干燥剂滤出，用吸管吸出水层，再加入新的干燥剂，放置一定时间，将液体与干燥剂分离，进行蒸馏精制。

1.3.4.2　固体试剂的干燥

(1) 自然晾干

自然晾干是最简便，最经济的干燥方法。先把要干燥的化合物在滤纸上面压平，然后在一张滤纸上面薄薄地摊开，用另一张滤纸覆盖起来，在空气中慢慢地晾干。

(2) 加热干燥

根据被干燥物对热的稳定性，通过加热使物质中的水分变成蒸气蒸发除去。加热干燥可在常压下进行，例如将被干燥物放在蒸发皿内用电炉、电热板、红外线照射、各种热浴和热空气干燥等。除此之外，也可以在减压下进行，如真空干燥箱等。加热的温度切忌超过该固体的熔点，以免固体变色和分解，如果需要可在真空恒温干燥箱中干燥。

加热干燥应注意控制温度，防止产生过热、焦糊和熔融现象，易爆易燃物质不宜采用加热干燥的方法。

(3) 低温干燥

低温干燥一般指在常温或低于常温的情况下进行的干燥,常用于易吸湿或者在较高温度下干燥时会分解或者变色的固体化合物的干燥。干燥时,可将被干燥化合物平摊于表面皿上,常温、常压下在空气中晾干或者吹干;也可在减压(或真空)下干燥。

有些易吸水潮解或需要长时间保持干燥的固体则应放在干燥器内。干燥器是一种具有磨口盖子的厚质玻璃器皿,又称为保干器,在磨口处涂一层薄薄的凡士林,平推盖上磨口盖后,转动一下,密封好。真空干燥器(如图1-17所示)在磨口盖子顶部装有抽气活塞,使用时需要抽真空。干燥器的中间放置一块带有圆孔的瓷板,用来盛放被干燥物品,底部放置适量的干燥剂,如变色硅胶、无水氯化钙等。

使用干燥器时需要注意:开启干燥器时,左手按住干燥器的下部,右手按住盖顶,向左前方推开盖子,如图1-18(a)所示,真空干燥器开启时应首先打开抽气活塞;搬动干燥器时,应用两手的拇指同时按住盖子,如图1-18(b)所示。为防止盖子滑落打破,温度很高的物体应稍微冷却后再放入干燥器内,放入后,要在短时间内打开盖子1~2次,以调节干燥器内的气压。

图1-17 真空干燥器

(a) 开启干燥器的操作

(b) 搬动干燥器的操作

图1-18 开启与搬动干燥器的操作

有些带结晶水的晶体,不能加热干燥,可以用有机溶剂(如乙醇、乙醚等)洗涤后晾干。

1.3.5 分离与提纯技术

分离是指采用物理或者化学的方法将物质的多组分分开,得到比较纯的物质。提纯是指将主组分净化,除去杂质组分。常用的分离和提纯方法有过滤、重结晶、离心分离、蒸发、蒸馏、分馏、分液、萃取、升华、渗析及盐析等方法。本书仅涉及常用的过滤、离心分离、重结晶和蒸馏技术。

1.3.5.1 过滤

过滤是最常用的固-液分离方法,通常可以分为常压(普通过滤)或减压(如布氏漏斗抽气过滤)过滤。本课程中使用减压过滤法,下面简单介绍两种过滤方法。

普通过滤中最常用的滤器是贴用滤纸的漏斗。滤纸需要对折两次(若滤纸不是圆形的,此时应剪成扇形),然后拨开一层成圆锥形,圆锥内角约60°;若漏斗角度不标准,应适当改变滤纸折叠的角度,使之能配合所用漏斗;滤纸一面是三层,一面是一层,在三层的那一面撕去一只小角,如图1-19所示。将折叠好的圆锥形滤纸平整地放入洁净的漏斗中(漏斗宜干,若需先用水洗涤洁净,则可在洗涤后,再用滤纸片擦干),使滤纸与漏斗壁紧贴。用左手食指按住滤纸,如图1-20所示,右手持洗瓶挤水或者试剂使滤纸湿润,然后用玻璃棒轻压,使之紧贴在漏斗壁上,此时滤纸距离漏斗边 3~5 mm。

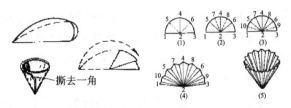

图 1-19　滤纸的折法

图 1-20　用手指按住滤纸

将贴有滤纸的漏斗放在漏斗架上,下方是接受滤液的容器,漏斗颈下端与容器壁接触。将待过滤的溶液沿着玻璃棒慢慢倾入漏斗中,如图 1-21 所示,过滤前不要搅拌溶液。过滤时,先将上面清液小心倾入漏斗中,这样不使沉淀物堵塞滤孔,可节省过滤时间。倾入溶液时,应注意使液面低于滤纸边缘约 1 cm。溶液倾倒完毕后,从洗瓶挤出少量水或者试剂淋洗盛放沉淀的容器,如图 1-22 所示。洗涤水或者试剂也必须全部滤入接受容器中。

若需要过滤的混合物中含有能与滤纸作用的物质(如浓硫酸),则可用石棉或玻璃丝在漏斗中铺成薄层作为滤器。

为了加快固液混合物分离,常用减压过滤的方法。实验室最简便的方法就是采用水压抽气法抽气,全套仪器的装置如图 1-23 所示。它由吸滤瓶、布氏漏斗、安全瓶和玻璃抽气管组成。玻璃抽气管一般装在实验室中的自来水龙头上。这种抽气过滤的原理:利用玻璃抽气管借水压真空抽气把吸滤瓶中的空气抽出,造成部分真空,而使过滤的速度大大加快。安全瓶的作用是防止玻璃抽气管中的水倒流回吸滤瓶。也可以使用水泵或者油泵真空抽气。

  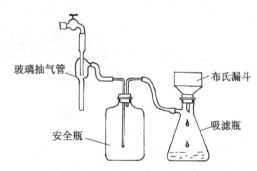

图 1-21　过　滤　　　图 1-22　淋　洗　　　图 1-23　布氏漏斗的减压过滤

在用布氏漏斗进行过滤前,先将滤纸剪成直径略小于布氏漏斗的圆形,平铺在布氏漏斗的瓷板上。再从洗瓶挤出少许去离子水或者试剂湿润滤纸,并慢慢打开自来水龙头,稍微抽吸,使滤纸贴在漏斗的瓷板上,然后将要过滤的混合物慢慢地沿玻璃棒倾入布氏漏斗中,进行减压过滤,必要时可以洗涤滤饼。

在减压过滤过程中,必须注意整个装置的气密性。可在各仪器的连接处周围注上少量水,若出现水被吸入现象,说明该处连接不良,遇到此种情况,应及时改善连接方式。

过滤完毕,先将吸滤瓶和安全瓶拆开,再关龙头(即真空源);切勿先关龙头,这样会使水倒流入安全瓶甚至吸滤瓶中。然后将布氏漏斗从吸滤瓶上拿下,用玻璃棒或药匙将沉淀移入盛器内。

1.3.5.2 离心分离

离心分离法是借助离心力使比重不同的物质进行分离的方法。对于两相密度相差较小、黏度较大、颗粒粒度较小的混合物体系或者少量溶液与沉淀的混合物体系均可以采用电动离心机进行离心分离以代替过滤,提高分离效率,电动离心机如图1-24所示。关于离心分离的原理和应用可以参考金绿松等人编写的《离心分离》。

电动离心机的离心分离操作步骤:将盛有混合物的离心试管放入离心机的试管套管内,接通电源后,旋转选择适当的转速,启动离心机。

注意事项:防止由于两支套管中离心试管质量不均衡所引起的振动而造成离心轴的磨损,不允许只在一支套管中放离心试管;必须在对称位置放入质量相均衡的另一支试管后,再进行离心操作。若只有一支试管的沉淀需要进行分离,则可另取一支空试管盛相应质量的水,放入对称位置的套管中以维持均衡。

离心操作完毕后,从套管中取出离心试管,再取一小滴管,先捏紧其橡皮头,然后插入试管中,插入的深度以不接触沉淀为限如图1-25所示。慢慢放松捏紧的橡皮头,吸出溶液,并移至另一容器中。这样反复数次,尽可能把溶液移去,留下沉淀。最后可根据实验需要留舍溶液或沉淀。

图1-24 电动离心机

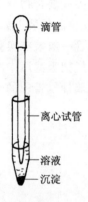

图1-25 用滴管吸去沉淀上的溶液

如果要得到纯净的沉淀,必须经过洗涤。为此,往盛沉淀的离心管中加入适量的蒸馏水或其他洗涤液,用细搅棒充分搅动后,进行离心沉降,用滴管吸出洗涤液,如此重复操作,直至洗净。

1.3.5.3 蒸 馏

蒸馏法是利用混合物中各组分的沸点不同而对混合物进行分离的方法。它主要是用来分离纯化液态混合物的一种常用方法,也可以分离液固混合物。蒸馏按照方式分为简单蒸馏、平衡蒸馏、精馏、特殊精馏;按照操作压力分为常压蒸馏、加压蒸馏和减压蒸馏;按照混合物组分分为双组分蒸馏、多组分蒸馏;按照操作方式分为间歇蒸馏和连续蒸馏。本书仅介绍简单蒸馏。

简单蒸馏的装置如图1-26所示,主要由蒸馏烧瓶、冷凝管和承受器三部分组成。液体在蒸馏烧瓶中被加热沸腾后,蒸气进入冷凝管中冷凝为液体,然后经接引管而流入承受器中。

通常在蒸馏烧瓶顶端的塞子中插一根温度计,用以指示蒸气的温度,温度计的水银球应对准蒸馏烧瓶的侧管。为了保持液体沸腾的平稳和避免过热现象的产生,可预先在蒸馏烧瓶中放一些小块釉瓷片(也可用一端封闭的长的毛细管或玻璃珠代替)。因为无釉瓷片能吸附气体,成为液体汽化的中心,可使沸腾平稳,不致产生过热或暴沸的现象。如果在蒸馏的过程中要补充新的瓷片,必须在液体冷却后再加,否则也会产生暴沸现象。蒸馏烧瓶中液体体积在 1/3~2/3 之间。

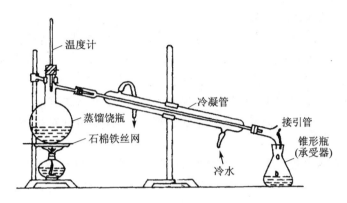

图 1-26　蒸馏的装置

蒸馏完毕,需要先停止加热,再停止通水,拆下仪器。

1.3.5.4　重结晶

重结晶是将晶体溶于溶剂或者熔融后,重新从溶液或者熔体里结晶的过程,它是一种常用的精制和提纯方法。需要注意的是该方法适用于混合物中杂质组分含量小于 5% 的体系;如果混合物中杂质含量过多,则对重结晶极为不利,影响结晶速率,有时甚至妨碍结晶的生成。因此,在结晶之前根据不同情况,分别采用其他方法进行初步提纯,如水蒸气蒸馏,减压蒸馏,萃取等,然后再进行重结晶处理。

重结晶的原理是利用混合物中各组分在某种溶剂中的溶解度不同或者在同一溶剂中不同温度时的溶解度不同而使混合物组分相互分离。例如,样品在溶剂中的溶解度随温度的升高而增大,把样品溶解在热的溶剂中使之饱和,冷却时由于溶解度降低,样品重新析出晶体;溶剂对样品及杂质的溶解度不同,使样品从过饱和溶液中析出,而杂质全部或大部分留在溶液中,从而达到提纯的目的。

重结晶的一般步骤:将被纯化的化合物,在已选好的溶剂中配制成沸腾或接近沸腾的饱和溶液;如溶液含有有色杂质,可加活性炭煮沸脱色,将此饱和溶液趁热过滤,以除去有色杂质及活性炭;将滤液冷却,使晶体析出;将晶体从母液中过滤分离出来;洗涤、干燥;测定熔点;回收溶剂,当溶剂蒸出后,残液中析出含有较多杂质的固体,根据情况重复上述操作,直至熔点不再改变。下面将分别介绍重结晶过程。

(1) 选择溶剂

在进行重结晶时,选择合适的溶剂是一个关键问题。有机化合物在溶剂中的溶解性往往与其结构有关,结构相似者相溶,不似者不溶。如极性化合物一般易溶于水、醇、酮、酯等极性溶剂中,而在非极性溶剂苯、四氯化碳等中要难溶解得多。这种相似相溶虽是经验规律,但是对实验工作有一定的指导作用。

选择适宜的溶剂应满足:溶剂不与被提纯化合物起化学反应;在降低和升高温度下,被提纯化合物溶解度应有显著差别,冷溶剂对被提纯化合物溶解度越小,回收率越高;溶剂对杂质溶解度较大,可把杂质留在母液中,溶剂对杂质溶解度很小且难溶于热溶剂中,可趁热过滤以除去杂质;能生成较好的结晶;溶剂沸点不宜太高,容易挥发,易与结晶分离;价廉易得,无毒或者毒性很小。

选择溶剂的试验方法:

1) 单一溶剂的试验选择方法

首先,取 0.1 g 样品置于干净的小试管中,用滴管逐滴滴加某一溶剂,并不断振摇,当加入溶剂量达 1 mL 时,可在水浴上加热,观察溶解情况,若该物质(0.1 g)在 1 mL 冷的或者热的溶剂中很快全部溶解,说明溶解度太大,此溶剂不适用。

其次,如果该物质不溶于 1 mL 沸腾的溶剂中,则可逐步添加溶剂,每次约 0.5 mL,加热至沸,若加入溶剂量达 4 mL,而样品仍然不能全部溶解,说明溶剂对该物质的溶解度太小,必须寻找其他溶剂。

再者,若该物质能溶解于 1~4 mL 沸腾的溶剂中,冷却后观察结晶析出情况,若没有结晶析出,可以用玻璃棒擦刮管壁或者辅以冰盐浴冷却,促使结晶析出。若晶体仍然不能析出,则此溶剂也不适用。

最后,若有结晶析出,还要注意结晶析出量的多少,并要测定熔点,还要确定结晶的纯度。最后综合几种溶剂的实验数据,确定一种比较适宜的溶剂。

表 1-9 列出了常用重结晶溶剂的物理常数。

表 1-9 常用重结晶溶剂的物理常数

溶 剂	沸点/℃	冰点/℃	相对密度	与水混溶性	易燃性
水	100	0	1.00	+	0
甲醇	64.96	<0	0.79	+	+
乙醇(95%)	78.1	<0	0.80	+	++
冰醋酸	117.9	16.7	1.05	+	+
丙酮	56.2	<0	0.79	+	+++
乙醚	34.51	<0	0.71	−	++++
石油醚	30~60	<0	0.64	−	++++
乙酸乙酯	77.06	<0	0.90	−	++
苯	80.1	5	0.88	−	++++
氯仿	61.7	<0	1.48	−	0
四氯化碳	76.54	<0	1.59	−	0

2) 混合溶剂的试验选择方法

固定配比法:将良溶剂与不良溶剂按各种不同的比例相混合,分别按照单一溶剂选择的试验方法,直至选到一种最佳的配比。

随机配比法:先将样品溶于沸腾的良溶剂中,趁热过滤除去不溶性杂质,然后逐滴加入热的不良溶剂并振摇,直到浑浊不再消失为止。再加入少量良溶剂并加热使之溶解变清,放置冷却使结晶析出。如冷却后析出油状物,则须调整比例再进行实验或者另换别的混合溶剂。

(2) 溶　样

溶样的原则:在通常情况下,溶解度曲线在接近溶剂沸点时陡峭地升高,因此,为了减少样品在溶剂中的损失,一般在溶剂的沸腾温度下溶解样品,并使之饱和,因此,需要使用回流装置。将样品置于圆底烧瓶或锥形瓶中,加入比需要量略少的溶剂,投入几粒沸石或者加入磁力搅拌子或者机械搅拌,开启冷凝水,开始加热并观察样品溶解情况。若未完全溶解可分次补加溶剂,每次加入溶剂后均需要再加热至溶液沸腾,直至样品全部溶解。此时若溶液澄清透明,无不溶性杂质,即可撤去热源,室温放置,使晶体析出。

采用水为溶剂进行重结晶时,可以用烧杯溶样,在石棉网上加热,其他操作同前,但是需要估计并补加因蒸发而损失的水。如果所用溶剂是水与有机溶剂的混合溶剂,则按照有机溶剂重结晶的方法处理。

在溶解试样的过程中,需要注意判断是否有不溶或者难溶性杂质存在,以免误加过多溶剂。如果难以判断,则宁可先进行热过滤,然后将滤渣再以溶剂处理,并将两次滤液分别进行处理。如果要通过重结晶操作得到比较纯的产品和比较好的收率,必须注意溶剂的用量,避免溶剂过量,减少溶解损失,但溶剂太少,又会给热过滤带来很多麻烦,可能造成更大损失,所以要全面衡量以确定溶剂的适当用量,一般比需要量多加20%左右的溶剂即可。

(3) 脱　色

脱色是指向溶剂中加入吸附剂并适当煮沸,使其吸附掉样品中的杂质的过程。最常用的脱色剂是活性炭。

活性炭的使用:活性炭煮沸5~10 min,可以吸附色素及树脂状物质(如待结晶化合物本身有色则活性炭不能脱色)。

使用活性炭应注意的事项如下:

第一,加活性炭以前,首先将待结晶化合物加热溶解在溶剂中。

第二,待热溶液稍冷后,加入活性炭,振摇,使其均匀分布在溶液中;如在接近沸点的溶液中加入活性炭,易引起暴沸,溶液易冲出来。

第三,加入活性炭的量,视杂质多少而定,一般为粗品质量的1%~5%,加入量过多,活性炭将吸附一部分纯产品。

第四,活性炭在水溶液中进行脱色效果最好,它也可以在其他溶剂中使用,但在烃类等非极性溶液中效果较差。

(4) 热　滤

热滤有常压法和减压法,其目的是除去不溶性杂质、脱色剂及吸附于脱色剂上的其他杂质。书中称的热滤包括热过滤和趁热过滤。热过滤是指使用区别于常规过滤仪器,保持固液混合物温度在一定范围内的过滤过程,有热漏斗法和无径漏斗蒸气加热法。而趁热过滤是指将温度较高的固液混合物直接使用常规过滤操作进行的过滤过程。图1-27所示是热漏斗,该装置是铜制的,具有夹层和侧管,夹层内装水,漏斗上沿有一个注水口,侧管处用于加热,内装一套普通的

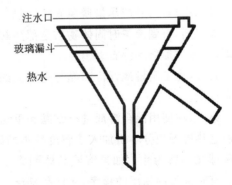

图1-27　热漏斗

与之配套的普通漏斗即可。

(5) 冷却结晶

随着溶质在溶剂中溶解度的减小,将收集的热滤液冷却,溶质可部分析出。此步的关键是控制冷却速度,使溶质真正成为晶体析出并长到适当大小,而不是以油状物或沉淀的形式析出。

一般来说,如果将热滤液迅速冷却或在冷却下剧烈搅拌,所析出的结晶颗粒很小,表面积较大,吸附在表面上的杂质较多;如果将热滤液在室温或者保温静置中让其慢慢冷却,析出的晶体较大,杂质含量较少。

(6) 滤集晶体

常用布氏漏斗进行减压过滤将析出的晶体与母液分离,并进行淋洗。从漏斗上取出晶体时,常与滤纸一起取出,待干燥后,用刮刀或者牛角勺轻敲滤纸,注意勿使滤纸纤维附于晶体上,晶体即全部下来。过滤少量的晶体,可用玻璃砂芯漏斗。

(7) 晶体的干燥

经抽滤洗涤后的晶体,表面上还有少量的溶剂,因此应选用适当的方法进行干燥。固体干燥方法很多:遇热不分解样品可用红外灯烘干或者烘箱烘干;遇热分解样品可在空气中晾干,也可放在真空干燥器中在室温下干燥,或者在烘箱中控制温度在温度不太高的情况下烘干;对那些数量较大或者易吸潮的样品,应将烘箱预先加热到一定的温度,然后将样品放入,或者放入真空恒温干燥箱中干燥,但是极易潮解的晶体,往往不能用烘箱烘,必须迅速放入真空干燥器中干燥;干燥少量的标准样品或送分析测试样品,最好用真空干燥或在适当的温度下减压干燥 2~4 h;用易燃的有机溶剂重结晶的样品在送入烘箱前,应预先在空气中干燥,否则可能引起溶剂的燃烧或爆炸。干燥后的样品应立即储存在干燥器中。

(8) 回收有机溶剂

用蒸馏的方法回收有机溶剂,并计算溶剂回收率。

(9) 测定熔点

将干燥好的晶体测定熔点,通过熔点来检验其纯度,以决定是否需要再做进一步的重结晶。

在实施重结晶的操作时要注意以下几个问题:

第一,溶解样品时需要严格遵守实验室安全操作规程:加热易燃、易爆溶剂时,应在没有明火的环境中操作,并应尽量避免直接加热。在加热的过程中补加溶剂时,可以小心地通过冷凝管补加溶剂,直到沸腾时固体物质全部溶解为止。补加溶剂时要注意,溶液如被冷却到其沸点以下,需再添加新的沸石。

第二,为了定量地评价结晶与重结晶的操作,以及为了便于重复,固体和溶剂都应予以称量和计量。

第三,在使用混合溶剂进行结晶和重结晶时,最好将样品溶于少量溶解度较大的溶剂中,然后趁热慢慢地分小份加入溶解度较小的第二种溶剂,直到在它触及溶液的部位有沉淀生成但旋即又溶解为止。如果溶液总体积太小,则可多加一些溶解度大的溶剂,然后重复以上操作。有时也可用相反的程序,将样品悬浮于溶解度小的溶剂中,慢慢加入溶解度大的热溶剂,直至溶解,然后再滴入少许溶解度小的溶剂或加以冷却。

第四，如有必要脱色，可在样品溶解后加入粉末状活性炭或骨炭进行脱色，或加入滤纸浆、硅藻土等使溶液澄清。加入脱色剂之前应先将沸腾的溶剂稍微冷却，因为加入的脱色剂内含有大量空气，会产生泡沫，从而引发原先抑制的沸腾，发生暴沸。加入活性炭后可煮沸5~10 min，然后趁热滤去活性炭。在非极性溶剂，如苯、石油醚中活性炭脱色效果不好，可试用其他方法，如用氧化铝吸附脱色等。

第五，当样品为有机试剂时，易形成过饱和溶液，要避免这种现象，可加入同种试剂或同种晶物的晶种。用玻璃棒摩擦器壁也能形成晶核，此后晶体即沿此核心生长。

第六，结晶的速度有时很慢，冷溶液的结晶有时数小时才能完全析晶。在某些情况下数星期或数月后还会有晶体继续析出，所以不应过早将母液弃去。

第七，为了降低样品在溶液中的溶解度，以便析出更多的结晶，提高产率，往往对溶液采取冷冻的方法。可以放入冰箱或用冰盐浴或者冰水浴冷却。

第八，热滤过程中如果样品太易析出结晶而阻碍过滤，则可将热溶液稀释后，趁热过滤或者采用保温或加热过滤装置（如保温漏斗）过滤。

第九，减压过滤可以使析出的晶体与母液有效地分离，然后用清洁的玻璃塞将晶体在布氏漏斗上挤压，并随同抽气尽量除去母液。晶体表面上的母液，可用尽量少的溶剂来洗涤。洗涤时应暂时停止抽气，用玻棒或不锈钢刀将已压紧的晶体挑松，加入少量溶剂使晶体润湿，稍待片刻，使晶体能均匀地被浸透，然后再用抽气把溶剂滤去，这样重复一二次，使附于晶体表面的母液全部除去为止。若用沸点较高的溶剂重结晶时，应用沸点较低且对晶体溶解度很小的溶剂洗涤，以利于干燥。

第十，小量及微量物质的结晶和重结晶基本要求同前所述，但均须采用与该物质的量相适应的小容器。微量物质的结晶和重结晶可在小离心管中进行。热溶液制备后立即离心，使不溶的杂质沉于管底，用吸管将上层清液移至另一个小离心管中，令其结晶。结晶后用离心的方法使晶体与母液分离。同时可在离心管中用小量的溶剂洗涤晶体，用离心的方法将溶剂与晶体分离。

还需要注意的是过滤的母液中常含有一定数量的样品，要注意回收。例如将溶剂除去一部分后再让其冷却使晶体析出，通常其纯度不如第一次析出来的晶体。若经纯度检查不合要求，可用新鲜溶剂再结晶，直至符合纯度要求为止。

1.3.6 气体的发生、净化和收集

实验室制取气体需要有气体发生装置、净化装置、干燥装置、收集装置和尾气处理装置。

1.3.6.1 气体的发生

制备不同的气体，应根据反应物的状态和反应条件，采用不同的方法和装置。在实验室制取少量无机气体，常采用如图1-28~图1-30等所示的装置。如果是不溶于水的块状（或粗粒状）固体与液体间不需加热的反应，例如制备CO_2、H_2S和H_2就可使用启普发生器如图1-28所示；如果反应需要加热，或颗粒很小的固体与液体，或液体之间的反应，例如制Cl_2、SO_2、N_2等气体，可采用如图1-29所示的装置；如果是加热固体制取气体，可采用如图1-30所示的装置。这里简要介绍前两种装置。

 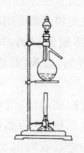 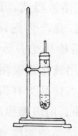

图 1-28　启普发生器　　　图 1-29　发生气体图　　　图 1-30　加热试管中的固体

启普发生器由球形漏斗和葫芦状的玻璃容器组成。葫芦体的球形部分上侧有气体出口，出口处配有装上玻璃活塞的橡皮塞，利用活塞来控制气体流量；葫芦体的底座上有排除废液的出口。如果用发生器制取有毒的气体（如 H_2S），应在球形漏斗口装个安全漏斗，在它的弯管中加进少量水，水的液封作用可防止毒气逸出。固体药品放在葫芦体的圆球部分，固体下面垫一块有很多小孔的橡皮圈（或玻璃棉），以免固体掉入葫芦体底座内。液体从球形漏斗加入。使用时，只要打开活塞，液体下降至底座再进入中间球体内，液体与固体接触反应而产生气体。要停止使用时，关闭活塞，由于出口被堵住，产生的气体使发生器内压力增加，液体被压入底座再进入球形漏斗而与固体脱离接触，反应即停止。下次再用时，只要重新打开活塞，又会产生气体。气体可以随时发生或中断，使用起来十分方便，这是启普发生器的最大优点。

启普发生器的使用方法：

① 装配：将一块有很多小孔的橡皮圈垫在葫芦体的细颈处（或在球形漏斗下端相应位置缠些玻璃棉，但不要缠得太多、过紧，以免影响液体流动的通畅）。将球形漏斗与葫芦体的磨口接触处擦干，均匀地涂一薄层凡士林，然后转动球形漏斗，使凡士林均匀。

② 检漏：检查启普发生器是否漏气的方法是先关闭活塞，从球形漏斗中加入水，静置一会，如果漏斗中的液面下降，说明漏气。检查可能漏气的地方，采取相应措施。

③ 装入固体和酸液：固体由气体的出口处加入。所加固体的量，不要超过葫芦体球形部分容积的 1/3。固体的颗粒不能太小，否则易掉进底座，造成关闭活塞后，仍继续产生气体。注意轻轻摇动发生器，使固体分布均匀。

加酸时，先打开导气管活塞，再把酸从球形漏斗加入，在酸将要接触固体时，关闭活塞，继续加入酸液，直至充满球形漏斗颈部。加入的酸量以打开活塞后，刚好浸没固体为宜。

④ 添加固体和更换酸液：如果在使用启普发生器的过程中，想增加些固体，或使用时间长了，发生的气体变得很少，说明酸液已经很稀，需更换新的酸液。这时该如何操作呢？可关上活塞，使酸和固体脱离接触，用橡皮塞将球形漏斗上口塞住，取下带导气管的橡皮塞（这时球形漏斗的液面不会下降），然后将固体从这个出气口加入。如果想更换酸液，再将发生器稍倾斜，使废液出口稍向上，使下口附近无液体，再拔去橡皮塞倒出废液。这样，废液便不会冲出伤人，也不会流到手上。根据实际情况，更换部分或全部酸液。

⑤ 启普发生器使用完后，可按更换酸液的操作倒出酸液。固体可从葫芦体上口倒出：先将发生器倾斜，使固体全集中在球部的一侧，再抽出球形漏斗（这样可避免固体掉进底座），倒出固体。也可根据具体情况，由出气口倒出固体。如果固体还可以再用，倒出之前，用水在启

普发生器中将它们冲洗净。

启普发生器虽然使用方便,但它不能受热,装入的固体反应物必须是块状的。因此,当反应需要加热或反应放热较明显、固体试剂颗粒很小时,就要采用如图 1-29 所示的仪器装置。固体装在蒸馏瓶内,固体的体积不能超过瓶子容积的 1/3;酸(或其他液体)加到分液漏斗中。使用时,打开分液漏斗下部的活塞,使液体均匀地滴加在固体上(注意不宜滴加得太快、太多),以产生气体。当反应缓慢或不发生气体时,可以微加热。必要时,可加回流装置。

在进药品之前,应检查装置是否漏气。可用手或小火温热蒸馏瓶,观看洗气瓶中是否有气泡发生(空气受热膨胀逸出)。如果没有气泡,说明装置漏气,应找出原因。

如果需要制备的气体量很少,可以用带支管的试管代替蒸馏瓶。

在实验室,也可以使用气体钢瓶直接获得各种气体。钢瓶中的气体是在工厂中充入的。使用时,通过减压阀有控制地放出气体。为了避免混淆钢瓶用错气体(这样会造成很大的事故),除了钢瓶上写明瓶内气体名称外,通常还在钢瓶外面涂以特定的颜色,以便区别。我国钢瓶的颜色标志如表 1-10 所列。

表 1-10　各种气体钢瓶颜色

气体名称	O_2	N_2	H_2	Cl_2	NH_3	其他可燃气体
瓶身颜色	天蓝	黑	深绿	草绿	黄	红

1.3.6.2　气体的净化和干燥

由 1.3.6.1 得到的气体往往带有酸雾和水汽等杂质,有时需要进行净化和干燥,这个过程通常在如图 1-31 所示的洗气瓶和如图 1-32 所示的干燥塔中进行。

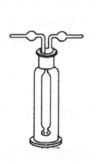

图 1-31　洗气瓶　　　　图 1-32　干燥塔

液体(如水、浓硫酸)装在洗气瓶内,固体(如无水氯化钙、硅胶)装在干燥塔内。连接洗气瓶时,必须注意使气体由长管进入,经过洗涤剂,由短管逸出(接反了,气体会将洗涤剂由长管压出)。

根据气体和要除去的杂质的性质,选用不同的物质对气体进行净化,要求既能除去杂质又不损失所需的气体。例如,用水可除去可溶性杂质和酸雾;用氧化性洗涤剂除去还原性杂质;碱性气体就不能用酸性干燥剂等。常用的干燥剂有浓硫酸、无水氯化钙、硅胶、固体氢氧化钠等。

1.3.6.3　气体的收集

收集气体的方法,通常有排水集气法和排空气集气法。在水中溶解度很小,又不与水发生化学反应的气体,如 H_2、O_2、NO 等,可用排水集气法收集;易溶于水,与空气不反应,密度与空气差别大的气体可用排空气集气法收集。

采用排水集气法可以观察集气瓶是否充满气体,而用排气集气法收集气体时,应设法检查气体是否充满集气瓶。不宜用排气集气法收集大量易爆的气体,因为易爆气体中混合的空气达爆炸极限时,遇火即爆。

注意,最初排出的气体,混杂有系统中的空气,不应该收集。用排水集气法收集气体时,当集气瓶充满后,要先将导气管从水中抽出,才能停止加热反应器,以免水倒吸。

1.3.7 微型实验仪器及使用

微型实验是指使用微小型仪器,用尽可能少的试剂进行实验,试剂量一般为常规试验的 1/1 000~1/10。由于实验过程药品用量少,所以极大地减少了实验中的"三废",并可以降低实验成本。药品的微量化也可使实验手续大为简化,因而节省了实验时间,突出了实验过程中物质变化的本质和规律。

微型实验用于定量测定时,除注重对实验原理的了解外,需适当考虑获得一定准确度的实验数据;微型实验用于定性验证时,可允许学生对实验条件做出多种选择,便于学生自己设计实验方案、开拓思维,培养分析问题、处理问题的能力,因而能加深对基本理论和基本规律的理解。微型实验在国外已得到相当广泛的应用,国内也正在进行多方探索,并积极推广。

为了配合药品的微量化,实验所用的仪器以及其他器材都须做相应变化,例如用具支试管、小试管、尖嘴玻璃导管代替常规的圆底烧瓶、常规试管、玻璃导管,用平底具支试管改装为洗气装置。也可以寻找一些替代品,例如注射器可以作为集气瓶、量筒、滴管、分液漏斗、烧杯等使用,也可以改变容器气体压强、用于排送气体;塑料滴瓶代替细口瓶或者玻璃滴瓶储存常用化学试剂,或者代替普通滴管、量筒转移溶液,代替分液漏斗制取气体;有时需要设计不同于常量实验的新实验步骤和仪器,例如微型实验中最常用、最基本的仪器有多用滴管和井穴板两种。

1.3.7.1 多用滴管

多用滴管是用聚乙烯塑料制成,由装液管和毛细管两部分组成,图形尺寸如图 1-33 所示,图中尺寸为参考值。

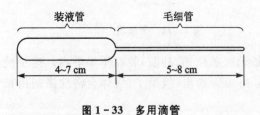

图 1-33 多用滴管

多用滴管可用作滴管、试剂瓶、反应器、移液管、滴定管等。多用滴管用作定量测量液体体积的仪器时,需将其毛细管一端进一步加热拉扭(可将毛细管近末端处在酒精灯火焰上方微微加热,待软化后离开火焰,缓慢拉长毛细管。冷却后,在拉细的适当部位用小刀切去即可),以使垂直时滴出液滴体积控制在每毫升 40 滴以上。考虑到滴出液体体积的准确性,滴出液体时应始终用手捏持储液管,以免气泡进入。液滴体积可通过体积法或质量法予以校正。

(1) 体积校正法

采用滴管吸取去离子水,保持垂直状态将去离子水逐滴滴入预先盛有 2~3 mL 去离子水的小量筒中,记录每毫升去离子水的滴数,取 6～7 mL 的平均值。

(2) 质量校正法

取一个干燥称量瓶,预先在分析天平上称量,然后称出每 10 滴或每 20 滴去离子水(用多用滴管保持垂直状态滴下)的质量增量,累计称量几次,计算出每毫升去离子水的滴数;取去离子水的密度为 1.00 g·mL^{-1}。

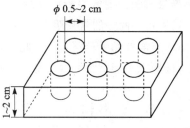

1.3.7.2 井穴板

井穴板是用聚苯乙烯制成,可具有不同数量的大小井穴,井穴容量以 0.7～6 mL 为宜,图形尺寸如图 1-34 所示,图中尺寸为参考值。

图 1-34 井穴板

井穴板可用作反应容器,以代替烧杯,也可用作锥形瓶、试管、点滴板等。

1.3.8 薄层色谱技术

薄层色谱(TLC)是快速分离和定性分析少量物质的一种很重要的实验技术,也称为薄板层析、薄层层析,属于固-液吸附色谱。样品中各组分对吸附剂吸附能力不同,吸附能力弱即极性较弱的随流动相移动快,吸附能力强即极性较强的随流动相移动慢,这样,就可以将样品中的各组分分开。最典型薄层色谱是在玻璃板上均匀铺上一薄层吸附剂,制成薄层板,用毛细管将样品溶液点在距离薄层板 1 cm 处的起点处,晾干或者吹干后将薄层板置于盛有溶剂的展开槽中,浸入深度 0.5 cm,等待展开剂前沿距离薄层板顶端 1 cm 附近时,将薄层板取出,晾干,喷以显色剂,或者紫外灯显色,测定色斑的位置,计算迁移值 R_f,即色斑到起点的距离与展开剂前沿到起点的距离的比值。薄层板层析实验参见图 1-35。

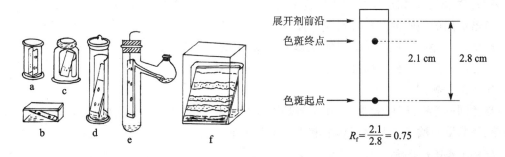

图 1-35 薄层板层析实验

薄层色谱也可用来分离微克级的样品,如果加厚加大薄层板,样品点成线,可以分离高达 500 mg 的样品,此方法比较适合挥发性小、高温容易变化且不能用气相色谱分析的物质。此外,该方法还可以用来跟踪化学反应。

薄层色谱按照使用目的的不同可以分为常规薄层色谱、制备薄层色谱、加压薄层色谱。

1.3.8.1 常规薄层色谱技术

常规薄层色谱也称为分析薄层色谱,实验过程涉及铺板、点样、展开、显色、计算迁移值 R_f。下面分别介绍。

(1) 吸附剂

吸附剂一般是硅胶。铺板时将硅胶与0.5%的羧甲基纤维素钠(CMC)水溶液调成糊状，均匀铺在洁净的玻璃载玻片上，干燥后使用。由于手工制板时间长，实验室一般从市场直接购买标准层析板。商售层析板会标注G、H、GF、HF，其中G代表含凝固剂，H代表不含凝固剂，F代表荧光。商售的常用吸附剂是硅胶H/GF254，这是一种含荧光物质的层析用硅胶，可在254 nm的紫外光下观察荧光。此外，吸附剂还有硅胶G、硅胶GF254、硅胶H、硅胶HF254、硅藻土、硅藻土G、氧化铝、氧化铝G、微晶纤维素、微晶纤维素F254，颗粒大小要求10～40 μm。

(2) 点样

在距薄层板下端1 mm处，用铅笔画一条线，作为起点线。用毛细管(内径小于1 mm，一般为0.3～0.5 mm)吸取样品溶液(一般以乙酸乙酯、二氯甲烷等作溶剂，配成0.1%溶液)，垂直地轻轻接触到薄层的起点线上。如果需要重复点样，需要等待前次点样的溶剂挥发后才可以重新点样，防止拖尾、扩散；如果在一个板上点几个样，样品间距应该在5 mm以上。一般点样斑点直径不超过2 mm。

(3) 展开剂的选择

展开剂的选择主要根据样品的极性、溶解度和吸附剂的活性等因素进行考虑。一般而言，样品的吸附能力(亲和力)与分子极性有关。分子极性越强，其吸附能力也就越大；分子中所含基团极性越大，其吸附能力也越强。常见基团的吸附能力按下列排列次序递增：

—Cl，—Br，—I<C≡C<—OCH$_3$<CO$_2$R<C=O<—CHO<—SH<—NH$_2$<—OH<—COOH

极性小或者极性中等的样品一般选择石油醚和乙酸乙酯作展开剂，通过调整其配比，使R_f值调到0.3～0.6为佳。极性大的样品一般选择二氯甲烷和甲醇作展开剂，通过调整其配比，使R_f值调到0.3～0.6为佳。如上述展开剂均不适合，可尝试使用石油醚和丙酮、三氯甲烷和甲醇等展开剂。酸或碱性物质由于在薄层板拖尾严重，所以可以分别在展开剂中加入0.1%乙酸或氨水。如反应物与生成物R_f值接近，可点交叉点加以区别。

色谱常用的洗脱剂及其洗脱能力如下(按次序递增)：

己烷、石油醚<环己烷<四氯化碳<二硫化碳<甲苯<苯<二氯甲烷<三氯甲烷<乙醚<乙酸乙酯<丙酮<丙醇<乙醇<甲醇<水<吡啶<乙酸。

(4) 显色剂

显色剂一般有三种：紫外灯，用于多环芳烃基团等显色；碘蒸气可以使很多有机物显黄棕色；茚三酮、浓硫酸、0.5%碘氯仿溶液等特殊显色剂。

(5) 计算迁移值 R_f

将显色后的斑点用铅笔做标记，精确测量斑点中心距离原点的距离，然后精确测量展开剂前沿距离原点的距离，两者的比值即为R_f值。由于样品的吸附能力与极性成正比，在给定条件下(吸附剂、展开剂、板层厚度等相同)，同一样品的R_f值是固定的，只与样品的结构有关。因此，R_f值是物理常数，可以用于鉴定样品。

1.3.8.2 制备薄层色谱技术

制备薄层色谱技术全称是Preparation Thin Chromatography，简写为Pre-TLC。该方法的特点是分离时间短，效率高，操作简便；分离样品少。

制备薄层色谱的实验过程与常规薄层色谱实验过程基本相同，不同之处是处理的样品量不同,因此会涉及样品的洗脱和回收。

(1) 展开缸

展开缸一般为 24 cm×24 cm×7 cm。使用混合溶剂为展开剂时,可能会发生边缘效应,这时可在四壁放上滤纸有助于溶剂蒸气饱和,防止边缘效应;流动相液面高度一般为 10～15 mm。使用混合溶剂体系,应在每次爬板后清洁展开缸;每次只准备一天的溶剂;爬板时需要保持展开缸密闭。

(2) PTLC 板

PTLC 板最常用的吸附剂是硅胶,适用于中性或酸性物质的分离;碱性氧化铝是用于碳氢化合物、生物碱和碱性化合物的分离。负载量:1.0 mm,<5 mg/cm^2,例如板 20 cm×20 cm,负载量为 10～100 mg。

如果自己铺板,需要注意薄层硅胶和蒸馏水或者 5‰ CMC - Na 的混合物(1:3)同方向搅拌均匀后铺板,晾干后,用甲醇处理铺好的板子,除去硅胶中的杂质后使用,之后在 110 ℃烘 30 min 后(如果是氧化铝需要在 160 ℃烘 4 h),放在干燥器中备用。

(3) 点 板

可以采用自动 TLC 取样器进行点板,也可以使用自制的玻璃滴管进行点板。样品溶剂推荐使用挥发性溶剂,如乙酸乙酯、己烷、二氯甲烷;避免使用不挥发溶剂,例如甲醇、水。样品的浓度:5%～10%。图 1-36 给出了点样滴管外形。

在点样时需要注意:用滴管吸取样品溶液后需要缓慢并且匀速地在板上画一条直线,如果点样太宽,可用大极性溶剂将其展开至 2～4 cm,再吹干;不要污染板;线条尽可能细;如果可能,点样后先在紫外灯下检查;样品不能太多,否则会过载;由于边缘厚度不均匀及边缘效应,PTLC 板两端应留 5～8 mm。

(4) 展 板

在展开 PTLC 板之前,必须先用常规薄层色谱(TLC)选用展开剂条件;PTLC 可以直接使用 TLC 条件;将准备好的 PTLC 板放入展开缸,盖上盖子;溶剂前沿离板上端 0.5～1 cm 即可取出。

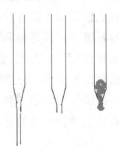

图 1-36 点样滴管

常用的展开剂体系有己烷(石油醚)/乙酸乙酯、己烷(石油醚)/丙酮、氯仿/甲醇。选择展开剂系统,必须经过多次的尝试,不断改变展开剂极性,根据板层情况,选择最佳的展开剂体系。一般来讲,提高展开剂极性,样品中各组分爬得越高;反之,则相反。展开剂按照极性增强排序为:烷烃(己烷,石油醚)<甲苯<二氯甲烷≈氯仿<乙醚<乙酸乙酯<丙酮<醇<醋酸。

PTLC 中容易出现的问题:板上的化合物是一片,这是由于样品过载或者是由于样品十分不纯;板上的化合物拖尾,这是由于样品有酸性或碱性基团(胺或羧酸),有时在 PTLC 板会有严重的拖尾,这时加入几滴氨水或 TEA(胺)或醋酸(羧酸)可以减小影响。

(5) 显 色

如果样品是有颜色的,可以用铅笔轻轻标出;如果样品需在紫外灯下看,则在紫外灯下用铅笔标出;如果样品无色,且在紫外下也不显色,可以采用碘蒸气显色;也可选择在板上喷洒事先准备好的显色剂,用于显色。

(6) 刮板与洗脱

在确定好所要的谱带后,可用刮刀将其刮下,碾细,可以用玻璃漏斗洗脱,也可以通过柱层析洗脱。

操作过程需要注意：尽快处理化合物，长时间与吸附剂接触会增加样品变坏的可能性；小心选择溶剂，甲醇可能会溶解硅胶板里的黏合剂和荧光物质，选择氯仿、丙酮、乙醇会好一些；如果可能的话，尽量选择低极性的溶剂；1 g 吸附剂需用大约 5 mL 溶剂；柱层析有助于除去黏合剂和荧光物质。

1.3.8.3 加压薄层色谱技术

加压薄层色谱也称为过压薄层色谱（Overpressure Thin Chromatography），是一种将薄层色谱法与高效液相色谱法优点相结合的技术。加压展开过程在密闭体系内完成，完全排除了移动相蒸气对板层的影响。展开方式与常规薄层色谱法类似，更接近高效液相色谱法。移动相最佳线速 $0.20\sim0.25$ mm/s，可采用粒度范围很宽的吸附剂。其具有直观谱图，能排除气相溶剂影响，分离距离长，流动相选择容易且用量少、扩散低、斑点小等优点，既可分析也可制备。

1.3.9 柱层析技术

柱层析技术又称为柱色谱（Column Chromatography）技术，主要是根据样品混合物中各个成分在固定相和流动相分配系数的不同，经过多次反复分配将组分分离开来。

通常在圆柱形玻璃管中填入表面积很大、经过活化的多孔性或粉状固体吸附剂（如硅胶和氧化铝）。待分离的混合物样品或者样品溶液从柱顶加入，吸附于柱上端吸附剂（固定相）中。然后从柱顶加入洗脱剂（流动相），当洗脱剂流经吸附剂时，便发生了吸附和解吸过程，即混合物的各组分在固定相和流动相之间发生无数次的交换。由于各组分对吸附剂的吸附能力（或称亲和力）不同，因此，会以不同的速度随洗脱剂下移，形成若干色带。吸附能力最弱的组分随洗脱剂首先流出。分别收集各组分，进行逐个鉴定，从而达到分离纯化的目的。

柱层析技术是一种十分高效的分离提纯方法，因此有着相当广的应用范围，适用于大量、少量甚至微量物质的分离和纯化。

（1）层析柱

任何细颈玻璃管或带旋塞的滴定管均可用作层析柱，也可以专门定制各种尺寸规格的带有特氟珑旋塞和底部配备砂芯（以代替玻璃棉）的层析柱。表 1-11 列出了层析柱选择的一些规格。图 1-37 是不同规格的层析柱。

表 1-11 层析柱的选择

柱规格/mL	分馏规格/mL	样品规格/g
200	10	1～2
400	20	3～5
600	30	5～8
1 000	50	10
2 000	100	20～30
4 000	150～200	50
8 000	250～400	100

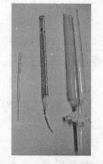

图 1-37 不同规格的层析柱

(2) 吸附剂

常用的吸附剂有硅胶、氧化铝等，颗粒大小一般以通过 200 目左右筛孔为宜。颗粒太大，洗脱时溶剂推进太快，分离效果不好；反之如果颗粒太小，洗脱时展开慢而造成拖尾，不集中，分离效果也不好。下面简单介绍一下硅胶和氧化铝。

硅胶一般分为硅胶 G（掺入 13% 的黏合剂煅石膏）、硅胶 H（不含黏合剂，层析用）和硅胶 H/GF_{254}（含荧光物质）。柱层析一般用比表面积 300~400 m^2/g，颗粒度在 300 目以下的硅胶 H 作吸附剂。

色谱用氧化铝一般可分为酸性、中性和碱性三种。酸性氧化铝是用 1% 盐酸浸泡后用蒸馏水洗至悬浮液 pH=4~4.5，用于分离酸性物质。中性氧化铝 pH=7.5，用于分离中性物质，其应用最广。碱性氧化铝 pH=9~10，一般用于分离生物碱等化合物。

选择吸附剂的首要条件是吸附剂与被吸附物无化学作用；氧化铝的极性比硅胶大，比较适合用于分离极性较小的化合物，如烃、醚、醛、酮、卤代烃等；硅胶适合用于分离极性较大的化合物，如羧酸、醇、胺等。

吸附剂的活性与其含水量有关。含水量越低，活性越高。将氧化铝放在高温炉（350~400 ℃）烘 3 h 得无水氧化铝，加入不同量水分可得到不同程度的活性氧化铝。一般常用 Ⅱ~Ⅲ级（硅胶也可按此方法处理）。吸附剂活性规格参见表 1-12。

表 1-12 吸附剂活性规格

吸附剂活性等级	氧化铝（含水量%）	硅胶（含水量%）
Ⅰ	0	0
Ⅱ	3	5
Ⅲ	6	15
Ⅳ	10	25
Ⅴ	15	38

通常情况下，待分离样品量和吸附剂的加入量比例为硅胶 1∶30~1∶60，氧化铝 1∶20~1∶50。当然根据分离的具体情况可作适当调整；吸附剂填入层析柱的长度和层析柱的宽度（直径）的比例一般为 10∶1~20∶1，最好不小于 7∶1，当然这一比例关系也可随具体的分离效果做适当调整。

层析柱、吸附剂和待分离样品的经验选择关系参见表 1-13。

表 1-13 层析柱、吸附剂和待分离样品的经验选择关系

样品量/g	吸附剂用量/g	柱的直径/mm	柱高/mm
0.01	0.3	3.5	30
0.1	3.0	7.5	60
1	30	16	130
10	300	35	280

注：具体选择应视样品的分离情况而定。

(3) 洗脱剂

选择洗脱溶剂时应考虑到被分离各物质的极性和溶解度。非极性化合物用非极性溶剂,而极性溶剂对于洗脱极性化合物是有效的。被分离各物质应在洗脱溶剂中有非常好的溶解性,否则会严重影响分离效果。若欲分离的混合物组成复杂,单一溶剂往往不能达到有效的分离,通常可以选用混合溶剂作洗脱剂。

柱色谱常用的洗脱剂及其洗脱能力(按次序递增):己烷、石油醚<环己烷<四氯化碳<二硫化碳<甲苯<苯<二氯甲烷<三氯甲烷<乙醚<乙酸乙酯<丙酮<丙醇<乙醇<甲醇<水<吡啶<乙酸。

实验室一般常用石油醚(正己烷)/乙酸乙酯系分离极性较小的化合物,采用二氯甲烷(氯仿)/甲醇系分离极性较大的化合物。对于分离极性较大的化合物,如氨类、酰胺类化合物,为防止其产生拖尾现象,可在洗脱剂中加入少量的三乙氨、氨水或醋酸。其具体选择应参照TLC的结果选择合适的洗脱剂。

(4) 装 柱

装柱是柱层析中最为关键的操作,装柱的好坏直接影响分离效率。首先必须将层析柱垂直固定在铁架上,填充时要求将柱填装均匀、严实,不应夹有空气泡,并使柱顶表面保持水平。特别需要注意的是:装柱一定要在通风良好的通风橱中进行,并带好口罩,以防吸入过多的硅胶或氧化铝粉尘而对身体产生致命伤害。

柱层析的装柱有干法装柱和湿法装柱两种。下面以吸附剂硅胶为例分别讲述这两种装法。

干法装柱:将硅胶慢慢地从柱顶小心加入,同时用橡胶棒轻轻敲击玻璃柱,以使硅胶颗粒尽可能填充均匀严实(可以用水泵或者油泵抽),直至硅胶界面不再下降为止,然后再填入硅胶至合适高度,最后再用油泵抽结实。任何隙缝、断层、气泡都将影响分离效果。装好硅胶柱后,最好在硅胶界面上铺上一层石英砂,以防止在加入洗脱剂和待分离样品时冲坏硅胶层的顶部。然后从柱顶小心加入非(小)极性溶剂或洗脱剂(TLC展开剂稀释一倍)并使其充分润湿硅胶层,也就是常说的"走柱子",也可以加泵抽,加快溶剂的速度。在此过程中,溶剂和硅胶吸附放热,为了防止隙缝、断层、气泡的产生,要用较多的溶剂"走柱子",等待柱子下端不再发热即可撤去压力,停止走柱子。通过"走柱子"也可以把硅胶、石英砂、砂芯(玻璃棉)本身可能带有的一些杂质洗去。

干法装柱还可以先在层析柱中装入非(小)极性溶剂或洗脱剂,再慢慢加入硅胶。

湿法装柱:先把硅胶和非(小)极性溶剂或洗脱剂(一般按体积比1∶2)充分混合,形成均一的可流动浆状物,小心倾入层析柱,然后铺一层石英砂,用一定体积的非(小)极性溶剂或洗脱剂预洗以去除可能产生的气泡。其他注意事项和干法装柱一样。另外特别需要注意的是:在加待分离样品前,不能让柱子流干。加样时,当非(小)极性溶剂或洗脱剂的液面与石英砂层相平时(切记不可超过该水平线!否则会产生新的裂缝和气泡!)就可以加入样品。图1-38给出了正常柱色谱装置和易出现的问题。图1-39给出了装柱的过程示意图。

(5) 上 样

上样一般按待分离物的性质而分为液体上样和固体上样两种。

液体上样:把要分离的试样配制成适当浓度的溶液。将硅胶上多余的溶剂放出,直到柱内液体表面到达石英砂表面时,停止放出溶剂。沿管壁加入试样溶液,注意不要使溶液把石英砂、硅胶层冲松浮起,试样溶液加完后,开启下端旋塞,使液体渐渐放出,至溶剂液面和石英砂

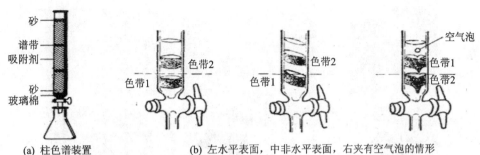

(a) 柱色谱装置　　　(b) 左水平表面，中非水平表面，右夹有空气泡的情形

图 1-38　柱层析装柱和易出现的问题

层表面相齐（勿使石英砂表面干燥）即可用溶剂洗脱。

固体上样：当待分离样品为固体时不能直接上样，一般采用拌硅胶上样法。将固体样品溶于丙酮、氯仿等低沸点溶剂中（注意：样品在选择的溶剂中应有相当好的溶解性，尽量避免用甲醇、乙醇等沸点较高的溶剂，以防最后不能除尽而影响分离效果）加入一定量的粗硅胶（一般用 100～200 目的硅胶，用量大致和样品的质量之比

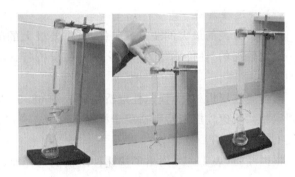

从左往右为干法装柱、湿法装柱和装好的层析柱

图 1-39　装　柱

为 3∶1～5∶1）充分摇匀，然后旋干溶剂，干燥得到的细粉状固体后小心倒入准备好的层析柱中，并使其表面呈水平，再加入一层石英砂以防加入洗脱剂破坏其表面。小心加入洗脱剂后便可开始走样了。当然，如果该固体在洗脱剂中有较好的溶解度，也可使其直接溶于尽量少的洗脱剂中按液体上样法处理。固体上样法只适用于较少的样品量。

(6) 洗脱和分离

在洗脱和分离的过程中，应当注意以下几点：

首先，要继续不断地加入洗脱剂，保持液面具有一定的高度，在整个操作中勿使硅胶层表面的溶液流干，一旦流干，再加溶剂，易使硅胶柱产生气泡和裂缝，影响分离效果。

其次，在收集洗脱液时，如果试样各组分有颜色，在硅胶柱上可直接观察，洗脱后可以直接分别收集各个组分。但是，在多数情况下，试样没有颜色，收集洗脱液时，多采用等份收集，每份洗脱剂的体积随所用硅胶的量及试样的分离情况而定。一般若用 50 g 硅胶，每份洗脱液的体积常为 50 mL。如洗脱液极性较大或试样的各组分结构相近似时，每份收集量要小。

再者，控制洗脱液的流出速度，一般不宜太快，太快了层析柱中交换来不及达到平衡，因而影响分离效果。

最后，由于硅胶表面活性较大且显弱酸性，有时可能促使某些成分破坏，所以应尽量在一定时间内完成一个柱色谱的分离，以免试样在柱上停留的时间过长，发生变化或扩散而影响分离效果。

图 1-40 给出了洗脱和分离的过程。

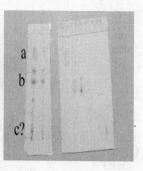

图 1-40 洗脱和分离过程

(7) 快速柱层析

柱层析分离的最大的缺点就是耗时,需要极大的耐心。如果要在分离效果和时间两者间取一个比较高的"性价比"的话,那么快速柱层析(Flash Column Chromatography)无疑就是最好的选择。

与普通柱层析相比,快速柱层析是用大约 68.95 kPa 的压力迫使流动相以较快的速度通过固定相。快速柱层析特别适用于样品量在 0.1～10 g,需要组分的 R_f 值为 0.35,并与杂质有 0.15 的 R_f 差距(TLC)。

根据经验,表 1-14 列出了快速柱层析的选择原则。

表 1-14 快速柱层析选择

柱直径/cm	流动相体积/mL	样品量/mg		分馏体积/mL
		$R_f>0.2$	$R_f>0.1$	
1	100	100	40	5
2	200	400	160	10
3	400	900	360	20
4	600	1600	600	30
5	1 000	2 500	1 000	50

注:柱高一般为 15～25 cm。

快速柱层析的实验步骤:将干的吸附剂(如硅胶)装入适宜的柱子内,垂直柱子,轻轻敲打使硅胶填充完全,然后加入溶剂,逐渐加压压缩硅胶,使溶剂和空气排出柱子。在此过程中注意柱子的顶端不能抽干,将样品溶解为 20%～25% 的溶液,洗脱速度为 5 cm/min,一般需要 5～10 min 可以跑完柱子,分离样品量为 0.5～2.0 g。如果柱子够大或者分离要求较小,可以分离高达 10 g 样品的样品量。

该方法依赖于 TLC 结果,方法快速有效。

(8) 反相硅胶板和硅胶柱

当被分离的样品为极性很大的化合物(如氨,酸等),用普通的以硅胶为填充料的柱子可能很难有效分离,这时就可以选择反相硅胶板和硅胶柱。其主要的区别在于吸附剂的不同,主要是以硅胶作基质,在其表面键合十八烷基官能团(ODS)的非极性填料(其他还可键合 C_8、C_4、C_2、苯等)。洗脱剂一般用甲醇(乙腈)和水的混合物。

第 2 章 含氮化合物制备技术

本实验课程所涉及的含氮化合物是指高能量密度化合物(High Energetic Density Compounds,HEDC)或者 HEDC 的制备前体,含氮化合物制备是指 HEDC 或其前体的制备。HEDC 是高能量密度材料(High Energetic Density Materials,HEDM)的重要组成之一,HEDM 是用作炸药、推进剂、发射药和火工品的高能量组分复合物,它具有高能量密度、低目标特性、高可靠性、低危险性、长使用寿命等特点。HEDM 作为武器的能源和威力的体现者,几乎用于所有的战略武器系统和战术武器系统,具有至关重要的作用。例如,用作高性能推进剂可以使导弹火箭射程更远;用作战斗部炸药装药可以使杀伤破坏能力更大;用作高性能火炮发射药可以提高射程和对目标的破坏能力;用作高能钝感和核武器组件可以提高武器的低易损性。HEDM 性能的小小改进,都会对武器系统性能产生重大的影响。

HEDC 的合成是 HEDM(推进剂、发射药、混合炸药等)研究的重要内容之一。梯恩梯(TNT)、黑索今(RDX)、奥克托今(HMX)是当今应用最为广泛的三种单质炸药。TNT 具有感度较低、能量较高、易于装填、原料来源丰富等优点。它的广泛应用对战争形式和战争规模的改变产生了极大的影响,是继无烟火药产生之后含能材料领域的重大变革。RDX 的大量生产和应用,不仅推动了战斗部装药的升级换代,也推动了发射药和推进剂的飞速发展。HMX 具有高熔点、高密度、高爆速等特点,是迄今应用领域中综合性能最为优良的单质炸药,它在高能推进剂、反装甲武器等应用领域具有特殊地位。但为进一步改善各类武器系统的性能,人们希望合成密度大于 $2.0\ g/cm^3$、爆速大于 $9\ 500\ m/s$、爆压大于 $40\ GPa$ 的 HEDC。六硝基六氮杂异伍兹烷(HNIW)的合成则是炸药合成史上的一次重大突破,A. T. Nielsen 博士及其合作者于 1987 年在美国海军武器中心成功合成该化合物。HNIW 常温、常压下存在 α、β、γ、和 ε 四种晶型,ε - HNIW 晶体的密度达 $2.03\sim2.04\ g/cm^3$(比 β - HMX 高 4%),理论最大爆速达 $9.5\ km/s$(比 β - HMX 高 5%),理论最大爆压达 $43\ GPa$(比 β - HMX 高 8%),标准生成焓 $860\ kJ/kg$(是 β - HMX 的 3.5 倍),氧平衡为 -10.95%(HMX 为 -21.60%),圆筒实验测得的能量输出,ε - HNIW 比 HMX 高 14%。随着美国研制 HNIW 结果的逐渐披露,英国、法国、日本、俄罗斯、瑞典、印度、中国等也先后合成了 HNIW,我国于 1994 年首次在北京理工大学合成 HNIW,国内代号 C-12。使用以 HNIW 为基的火炸药新配方,可大幅度改善各种兵器的性能。例如,可以使固体火箭的助推力增加 17%,可以使冲压式巡航导弹射程增加 50%,可以使坦克炮弹弹丸射程增加 1.2 km,弹速增加 50 m/s。使用以 HNIW 为基的炸药可以使弹药在破甲能力等方面有较大的提高,例如以 HNIW 为基的炸药比现行装药能量可提高约 20%,破甲能量提高 15%~18%。由于 HNIW 具有优异的综合性能和广阔的应用前景,美国、英国、法国、俄罗斯、日本、瑞典、印度等国均将 HNIW 列为重点研究对象,重点研究 HNIW 的应用。例如,美国在 1990 年的国防关键技术计划中,将 HNIW 列为重点研究对象,1991 年 5 月,美国在海军武器中心专门召开了 JANNAF HNIW 讨论会,确认 HNIW 是一个有前途的新型含能材料。

但是,HNIW 由于成本高、感度高等原因,还没有实际应用,各国在加大力度研究 HNIW 的同时,还加速了新型的高能量密度化合物的合成的研究,例如,1,3,3-三硝基氮杂环丁烷

(TNAZ)、二硝酰胺铵(ADN)、1,1-二氨基-2,2-二硝基乙烯(FOX-7)、2,6-二氨基-3,5-二硝基吡嗪-1-氧化物(LLM-105)、三氨基三硝基苯(TATB)、3-硝基-1,2,4-三唑-5-酮(NTO)、1,1′-二羟基-5,5′-联四唑二羟胺盐(TKX-50)、五硝基一甲酰基六氮杂异伍兹烷(PNMFIW)、五硝基一胺六氮杂异伍兹烷(PNMAMIW)等的合成和应用研究。

2.1 高能量密度化合物的主要特点

高能量密度化合物(HEDC)具有高体积能量密度、自行活化、亚稳态和自供氧的特点。

(1) 高体积能量密度

HEDC 具有单位体积释放能量高的特点。以单位质量计，HEDC 爆炸所放出的能量远远低于普通燃料燃烧时放出的能量。例如，1 kg 汽油或者无烟煤在空气中完全燃烧时所释放的热量，分别为 1 kg TNT 爆炸时所释放热量的 10 倍或者 8 倍。但是如以单位体积物质所释放的能量计，1 L TNT 爆热为 1 L 汽油-氧混合物燃烧时所放热量的 370 倍。从这组数据可以看出，HEDC 具有高体积能量密度。

(2) 自行活化

在外部激发能作用下发生爆炸后，不需要外界补充任何条件和外来物质参与，爆炸反应即能以极快的速度进行。因为其本身含有爆炸变化需要的氧化组分和可燃组分，且爆炸时释放的爆热足以提供反应所需活化能。

(3) 亚稳态

热力学上是相对稳定的，只有足够的外部激发能激发，才能引起爆炸。近代战争要求其具有低易损和高安全性，一些不稳定的爆炸物是不能作为炸药使用的。

(4) 自供氧

组分内同时具有可燃组分和氧化组分，不需要外界供氧。

2.2 高能量密度化合物的发展

HEDC 的发展主要经历了以下几个阶段：

(1) 黑火药时期

黑火药是中国古代四大发明之一，是现代火药的始祖。公元 808 年(唐宪宗元和三年)，中国即有了黑火药配方的记载，指明黑火药是硝石(硝酸钾)、硫磺和木炭组成的一种混合物。约在 10 世纪初(五代末或北宋初)，黑火药开始步入军事应用，使武器由冷兵器逐渐转变为热兵器，这是兵器史上一个重要的里程碑，为近代枪炮的发展奠定了初步基础，具有划时代的意义。黑火药传入欧洲后，于 16 世纪开始用于工程爆破。黑火药作为独一无二的火炸药，一直使用到 19 世纪 70 年代中期，延续数百年之久。

19 世纪中叶后，开创了工业炸药的一个新纪元——代那买特(硝化甘油吸附于硅藻土，3∶1 质量比)时代。但由于黑火药具有易于点燃、燃速可控制的特点，目前在军用及民用两方面仍有许多难以替代的用途。

1771 年，英国 P·沃尔夫用浓硫酸、浓硝酸处理苯酚制得三硝基苯酚，即苦味酸；1779 年，英国化学家霍华德合成雷酸汞。

第 2 章 含氮化合物制备技术

(2) 近代炸药的兴起和发展时期

在单质炸药方面,该时期始于 19 世纪中叶至 20 世纪 40 年代。1833 年制得的硝化淀粉和 1834 年合成的硝基苯和硝基甲苯,开创了合成炸药的新时代。

1838 年佩鲁兹发明硝化棉炸药(棉花浸于硝酸中)。1846 年瑞士化学家舍恩拜因将棉花浸于硝酸和硫酸的混合液中,发明硝化纤维(NC)。1846 年意大利化学家索贝雷罗把半份甘油滴入一份硝酸和两份硫酸中,首次制得了硝化甘油(NG),为各类火药和代那买特炸药提供了主要原材料。

1863 年合成了梯恩梯,1891 年实现了它的工业化生产,1902 年用它装填炮弹以代替苦味酸,并成为第一次及第二次世界大战中的主要军用炸药。

1877 年合成的特屈儿(三硝基苯甲硝胺),1894 年合成的太安(季戊四醇四硝酸酯,缩写PETN),1899 年英国药物学家亨宁合成的黑索今(RDX)以及 1941 年发现的奥克托今(HMX),这一时期形成了现在使用的三大系列(硝基化合物、硝胺及硝酸酯)单质炸药。

(3) 炸药品种和综合性能不断提高时期

该时期始于 20 世纪 50 年代至 20 世纪 80 年代中期。在单质炸药方面,HMX 进入实用阶段。在 20 世纪 60 年代至 70 年代,合成了耐热钝感炸药六硝基芪和耐热炸药塔柯特,还合成了一系列高能炸药,它们的爆速均超过 9 km/s,密度达 $1.95\sim2.0$ g/cm^3。同时,国外还重新研究了三氨基三硝基苯(TATB),中国也于 20 世纪 70 年代至 80 年代合成和应用了 TATB。

(4) 炸药发展新时期

20 世纪 80 年代中期时,现代武器对火炸药的能量水平、安全性和可靠性提出了更高和更苛刻的要求,从而促进了炸药的进一步发展。20 世纪 90 年代研制的炸药是与 HEDM 这一概念相联系的。

HNIW 的合成与应用研究成为这个时期的研究热点。美国于 20 世纪 90 年代开始研制以 HNIW 为基的高聚物粘结炸药,其中的 RX-39-AA、AB 及 AC,相当于以 HMX 为基的LX-14 系列高聚物粘结炸药,可使能量输出增加约 15%。

在炸药发展的新时期,各国含能工作者以高能、钝感为目标,尝试和开发新型 HEDC。在这一时期合成出的 HEDC 有八硝基立方烷(ONC)、1,3,3-三硝基氮杂环丁烷(TNAZ)、二硝酰胺铵(ADN)等。

目前,国外主要生产炸药的公司有挪威太诺·诺贝尔(Dyno Nobel)炸药集团公司、美国奥斯汀(Austin)国际公司、美国浆状炸药公司(SEC)、杜邦公司(Du Pont)、美国阿特拉斯(Atlas)火药公司、英国 ICI 炸药集团公司、俄罗斯克里斯塔尔国家研究所、瑞典 Bofors 公司、美国 Leonard 公司、美国 Thiokol Corporation、美国劳伦斯·利弗莫尔实验室(LLNL)、美国海军水面武器中心印第安分部、美国 Alliant Techsystems 公司、日本 Asahi 化学公司、法国 SNPE 公司、德国 ICT 公司。前七个公司为混合炸药生产厂家,其余为单质炸药生产厂家。

2.3 高能量密度化合物的分类

炸药品种多,根据其组成、物理化学性质和爆炸性质不同,有不同的分类方法。

(1) 按组成分类

按照炸药的化学组成,分为单质炸药和混合炸药两类。

单质炸药分子内同时含有氧化性基团和可燃性元素。氧化性基团包括—C≡C、=N—X、—N=C、—N=O、—NO2,可燃性元素包括碳、氢、硼等。

(2) 按用途分类

按照用途不同,可以分为初级炸药或起爆药、猛炸药、火药或者发射药、烟火药四大类。

2.4 高能量密度化合物的合成

常用的 HEDC 有 TNT、RDX、HMX 和 HNIW,下面详细介绍这四种化合物的合成制备技术。

2.4.1 TNT 的合成与发展

1863 年 J. Willbrand 首先制得 2,4,6-三硝基甲苯(TNT),1891 年德国开始工业化生产,由于其安定性好,也有一定的能量水平,工艺成熟,且原料来源丰富,因此应用广泛,是目前使用量最大和最广泛的单质炸药。

TNT 晶体密度 1.654 g/cm³,熔融装药密度 1.47 g/cm³。TNT 分子结构如图 2-1 所示。其装药密度与爆速之间的关系如表 2-1 所列。

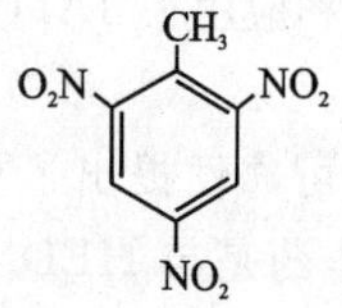

表 2-1 TNT 装药密度与爆速关系

装药密度/(g·cm^{-3})	1.34	1.45	1.50	1.60	1.64
爆速/(km·s^{-1})	5.94	6.40	6.59	6.68	6.92

图 2-1 TNT 的分子结构式

TNT 难溶于水,微溶于乙醇、四氯化碳;极易溶于丙酮、甲苯、苯、氯仿、吡啶。TNT 可与硝基化合物、硝胺化合物和硝酸酯化合物混溶,形成二元低共熔物,具有实用价值。

TNT 热安定性高,100 ℃以下可长时间没有变化,150 ℃加热 4 h 不发生分解。

TNT 工业化生产一般是甲苯硝硫混酸连续硝化,再经亚硫酸钠精制即可得到产品。精制即是除去不对称 TNT 和二硝基甲苯等杂质,杂质与亚硫酸钠可形成盐,水洗除去。

瑞典的 Bofors 公司和美国的 Leonard 公司用硝酸重结晶法精制 TNT 也取得了较好的效果。

2.4.2 RDX 的合成与发展

1899 年,亨宁合成医药时意外制得 RDX,分子结构如图 2-2 所示。1922 年赫尔茨首先确认它是一种有价值的炸药,并成功地用硝酸硝化乌洛托品制取。由于其爆炸性能好,原料来源丰富,在炸药领域内日显重要。RDX 的化学名称为 1,3,5-三硝基-1,3,5-三氮杂环己烷或者称为环三亚甲基三硝胺,黑索今或者黑索金是德文 Hexogen 的中译,RDX 是 Research Department Explosive 的缩略语,CA 命名:六氢化-1,3,5-三硝基-1,3,5-三嗪,CAS 号:121-82-4。

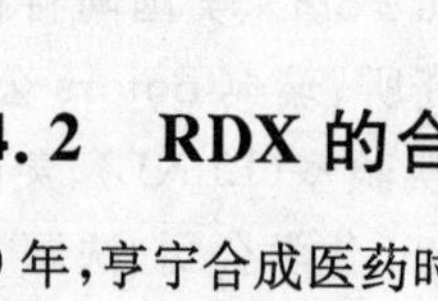

图 2-2 RDX 的分子结构式

RDX 为白色粉状结晶,晶体属于斜方晶系,纯品熔点 204.5~205 ℃，直接硝解法制得军品熔点 202~203 ℃，工业品 201~202 ℃，熔化时分解。晶体密度 1.816 g/cm³。RDX 的爆速较高，当密度为 1.796 g/cm³ 时，爆速为 8.741 km/s；当密度为 1.767 g/cm³ 时，爆速为 8.64 km/s。RDX 不吸湿，室温不挥发。RDX 不溶于水，微溶于醇、醚、苯、氯仿等，易溶于丙酮。

RDX 是继 TNT 之后发展成为现代武器弹药的主装药之一，在军事领域内有重要的用途。RDX 的冲击波感度、撞击和摩擦等机械感度较高，必须加入某些添加剂，使之钝化；装药性能差，不能单独用于装填弹药，必须在改善装药性能后才能使用。因此，通常使用的是以 RDX 为主体的混合炸药，如与梯恩梯混合而成的 B 炸药和梯黑炸药等。当前，RDX 是 A、B、C 三大系列混合炸药的基本组成部分：A 炸药用作炮弹及航弹的弹体装药；B 炸药是熔铸炸药，也是常规兵器中重要的炸药装药，用于装填杀伤弹、爆破弹、导弹战斗部、航弹、水中兵器等；C 炸药用于水下爆炸装药和某些火箭弹战斗部装药，也用作爆破药块，如用作鱼雷、水雷等武器装备装药。

RDX 还可以作为固体火箭推进剂的高能添加组分，提高推进剂的能量水平。另外，RDX 还可用于制造传爆药柱、导爆索、雷管等。压装 RDX 已经取代特屈儿成为雷管的基本装药，RDX 也用作工业导爆索的索心装药。

在第二次世界大战期间以及战后，许多国家对 RDX 的合成方法进行了研究，如直接硝解法、硝酸-硝酸铵法（K 法）、甲醛-硝酸铵法（E 法）、醋酐法（KA 法或者 Bachmann 法）、取代六氢化均三嗪法（W 法）、硝酸镁法、R-盐氧化法、直链硝胺合环法等。工业上最常用的是直接硝解法和醋酐法，下面简单介绍这两种工业方法。

(1) 直接硝解法

该方法是最早采用且仍广泛应用的重要生产工艺，其采用浓硝酸直接硝解乌洛托品一步反应制备 RDX，英、美、加拿大等西方国家称之为赫尔氏法（Hale Process），德国称为 SH 法（SH-Process），反应式为

$$(CH_2)_6N_4 + 4HNO_3 \longrightarrow (CH_2NNO_2)_3 + NH_4NO_3 + 3CH_2O$$

实际上硝解反应十分复杂，除生成 RDX 主反应外，还存在一系列副反应。该方法对配料比、硝酸浓度、反应温度等条件要求苛刻，如硝酸浓度低于 70%，主要是乌洛托品的水解反应；硝酸浓度 80%~85% 时，水解反应和成盐反应同时发生，硝酸浓度 95%~100% 时，生成 RDX 的反应才是主反应。

直接硝酸法生产方法有间断法、半连续法、连续法。生产过程如下：①将原料乌洛托品进行粉碎、筛选和干燥。②在硝化机内使乌洛托品与硝酸进行硝解反应，然后在成熟机内进行补充反应，使生成 RDX 的反应趋于完全。硝解反应剧烈并大量放热。③以水稀释硝化液使其温度升高，将不安定的副产物氧化掉，并使 RDX 结晶析出，过滤。④将过滤后的 RDX 用水漂洗和煮洗以除去残留的酸。⑤干燥获得合格成品。

直接硝解法工艺简单，便于生产和操作，但是乌洛托品亚甲基利用率低，硝酸用量大，导致生产中废酸处理成为负担。

(2) 醋酐法

醋酐法合成不仅在工艺中加入了硝酸铵，提高甲醛和氨基氢的利用率，还加入了醋酸酐作为脱水剂，以减少硝酸用量。该方法采用乌洛托品与硝酸、硝酸铵、醋酐在醋酸介质中进行硝解反应制得 RDX，反应式为

$$(CH_2)_6N_4 + 4HNO_3 + 2NH_4NO_3 + 6(CH_3CO)_2O \longrightarrow 2(CH_2NNO_2)_3 + 12CH_3COOH$$

其优越性是提高了产率,理论产率比直接硝解法高1倍。醋酐法制造RDX的工艺可分两步法和一步法两种。两步法是先以稀硝酸与乌洛托品反应生成乌洛托品的二硝酸盐,然后将此盐分离,经干燥后再投入硝酸、硝酸铵、醋酐和醋酸的混合液中进行硝解生成RDX。一步法则是将乌洛托品直接投入醋酐硝解液中反应生成RDX。用醋酐法生产的RDX常含有一定量同时生成的奥克托今(HMX),将其分离较困难。醋酐法与其他方法比较,甲醛利用率最佳,生产安定性好,可以有效回收废酸,因此,该方法是比较经济的方法。

国内外对RDX工艺研究非常重视,生产工艺一直处于不断的技术进步之中。国外对醋酐法和直接硝解法两种工艺的改进主要表现在以下几个方面。

(1) 改进醋酐法工艺

美国在间断生产工艺基础上,采用新技术、新设备发展了RDX连续生产技术。具体改进措施有:采用精确的计量系统,采用先进的在线监测和自动控制技术,用粗醋酐代替精醋酐,改进RDX、HMX分离工艺,采用带式过滤器,采用先进蒸馏设备回收醋酐,RDX得率达到43%以上。

(2) 改进直接硝解法生产工艺

世界上采用直接硝解法生产RDX的国家有:比利时、法国、苏联、巴基斯坦等。比利时早在20世纪50年代就实现了RDX生产的连续化。后来,在采用先进计量装置的基础上,进一步优化了工艺条件。在硝化阶段采用了三台硝化器,一台成熟器,乌洛托品分别加入到三台硝化器中,采用浓度为99%的硝酸为硝化剂,并以12.5倍的料比加入到前两台硝化器中,硝化温度控制在25 ℃,成熟温度控制在30 ℃,RDX得率为47%。

(3) 其他改进工艺研究

直接硝解法生产RDX工艺的突出缺点是得率低,美国曾试验在直接法制备RDX的硝化液中加入二硝胺甲烷,可以使RDX得率提高1倍,但未见应用于工业化生产。为了克服醋酐法制备的RDX可能含有多晶HMX而带来的安定性问题和直接法工艺得率低的问题,还研究了由三亚甲基三酰胺制备RDX的工艺路线,该方法的优点是产品纯度高,得率高,但总体经济评价不如醋酐法,未获得工业化生产应用。

国内也对RDX生产工艺进行了改进,RDX得率可以达到90%,废酸生成量减少20%。

对于RDX的合成新方法的探索也在进行当中,如寻求新的硝解体系离子液体系、水解硝化体系对直接硝解法进行改进、探索绿色硝化方法、设计小分子合成方法合成RDX等。

2.4.3 HMX的合成与发展

HMX,即1,3,5,7-四硝基-1,3,5,7-四氮杂环辛烷,分子结构见图2-3。奥克托今是西文Octogen的音译,HMX是High Melting Point Explosive的缩略语。20世纪30年代末40年代初,由于战争的需要,研究高威力炸药RDX进入了一个高潮,1941年加拿大人Bachmann W. E.发现采用硝酸、硝酸铵、醋酐在醋酸介质中硝解乌洛托品制造黑索今(RDX),常常含有8%~12%的副产物,产品感度增高。当时Bachmann W. E.假设这种副产物是1,3,5,7-四硝基-1,3,5,7-四氮杂环辛烷,即HMX,后来该结构被Wright所证实。Bachmann法在第二次世界大战时被加拿大采用,后来被美国的Tenessee - Eastman公司采用。该方法经济,并且相继发明了几种新型炸药。最初 HMX 仅作为 RDX 的无害杂质而存在，并未引起人们的足够重视。直到 20 世纪 50 年代才开始将 HMX 作为一种单质炸药进行研究，改变了它作为 RDX 生产副产物的地位，在全世界范围开始了研究。后来，随着巴克曼法制造 RDX 的发展，HMX 的物理化学性质逐渐被人们所认识，发现它是一种比 RDX 更加优良的炸药。

HMX 存在 α、β、γ、δ 四种晶型，晶体外形不同，晶体密度分别为 1.84 g/cm^3、1.91 g/cm^3、1.76 g/cm^3、1.80 g/cm^3（美国 Los Alamos Data Center 的数据，另一组数据是 McCrone W 的数据为 1.87 g/cm^3、1.96 g/cm^3、1.82 g/cm^3、1.78 g/cm^3），实际应用的为 β-HMX，β-HMX 比 RDX 密度高约 5%，爆速 9.0 km/s（1.88 g/cm^3），$D_{h50}=24$ cm

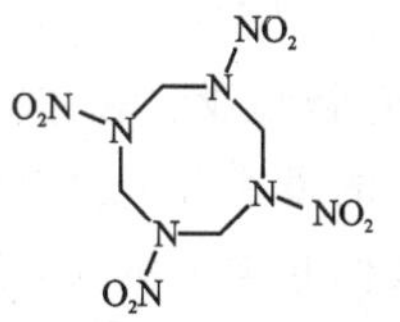

图 2-3 HMX 的分子结构式

（2.5 kg 锤，25 mg 药量），对提高武器威力具有很大的意义。以 HMX 为基的混合炸药用于导弹、核武器和反坦克导弹的战斗部装药，或者作为耐热炸药用于深井射孔弹，也能用作高性能固体推进剂和枪炮发射药组分，但是成本较高限制了它在军事上的应用。

HMX 的另外一个优点是耐热性好。有资料报道，将 HMX 为主体炸药放在玻璃管中，浸入 250 ℃ 的熔融金属浴中加热，需经过 46 min 才发生爆炸，而以 RDX 为主体的炸药，在同样的条件下只经过 12 min 就爆炸了。

HMX 的制造工艺方法都是在醋酐法（即巴克曼法）的基础上进行的，20 世纪末，世界上 HMX 制造工艺先进的国家如美国、苏联、法国、中国、日本、匈牙利、比利时等都先后实现了炸药生产工艺的现代化。美国实现炸药生产现代化的时间就更早一些，20 世纪 80 年代末期，美国完成了耗资巨大的炸药生产能力调整和硝胺炸药生产工艺改造，实现了炸药生产工艺的现代化。目前，美国三种主要炸药调整后的生产能力为：TNT 33 万吨，RDX 21 万吨，HMX 2.8 万吨。苏联解体以后，美国军用炸药的用量大幅度降低，导致成本不断增加。1999—2000 年，美国休斯敦陆军弹药厂对 RDX、HMX 生产线进行重组，对个别设备、厂房等进行了改造，降低了 RDX、HMX 的制备成本，改造前后的 RDX 成本分别为每公斤 35.07 美元和每公斤 13.23 美元，改造前后的 HMX 成本分别为每公斤 83.27 美元和每公斤 48.50 美元。

目前，国内外的 HMX 生产工艺有醋酐法、DADN 法、TAT 法、印度三段法和波兰三段法、捷克小分子合成法、我国自行研制成功的尿素法和 662 法等，均具有原料来源广泛等许多独到的优点和良好的工业化前景。醋酐法是目前世界各国普遍采用的 HMX 生产方法，工艺简单，操作方便，生产安全，原料成本与尿素法和 662 法相当。20 世纪 70—80 年代美国对其 HMX 生产工艺进行了彻底的改造，使 HMX 的生产工艺水平大幅度提高。其具体改进主要表现在如下几个方面：使用粗醋酐代替精醋酐；减少醋酐用量；减少硝酸铵用量；取消一段成熟期；废酸的循环利用；补加乌洛托品。仅采用粗醋酐和减少醋酐和硝酸铵的用量就可使生产成本降低 30% 以上。

以醋酐法为例，其反应产物为 HMX 与 RDX 的混合物，但控制反应条件，可得到含适量 RDX 的 HMX，或含少量 HMX 的 RDX。醋酐法合成的主要特点：① 反应的第一阶段是生成乌洛托品硝酸盐，且主要是一硝酸盐，但也可能存在少量二硝酸盐；② 反应的第二阶段是乌洛托品硝酸盐的硝解，主要中间产物是二硝基五亚甲基四胺（DPT），DPT 可转变为 HMX，也可转变为 RDX；③ 以醋酐法硝解乌洛托品时可从几个不同途径得到 RDX，而 HMX 只能来自 DPT 的一部分，因此，通过醋酐法制取 HMX 比制取 RDX 要困难得多，而且由于乌洛托品在反应中消耗于很多方面,所以 HMX 的得率不是很高;④ 在反应过程中有两对竞争反应影响着 HMX 的得率,其一是生成环硝胺或链硝胺,其二是生成八元环或六元环。最初,DPT 在反应过程中分离出来,然后在醋酐、硝酸、硝酸铵介质中硝解 DPT 制备 HMX,HMX 得率仅为 28%(按照 1 mol 乌洛托品得 1 mol HMX 计),该方法经常用于实验室制备 HMX;后来不分离 DPT,一次制备 HMX,得率可以达到 75%,该方法是目前采用的典型方法,称为一步两段法,分为间断作业法和连续作业法:间断法得率高,生产灵活,连续法适合大规模稳定生产。一步两段法的模式是:反应物料为乌洛托品-醋酸溶液、硝酸-硝酸铵溶液、醋酐三种料液,反应过程加料操作非常关键,需要严格控制料比、加料速度、温度等工艺条件,间断法和连续法生产工艺如图 2-4 和图 2-5 所示。

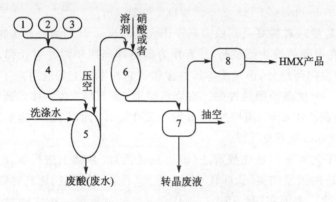

1—乌洛托品-醋酸高位槽;2—硝酸铵-硝酸高位槽;3—醋酐高位槽;
4—硝化器;5—压滤器;6—转晶器;7—抽滤器;8—烘箱

图 2-4 HMX 间断法工艺流程

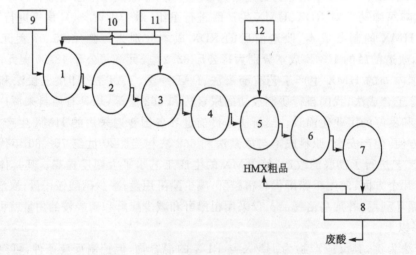

1——段硝化机;2——段成熟机;3—二段硝化机;4—二段成熟机;
5—热解机;6、7—结晶机;8—过滤器;9—乌洛托品-醋酸高位槽;
10—硝酸铵-硝酸高位槽;11—醋酐高位槽;12—水高位槽

图 2-5 HMX 连续法工艺流程

陈树森课题组采用自然键轨道理论(NBO)和密度泛函理论计算可以发现,乌洛托品在硝酸和醋酐介质中硝解,首先形成一硝酸盐(HAMN)或者二硝酸盐(DAMN),然后发生C—N键断裂,生成DPT的前身——一硝基五亚甲基一羟甲基四胺(简写为MNPM)。MNPM通过醋酸硝酸酯酯化后,生成硝胺基团,同时,硝酸铵提供的硝酸根与亚甲基正离子形成硝酸盐,后者与醋酐反应得到酯化中间体,酯化中间体被醋酸硝酸酯进攻生成DPT。此反应是DPT生成的可能通道之一,如图2-6所示。

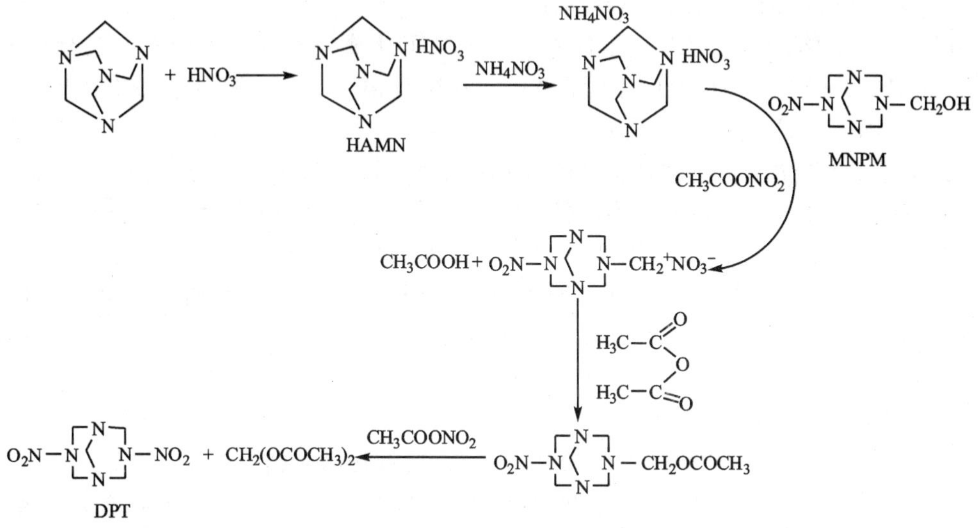

图 2-6 生成 DPT 的反应通道之一

目前,从事含能材料研发的工作者通过现代先进的仪器分析手段和计算化学相结合的方式探讨HMX制备过程中的反应机理,并得到了一些结论,有兴趣的同学可以查阅相关文献。

目前,DPT的制备方法有很多种,如硝酸直接硝解乌洛托品、乌洛托品二硝酸盐"乙酸酐脱水"、乌洛托品二硝酸盐与硫酸反应、二羟甲基硝胺-甲醛-氨反应、二羟甲基硝胺与亚甲基二胺的反应、乌洛托品在硝酸-醋酐中硝解、一锅法合成等方法。

自20世纪60年代起,尤其是70年代以来,HMX新合成方法的研究极为活跃。从合成情况来看,主要分为两大类:一是探索小分子的合成,二是以乌洛托品为基的新方法合成。从小分子合成HMX或者HMX母体是一项有意义的探索,但从已有文献看,用小分子直接合成HMX的且有实际价值的方法却不太容易,设想的反应大都难以实现,产率低,甚至不反应;相对来说,硝基脲法进展较快,如生产率有较大的提高,可大幅降低HMX的生产成本。

以乌洛托品为基的新合成方法有:综合工艺法、DADN法、TAT法、DANNO法、改进的动态料比方法。

(1) 综合工艺法

乌洛托品在不同的硝化体系可获得不同的硝解产物,即使同一种硝化体系,也因条件不同而得到不同的结果。如在以醋酸为介质,由硝酸、硝酸铵、醋酐为硝化剂的体系中,改变反应条件,乌洛托品的硝解反应的主产物可以是RDX,也可以是HMX。在醋酐法生产HMX的基础上,利用其料比小、产率高的优点,改为以制HMX为主的工艺,通过经济、简单的分离法将HMX、RDX分离,在一条生产线上生产两种高能炸药,这就是综合工艺法的基本思路。

综合工艺法就是在料比接近于 Bachmann 法的基础上,改变加料方式、反应温度等条件,建成以制备 HMX 为主的工艺生产线。近年来,国内也开展了多磷酸法制备 HMX/RDX 混合物的研究,通过调节硝化剂的料比及加料方式,可使混合物中 HMX/RDX 的相对量在一定范围内变化。在综合工艺法中,HMX 的粗品收率可达 65%,RDX 收率达 20%。

硝酸分离法是将硝化产品溶于浓度为 85% 以上的硝酸中,而后在一定的温度下加水稀释,利用 RDX 和 HMX 在大量硝酸中结晶时晶体生长速度及大小不同而进行分离的方法。该法在分离的同时完成了转晶及精制,样品回收率为 85%。

HMX-DMF 络合物法利用只有 HMX 能与 DMF 生成分子络合物的特点,达到将 HMX 与 RDX 分离的目的,与此同时也完成了转晶。一次分离后,回收率可达 90% 以上,纯度达 97% 以上。但 DMF 成本较高,毒性大。

采用综合工艺法及硝酸分离法,HMX 精品产率为 58%,RDX 产率为 20%。初步估算,比目前实验室醋酐法制 HMX 的成本约降低 40%。综合工艺法所得产品可不经分离,直接用于混合炸药配方,其性能与纯 HMX 相当。法国已采用 HMX-RDX 的混合物与 TNT 作为注装炸药使用。HMX 含量为 65%~70% 的 HMX-RDX 混合物可以代替纯 HMX,不仅节省了分离工序,而且生产成本将进一步下降,预计比用该法生产的纯 HMX 可降低生产成本近 20%。

(2) DADN 法

DADN,1,5-二乙酰基-3,7-二硝基-1,3,5,7-四氮杂环辛烷。实验室制备 DADN,从乌洛托品(HA)出发,不分离 1,5-二乙酰基-3,7-桥亚甲基-1,3,5,7-四氮杂环辛烷(DAPT),直接制备 DADN。20 世纪 70 年代美国认为 DADN 法是较有希望的方法,曾采用惰性载体工艺进行过千克级放大试验,合适的载体为庚烷和氟碳化物。但是,工艺的核心问题是缺乏强有力的硝化剂和设备材料的防腐问题,并且工艺过程中尤其是 DADN 硝解过程,反应会产生突发放热效应,特别注意的是 N_2O_5 参与反应时,在反应过程中生成的乙酰硝酸酯有受热爆炸的危险。文献记载用 TFAA 和 HNO_3 硝化 1,3,5-三乙酰基六氢化均三嗪曾发生爆炸,爆炸事先没有冒烟,是突发性的,特征是温度升高。

直接硝解 DADN 可合成 HMX。硝解体系有三氟乙酐/硝酸、多磷酸/硝酸、五氧化二磷/硝酸、三氧化硫/硝酸、五氧化二氮/硝酸,最后一种硝解体系最具有发展潜力。由于含有 85% P_2O_5 的多磷酸在美国比较廉价,所以美国采用多磷酸/硝酸硝化体系,其工艺条件为:DADN、硝酸、多磷酸的投料比(质量比)为 1:(3~4):(7~8),反应温度 60~65 ℃,反应总时间 120 min,HMX 得率 73.4%。虽然该方法醋酐用量较少,但是该方法工艺非常复杂,美国军备部门认为其经济效益不如改进的巴克曼法,并没有用于生产。

DADN 合成反应路线如图 2-7 所示。图中比较好的硝解剂是③、④、⑥类。采用⑥硝解体系,HMX 粗品得率 87%,纯度为 94%(SEX 含量 6%)。

(3) TAT 法

TAT,1,3,5,7-四乙酰基-1,3,5,7-四氮杂环辛烷,CAS 登记号:41378-98-7。在美国 TAT 法较 DADN 法成功早,但是现在仍处于实验室研究阶段。TAT 法能否替代巴克曼法用于制造 HMX,也要视改进的经济效果而定。

本书只介绍 HA 酰解制备 TAT,之后硝解制备 HMX,具体反应如图 2-8 所示。

TAT 硝解时,由于硝基取代不完全,或者反应过程中环开裂,会导致副产物 1-乙酰基-

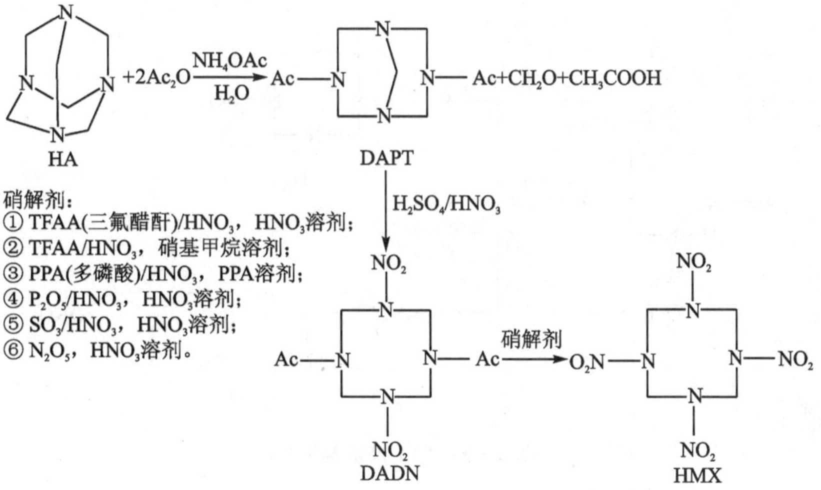

第 2 章 含氮化合物制备技术

图 2-7 DADN 合成反应路线

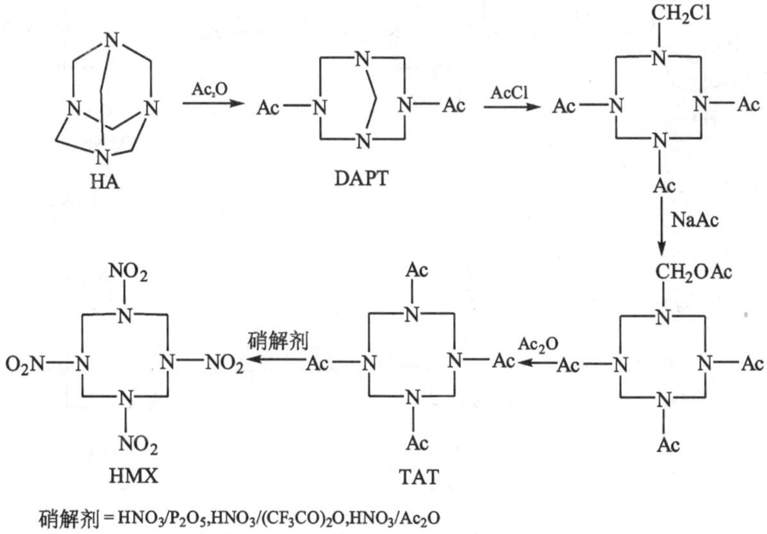

图 2-8 TAT 合成反应

3,5,7-三硝基-1,3,5,7-四氮杂环辛烷(SEX)和 1,7-二硝酰氧基-2,4,6-三硝基-2,4,6 三氮杂庚烷(ATX)的产生,如图 2-9 所示,这些副产物不容易从 HMX 产品中分离。即使采用第一种硝化剂硝解 TAT,控制反应条件适当,也只会减少 HMX 产品中的杂质含量。

(4) DANNO 法

DANNO,1,5-二乙酰基-3-硝基-5-亚硝基-1,3,5,7-四氮杂辛烷。此方法制备 HMX 反应路线如图 2-10 所示。

该方法的优点是硝解体系中没有硫酸,但是硝解体系中处理 DAPT 生成 DANNO 的得率在 75%～88% 之间,硝解处理 DANNO 制备 HMX 得率只为 66%,纯度在 86%～92% 之间。由此可见,该方法经济效率不高。

总的来看,DADN 法和 TAT 法都具有 HMX 产率高、纯度高、醋酐用量少的优点,克服了

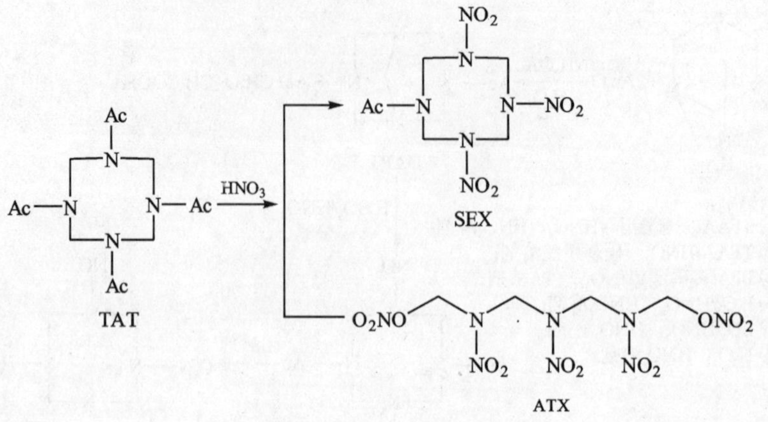

图 2-9 TAT 硝解副反应

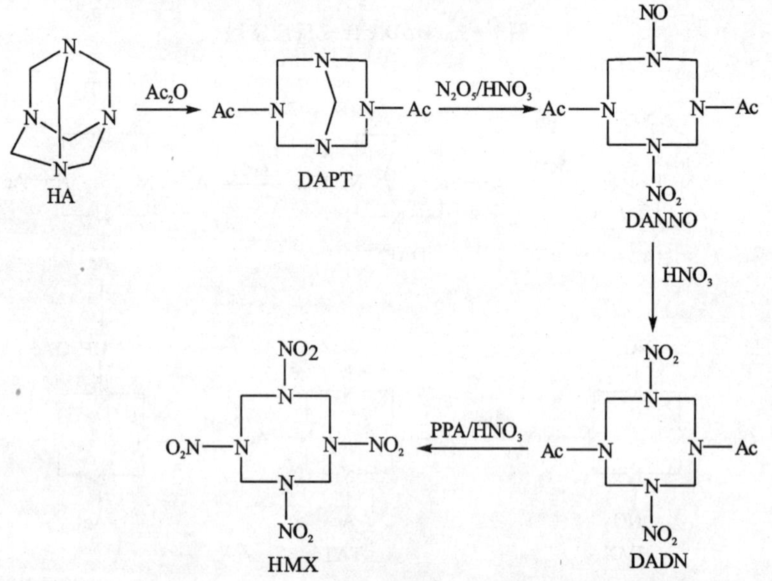

图 2-10 DANNO 法制备 HMX 合成路线

醋酐法中对反应条件敏感的特点。但是整个工艺过程比醋酐法操作复杂,从经济角度考虑,国内外对 DADN 惰性载体工艺流程的经济评估仍有异议。而 DANNO 产率低,故没有使用价值。

(5) 动态料比方法

醋酐法制备 HMX 的过程中,可以采用动态料比的方法进行调整,保证工艺的稳定性。所谓动态料比是在原材料质量变化时调整相关原材料的加入量,使系统中的主要物料比保持稳定进而保持体系中主要反应路径不变的料比控制方法。

(6) 小分子合成法

小分子合成法指通过小分子合成制备 HMX 的中间体,然后硝解生成 HMX 的方法。主要方法如下:

① 硝酸二段法。首先将 HA 与硝酸、硝酸铵反应,经氨水中和后得 DPT,产率为 50% 左

右。DPT 再用硝酸、硝酸铵硝解为 HMX，产率为 54% 左右，熔点 270 ℃。由 HA 制 HMX 的总产率约 25%。

② 硝基脲法。利用常温下某些相对稳定的硝胺化合物作为硝酰胺载体，经水解生成硝酰胺，或者直接生成二羟甲基硝胺，然后合成 DPT，是制造 HMX 的新途径。我国 20 世纪 70 年代中期首先研制出以硝基脲为原料制备 DPT 的方法。该方法步骤为：工业尿素经硝硫混酸硝化制得硝基脲，硝基脲得率大于 80%；硝基脲水中加热降解重组得硝酰胺；硝酰胺与甲醛、氨水缩合制备 DPT，产率达 70%（以硝基脲计）；DPT 在硝酸-硝酸铵体系中硝解制备 HMX，得率 45%（以 DPT 计）。上述方法在 20 世纪 80 年代进行放大试验并进行试生产，证明实际生产可行。该方法优点是原料便宜，制造安全，HMX 生产成本较低，但由于 HMX 产品得率偏低，没有发展。

③ 662 法。利用 662 先水解得二羟甲基硝胺，再与氨水缩合得 DPT，产率为 69%。采用硝酸-硝酸铵作硝化剂，在反应结束后，将硝化液与一定量的水同时平行滴加到反应器中，可直接得 β-HMX，产率为 44%。

三种小分子合成法制备 HMX 的特点是不用醋酐，所用原材料价格都比较便宜，反应比较平稳，易控制。但工艺步骤太多，产率太低，产品纯度不如 DADN 法、TAT 法。另外，如硝酸二段法中的副产物硝酸铵，硝基脲法、662 法中的副产物乌洛托品难以回收处理。

HMX 作为猛炸药，具有很多优点，从而使它在很多领域中都有应用。由于其具有较高的爆速，其往往在高能量、强爆破力的混合炸药中应用。主要有以下两种：

① 奥梯炸药，是指 HMX 与 TNT 组成的熔铸混合炸药。1952 年出现的奥克托儿（Octol）组成为 75% HMX 和 25% TNT。奥梯炸药的品种主要有 HMX/TNT：60/40、70/30、75/25、78/22、80/20。其中奥克托儿的密度为 1.81 g/cm³，爆速为 8.38 km/s(1.80 g/cm³)，爆压为 34.3 GPa(1.84 g/cm³)，爆容为 830 L/kg。为了改善某些性能，奥梯炸药中可以加入钝感剂或者其他添加剂。如添加铝粉形成奥梯铝炸药（HTA-3，HMX/TNT/Al，49/29/22）提高其能量。奥梯炸药主要用于装填破甲弹、导弹战斗部、核武器战斗部。

② 高聚物粘结炸药（PBX），是以 HMX 为主体，高聚物为粘结剂的一种高能混合炸药，粘结剂主要有天然高聚物和合成高聚物，如聚酯、醇醛缩合物、聚酰胺、含氟高聚物、聚氨酯、聚异丁烯、有机硅高聚物、聚丁二烯等。PBX 主要用于反坦克导弹、水雷、鱼雷、航空炸弹和核武器战斗部起爆装置。

另外，HMX 还可以用于深井石油钻井用耐热炸药、炮弹起爆或者传爆装药、发射药、推进剂等领域。

部分以 HMX 为主体的 PBX 混合炸药的组成和性能见表 2-2。

表 2-2 以 HMX 为主体的 PBX 混合炸药的组成和性能

序 号	炸药代号	组 成	密度/$(g \cdot cm^{-3})$	爆速/$(km \cdot s^{-1})$	爆压/GPa
1	PBX-9404	94HMX/3NC/3TEF	1.84	8.80	37.5
2	PBX-9501	95HMX/2.5Estane/1.5BDNOA/1BDNPF	1.84	8.83	28.0($\rho_0=1.66$)
3	PBX-9503	15HMX/80TATB/5Kel-F800	1.90	7.72	28.0($\rho_0=1.89$)
4	LX-10-1	94.5HMX/5.5VitonA	1.87	8.85	37.5($\rho_0=1.86$)

续表 2-2

序号	炸药代号	组 成	密度/(g·cm^{-3})	爆速/(km·s^{-1})	爆压/GPa
5	LX-14	95.5HMX/4.5Estane5702F	1.833	8.84	37.0
6	JOB-9003	87HMX/7TATB/4.2粘结剂/1.8钝感剂	1.849	8.71	35.2
7	JO-9185	95HMX/4.0粘结剂/1.0钝感剂	1.856	8.84	36.4
8	JO-9159	95HMX/4.3粘结剂/0.7钝感剂	1.860	8.86	36.8
9	JH-9106	97.5HMX/2粘结剂/0.5钝感剂	1.740	8.85	32.1
10	PBXN-102	59.0HMX/23.0Al/18.0不饱和聚酯	1.800	7.51	—
11	PBXN-101	82.0HMX/18.0不饱和聚酯	1.690	7.98	—
12		67.67HMX/30.92 1,2-双(2,2-二氟-2-硝基乙酰氧基)乙烷/1.41胶体二氧化硅	1.790	8.15	—

2.4.4 HNIW 的合成与发展

现代科技的迅猛发展极大地促进了武器装备的升级换代,现代战争模式对武器装备性能提出了更高的要求,特别是导弹武器的远程打击能力、轻型化、命中目标的准确性、飞行过程中的隐蔽性(低特征信号),对含能材料提出了更高的要求,因而需要寻求综合性能符合要求,能量密度比 RDX、HMX 更高的新型高能量密度化合物(HEDC)作为支撑。当时,HEDC 研究的方向主要有三个方面的类型:一是多硝基、硝胺类笼形化合物;二是呋咱、氧化呋咱类化合物;三是二氟胺基类化合物和聚合氮类化合物。含能化合物的能量水平主要受三个因素的影响:氧平衡、标准生成焓、化合物的密度。化学家们探索新的高能量密度化合物则是基于以上三个因素考虑的。

炸药的爆速、爆压与密度存在着如下关系:

$$D = A\phi^{1/2}(1 + B\rho_0) \quad (2-1)$$

$$P = K\rho_0^2 \phi \quad (2-2)$$

$$\phi = NM^{1/2}Q^{1/2} \quad (2-3)$$

式中:D 为爆速;P 为爆压;ρ_0 为炸药的装药密度;ϕ 为炸药的特性值;N 为单位质量炸药气相爆轰产物的物质的量;M 为气相爆轰产物的平均分子量;Q 为单位质量炸药的最大爆热值;A,B,K 为常数。公式表明,炸药的爆速与爆压均随密度的增加而增加,其中爆速与密度为线性关系,爆压则与密度的平方呈线性关系。由此可见,提高炸药爆速和爆压的有效途径就是提高其密度。

但是,在平面氮杂环基础上所采取的一切增加能量密度的措施,都不同程度地降低其他性能而不能满足需要,例如,我国炸药合成工作者合成的六硝基苯、7201、662、四硝基甘脲等单质炸药,密度大于 2.0 g/cm³,爆速均在 9 000 m/s 以上,但其容易水解或安定性较差。因此,化学家们在平面氮杂环分子中引入羰基、引入偕二硝基、改进芳环硝基化合物,首先提高化合物分子的氧平衡指数使之接近于零,从而达到提高其能量水平的目的。其次,提高含能化合物的生成焓来提高其能量,国内外研究较多的是高氮类化合物如四嗪、呋咱、四唑环和高能亚稳态物质如氮原子簇 N_4、N_5、N_8。其三,提高含能化合物的密度来提高它的能量水平,多环笼形分子密度远高于单环分子,同时,笼体自身的张力能提高化合物的能量密度,化学家们转而研究了碳原子堆积紧密的笼形化合物。

美国在20世纪80年代初期就提出了三个能量将明显高于HMX的目标化合物,即六硝基六氮杂金刚烷(HNHAA)、六硝基六氮杂伍兹烷(HNHAW)和六硝基六氮杂异伍兹烷(HNIW),如图2-11所示,它们都属于多环多氮杂笼形化合物,主要性能如表2-3所列。

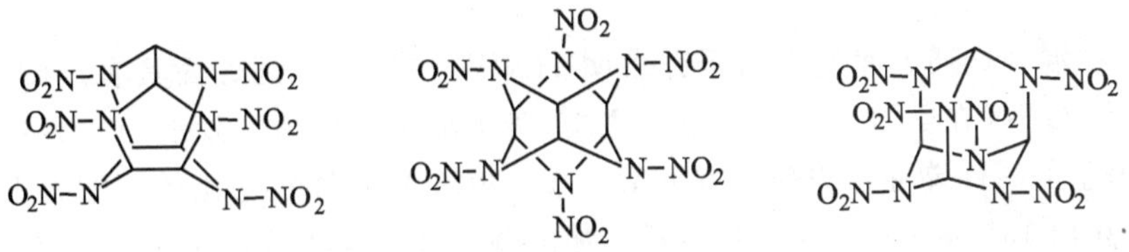

图 2-11 三种高能量密度化合物分子结构

表 2-3 三种笼形硝胺化合物与HMX性能比较

笼形硝胺	HNHAA	HNHAW	HNIW	HMX
密度/($g \cdot cm^{-3}$)	2.1	2.1	2.1	1.9
爆速/($m \cdot s^{-1}$)	9 500	9 400	9 400	9 100
爆压/GPa	43.4	42.0	42.0	39.0

1987年合成HNIW,学名:2,4,6,8,10,12-六硝基-2,4,6,8,10,12-六氮杂四环[5.5.0.0^{5,9}.0^{3,11}]十二烷,成为高能量密度化合物合成领域的一个重大突破。HNIW外观为白色晶体,由于ε-HNIW晶型密度最高,大于2.0 g/cm³,具有实际应用价值,实测爆速9 380 m/s。DSC分解放热峰温度245~254 ℃,摩擦感度与撞击感度高于HMX,低于太安(PETN)。

1979年,我国北京理工大学于永忠教授合成出与HNIW结构十分相似的笼形化合物797#,即4,10-二硝基-4,10-二氮杂-2,6,8,12-四氧杂异伍兹烷,密度2.03 g/cm³,结构式如图2-12所示,但该化合物能量水平低,于永忠教授曾预言将笼形化合物结构中的氧原子换成硝胺基团,则该化合物将是含能化合物合成领域的一个里程碑,这为我国合成HNIW打下了基础。但是当时

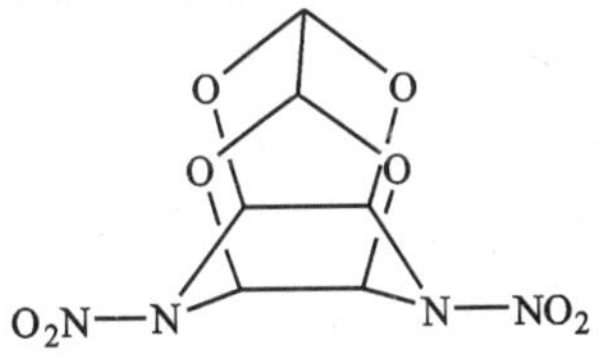

图 2-12 4,10-二硝基-4,10-二氮杂-2,6,8,12-四氧杂异伍兹烷

由于条件限制,没有进行合成方法的研究。1994年,我国北京理工大学于永忠教授、陈博仁教授、欧育湘教授、赵信岐教授等成功合成HNIW,陈树森教授、庞思平教授进行了HNIW合成工艺研究。目前,北京理工大学实现了中试放大,并作进一步的应用研究。

国外关于HNIW应用的研究很多。HNIW的燃烧速度明显高于HMX,在燃烧初始温度为223 K、298 K、373 K时燃烧速度分别为HMX的2.1~1.5倍、1.6~2.1倍和1.8~2.0倍;以HNIW为基的推进剂配方比相应的HMX配方燃速高45%,以HNIW/TAGN为基的推进剂配方比相应的HMX配方燃速高56%。HNIW的燃速压力指数略高于HMX,当压力超过4.8 MPa时,二者的压力指数基本相同;推进剂配方的压力指数测定结果则不同,含HNIW配方的压力指数为0.54,HNIW/TAGN配方的压力指数为0.46,均低于相应的HMX配方

0.66。法国火炸药公司研制的 GAP/HNIW 推进剂与传统 XLDB 相比,体积比冲高出 11%,并具有低毒(无 HCl)、低信号特征。在加入合适的燃速调节剂后在 5~25 MPa 压力范围内,压力指数为 0.48。HNIW 在混合炸药中的应用研究已进入配方与装药工艺研究阶段。ε-HNIW 及以 ε-HNIW 为基的推进剂的热分解和 RDX、HMX 的热分解规律有许多相似之处,但 HNIW 所产生的 CO_2 约为 RDX 和 HMX 的两倍,产生的 NO_2 则仅为 RDX、HMX 的一半。

HNIW 在混合炸药方面的应用研究表明 HNIW 在混合炸药方面具有广阔的应用前景。1999 年 10 月,Geiss 在美国一次研讨会上透露,美国陆军军械研究发展与工程中心正在开发以 HNIW 为基的高性能混合炸药配方 PAX-12(90% HNIW),它比传统配方 LX-14(90% HMX)能量高出 15%,破甲深度增加 30%,感度降低 10%,准备用于多种先进导弹战斗部。另一种 FY 配方系列准备优先用于 Modernized Hellfire, Common Missile, Block II Sadarm 等导弹战斗部。HNIW 撞击感度高于 HMX,与 PETN 相当,而以 HNIW 为基的混合炸药的感度则接近或低于以 HMX 为基的混合炸药,HNIW 的能量密度比 HMX 高 9%,在爆炸产物进行小体积膨胀条件下,以 ε-HNIW 为基的塑料粘结炸药的输出能量比以 HMX 为基的塑料粘结炸药高 14%,用于发射药可使坦克炮射程增加 1.2 km,炮弹的速度提高 50 m/s。瑞士于 1998 年采用一种新工艺研究了含 HNIW 的 PBX 的装药和低易损性,找到了一种加工性能良好,感度与 LX-14 相当,慢烤燃反应性优于 LX-14 的混合炸药配方。

HNIW 合成工艺路线主要有:① 以 HBIW 为制备前体,采用氢解硝化工艺制备 HNIW 的传统工艺路线;② 以 HBIW 为制备前体,不经催化氢解脱掉苄基制备 HNIW 的无氢解法;③ 两步法,即通过合成其他异伍兹烷前体,之后硝化直接制备 HNIW。

采用工艺路线②的思路,北京理工大学采用氧化方法脱除 HBIW 的苄基,但是,氧化副产物副反应多,HNIW 的得率仅为 21%,不具备实际应用的价值。

采用工艺路线③的思路,2008 年,美国 Robert D. Chapman 以六烯丙基六氮杂异伍兹烷(HAIW)为起点,开辟了一条新的合成 HNIW 的途径,该方法将 HAIW 经过碱性催化异构化为六丙烯基六氮杂异伍兹烷(HPIW),HPIW 可以直接硝化得到 HNIW,但是 HNIW 得率仅为 11.6%,反应时间为 94 h;HPIW 也可以经过氧化再硝化合成 HNIW,HNIW 得率可以达到 52%。整个合成过程中避免使用贵金属和苄胺,方法更加经济和环保。但是,目前还在实验室研究阶段,是一条具有发展潜力的合成工艺路线。

目前,由于其他工艺路线均不具备工程化的应用价值,还均处于实验室研究阶段,实际各国制备 HNIW 均采用①的工艺路线。①和②的工艺路线均可以按照四步划分:第一步,多环氮杂母体笼状化合物的合成;第二步,脱苄反应,即将烷烃类异伍兹烷上 6 个烷烃部分或全部转变为其他基团;第三步,脱苄产物的硝解,最终产品即为 HNIW;第四步,HNIW 通过转晶工艺将硝解后的 α-HNIW 或 γ-HNIW 转晶为 ε 型或 β 型。

聚硫橡胶公司把 HNIW 的制备由试验室研究成功地进行了工业化规模的生产,每批缩合达到了 250 kg,氢解批量 100 kg,硝化批量 225 kg,转晶批量 450 kg,至 1998 年已生产 4.54 t 产品。每千克 HNIW 价格大约为 1 321 美元,后来降为 1 211 美元。

以 HBIW 为制备前体合成 HNIW 的工艺路线如图 2-13 所示。

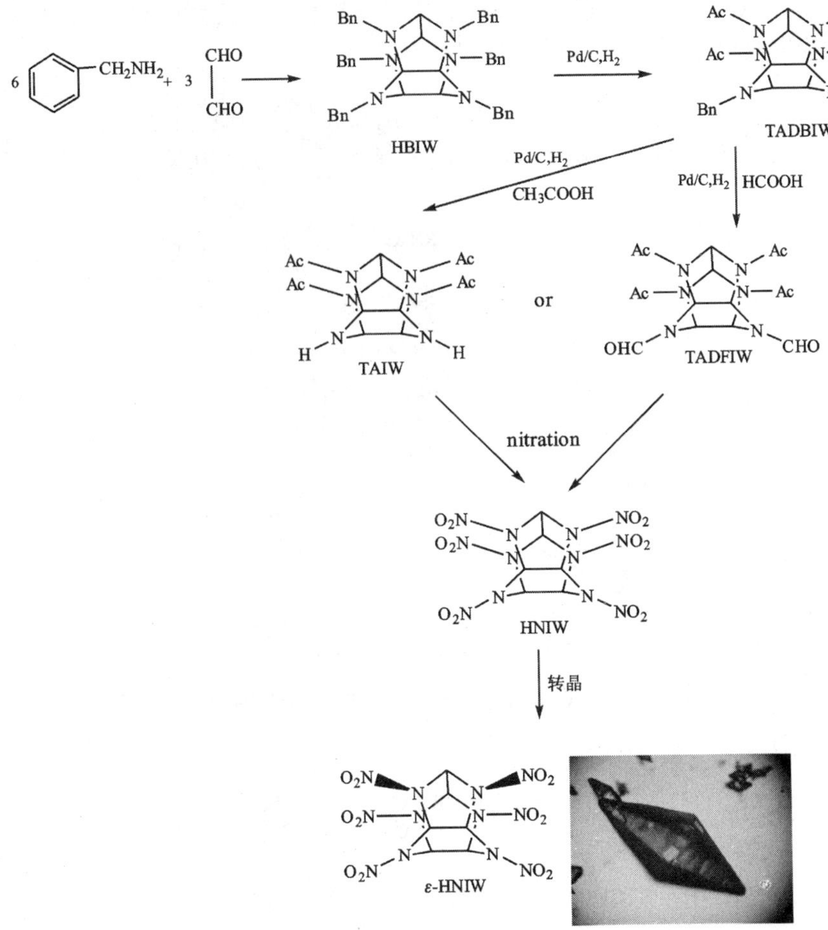

图 2-13 以 HBIW 为制备前体的 HNIW 合成工艺路线

2.4.4.1 多环氮杂母体笼形化合物的合成

(1) 苄基类异伍兹烷衍生物合成

1987 年，Nielsen 等人将苄胺与乙二醛在温和条件下进行缩合反应，生成 2,4,6,8,10,12-六苄胺-2,4,6,8,10,12-六氮杂异伍兹烷（HBIW,1）；以苯环上的氢被取代后的苄胺与乙二醛反应可以得到化合物 2~7。

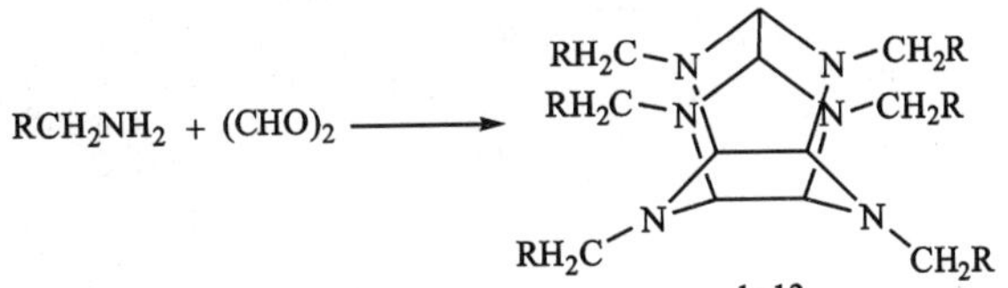

1: R=—C_6H_5
2: R=2-ClC_6H_4
3: R=4-ClC_6H_4
4: R=4-$CH_3C_6H_4$
5: R=4-$(i-C_3H_7)C_6H_4$
6: R=4-$CH_3OC_6H_4$
7: R=3,4-$(CH_3O)_2C_6H_4$

Klapötke 等人以 F、CF_3、N_3 等取代苄胺中苯环上的氢后与乙二醛缩合，得到化合物 8～13，化合物 14 为合成化合物 12 时的副产物。

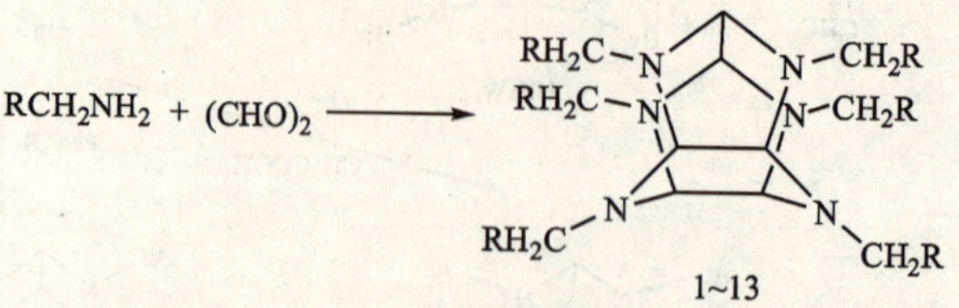

$RCH_2NH_2 + (CHO)_2 \longrightarrow$

1～13

8: R=3-FC_6H_4
9: R=4-FC_6H_4
10: R=4-$CF_3C_6H_4$
11: R=2-$CF_3C_6H_4$
12: R=2-$N_3C_6H_4$
13: R=4-$N_3C_6H_4$

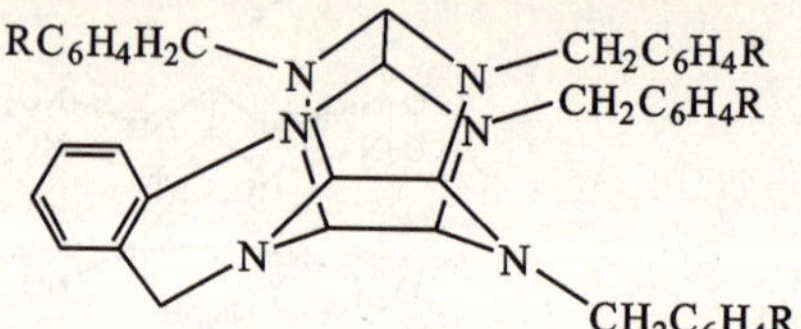

14: R=2-N_3

2006 年，Kerscher 与 Klapötke 等人用多个氟原子取代苄胺中苯环上的氢原子后，合成出化合物 15～17。

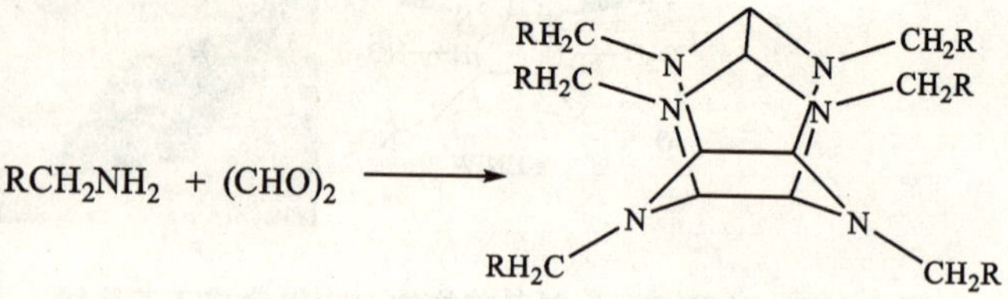

$RCH_2NH_2 + (CHO)_2 \longrightarrow$

15: R=3,4-$F_2C_6H_3$
16: R=3,4,5-$F_3C_6H_2$
17: R=C_6F_6

2010 年，Gottlieb 等合成 18，化合物 18 在甲酸甲酯中重排，得到一种新的笼形化合物。

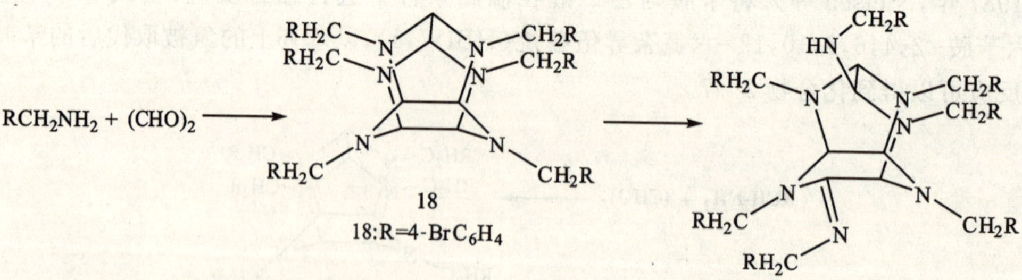

$RCH_2NH_2 + (CHO)_2 \longrightarrow$

18
18: R=4-BrC_6H_4

(2) 其他芳香基团类异伍兹烷衍生物

2004 年，Cagnon 等利用 2-呋喃甲胺等芳香胺与乙二醛缩合得到化合物 19～24。

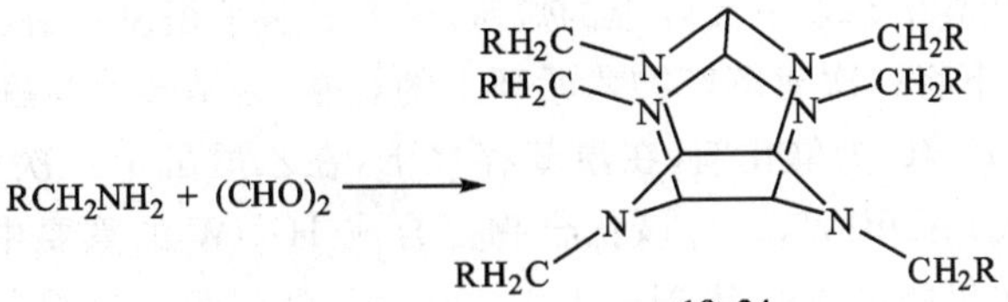

RCH₂NH₂ + (CHO)₂ ⟶ [structure 19~24]

19: R=2-thienyl-CH₂
20: R=3-pyridyl-CH₂
21: R=1-naphtyl-CH₂
22: R=CH₂CH=CHPh
23: R=2-flurfuryl-CH₂
24: R=p-ClC₆H₄SO₂

(3) 直链烷烃类异伍兹烷衍生物

2004年，Cagnon、李新乐等在甲酸存在条件下，将烯丙胺与乙二醛缩合，制得化合物25，2011年，张勉等人将25的合成滤液进行后处理，使得25的合成产率提高5.13%；化合物25直接硝化可得到HNIW，但是，产率很低。2008年，Chapman等在叔丁醇钾的作用下，将25重排，得到下面的化合物26，将26进行光氧化，再硝化可得HNIW，开辟了一条不用苄胺、不用贵金属催化剂的HNIW合成路线。

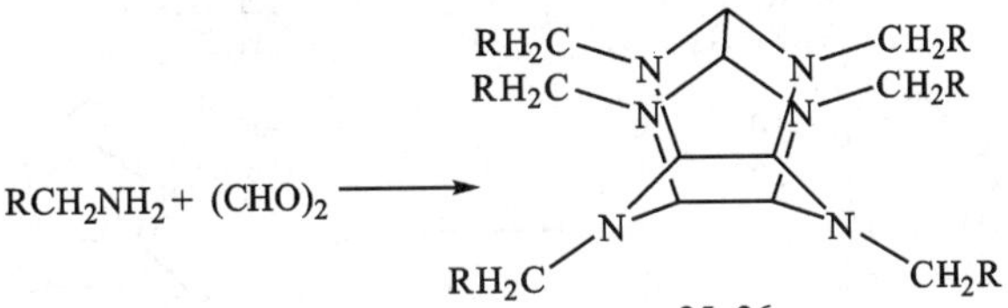

RCH₂NH₂ + (CHO)₂ ⟶ [structure 25~26]

25: R=CH₂=CH—CH₂
26: R=CH₃CH=CH

Chapman等人以炔丙胺与乙二醛反应制备化合物27，但27无法作为HNIW的合成中间体。

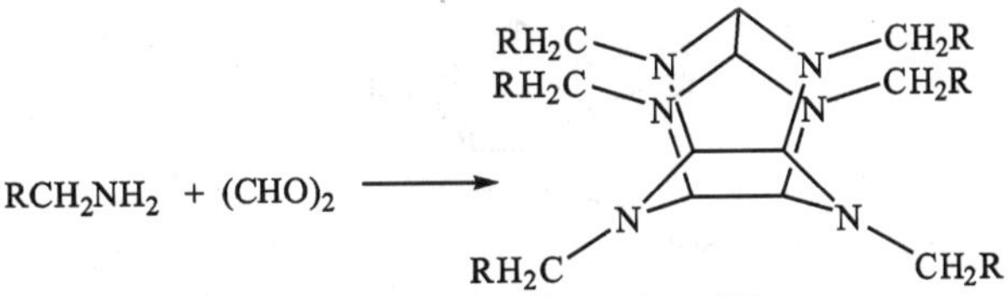

RCH₂NH₂ + (CHO)₂ ⟶ [structure 27]

27: R=HC≡C

2.4.4.2 脱苄反应

将烷烃类异伍兹烷上6个烷烃部分或全部转变为其他基团，涉及反应类型为氢解反应、氧化反应和酰化反应。

烷烃类异伍兹烷均不能直接硝化合成HNIW。如化合物1在酸性介质中不稳定，极易破环，且苄基芳环比笼上叔胺具有更强的硝化竞争能力。由于酰胺基的吸电子作用，故其是硝化反应中好的离去基团。因此，一般先将烷基转化为易于硝解的酰基。

(1) 氢解反应

氢解反应分为一次氢解反应和二次氢解反应。一次氢解反应是指以钯为催化剂，在酰化试剂的存在下将六氮杂异伍兹烷五元环上的烷基/芳基转换为酰基;二次氢解是指以钯为催化剂,在酰化试剂的存在下将一次氢解产物六元环上的烷基/芳基转换为酰基。

Nielsen 以 Pd(OH)$_2$/C 为催化剂,在溴苯存在下,在乙酸酐中一次氢解得到四乙酰基二苄基六氮杂异伍兹烷(TADBIW,28),该化合物是合成 HNIW 的重要中间体,也是二次氢解的原料,TADBIW 二次氢解可以制备 31~35。2004 年,韩卫荣通过控制氢解程度,一次氢解得到三乙酰基三苄基六氮杂异伍兹烷(TATBIW,29);2005 年,黄兴采用同样的方法一次氢解合成二乙酰基四苄基六氮杂异伍兹烷(DATBIW,30),该研究为氢解反应机理的研究提供证据;黄兴以 29、30 为原料,以甲酸为催化剂二次氢解合成三乙酰基三甲酰基(TATFIW,36)和二乙酰基四甲酰基(DATFIW,37),36 和 37 均可直接硝化合成 HNIW,但得率低。

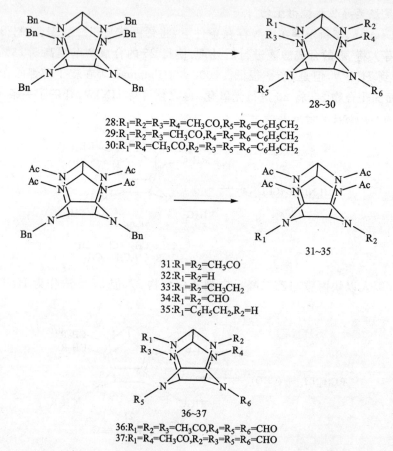

28:$R_1=R_2=R_3=R_4=CH_3CO,R_5=R_6=C_6H_5CH_2$
29:$R_1=R_2=R_3=CH_3CO,R_4=R_5=R_6=C_6H_5CH_2$
30:$R_1=R_4=CH_3CO,R_2=R_3=R_5=R_6=C_6H_5CH_2$

31:$R_1=R_2=CH_3CO$
32:$R_1=R_2=H$
33:$R_1=R_2=CH_3CH_2$
34:$R_1=R_2=CHO$
35:$R_1=C_6H_5CH_2,R_2=H$

36:$R_1=R_2=R_3=CH_3CO,R_4=R_5=R_6=CHO$
37:$R_1=R_4=CH_3CO,R_2=R_3=R_5=R_6=CHO$

(2) 氧化反应

氧化反应即是采用廉价的高锰酸钾、臭氧等氧化剂将苄基氧化脱苄或者转化为易于硝解的官能团,该研究有益于降低 HNIW 的合成成本。

氧化反应底物为 1 和 28,氧化剂主要为三氧化铬、高锰酸钾、过硫酸铵等,介质体系主要为乙酸酐、二氯甲烷、DMF 等,氧化体系中可以添加催化剂苄基三甲基碘化铵、四乙基溴化铵、硝酸铈铵、碳酸钠、三氟化硼等,可以合成化合物 38~49。化合物 39、40、45~49 均可作为亚硝化反应前体。

氧化反应避免使用贵金属催化剂,可降低 HNIW 合成的成本;但是氧化产物成分复杂,得率低。

38:$R_1=R_2=R_3=R_4=R_5=R_6=C_6H_5CO$
39:$R_1=CH_3CO,R_2=R_3=R_4=C_6H_5CO,R_5=R_6=C_6H_5CH_2$
40:$R_1=R_4=C_6H_5CO,R_2=R_3=CH_3CO,R_5=R_6=C_6H_5CH_2$
41:$R_1=R_4=R_5=R_6=C_6H_5CH_2,R_2=R_3=C_6H_5CO$
42:$R_1=R_4=R_6=C_6H_5CH_2,R_2=R_3=R_5=C_6H_5CO$
43:$R_5=R_6=C_6H_5CH_2,R_1=R_2=R_3=R_4=C_6H_5CO$
44:$R_6=C_6H_5CH_2,R_1=R_2=R_3=R_4=R_5=C_6H_5CO$
45:$R_1=R_2=R_3=CH_3CO,R_4=C_6H_5CO,R_5=R_6=C_6H_5CH_2$

46:$R_1=R_2=C_6H_5CO$
47:$R_1=C_6H_5CO,R_2=C_6H_5CH_2$
48:$R_1=R_2=NO_2$
49:$R_1=NO_2,R_2=C_6H_5CH_2$

（3）酰化反应

酰化反应是指以四乙酰基六氮杂异伍兹烷（TAIW，32）六元环上两个仲胺为修饰点酰化得到新的异伍兹烷衍生物的反应。以 TAIW 为底物，通过不同的反应体系，如 DMF/氯乙酰氯、丙酸/丙酰氯、丁酸/丁酰氯、异丁酸/异丁酰氯、DMF/无水氯化铝/对氯苯甲酰氯体系，可以合成化合物 50～56。硝化化合物 50 可以合成化合物 57、58，硝化化合物 56 合成化合物 59。

50:$R=CH_3CO,R_1=R_2=CH_2ClCO$
51:$R=CH_3CO,R_1=R_2=CH_2CH_2CO$
53:$R=CH_3CO,R_1=R_2=CH_2CH_2CH_2CO$
54:$R=CH_3CH_2CO,R_1=R_2=CH_3CH_2CH_2CO$
55:$R=CH_3CH_2CO,R_1=R_2=i\text{-}PrCO$
56:$R=CH_3CO,R_1=R_2=4\text{-}ClC_6H_4CO$
57:$R_1=R_2=CH_2ClCO$
58:$R_1=NO_2,R_2=CH_2ClCO$
59:$R_1=R_2=3,5\text{-}(NO_2)_2\text{-}4\text{-}ClC_6H_2CO$

2.4.4.3 脱苄产物的硝解

最终产品即为 HNIW。硝解反应涉及亚硝化反应和硝化反应。亚硝化反应涉及的硝解体系多数为亚硝酸钠/硝酸、$NOBF_4$、NO_2BF_4、N_2O_4 等，多数研究者希望通过亚硝化反应替代二次氢解反应，达到降低 HNIW 合成成本的目的。常见的亚硝化产物见化合物 60～67。

硝化反应涉及的硝化体系为硝酸、硝硫混酸、硝酸-乙酸酐、硝酸/氮硝化催化剂等体系，硝化的最终产品为 HNIW。

含氮化合物制备与表征实验

$R_1, R_2, R_3, R_4, R_5, R_6$ 结构式 60~67：

60: $R_1=R_2=R_3=R_4=CH_3CO, R_5=R_6=NO$
61: $R_1=CH_3CO, R_2=R_3=R_4=C_6H_5CO, R_5=R_6=NO$
62: $R_1=R_2=CH_3CO, R_3=R_4=C_6H_5CO, R_5=R_6=NO$
63: $R_1=R_2=R_3=CH_3CO, R_4=C_6H_5CO, R_5=R_6=NO$
64: $R_1=R_2=R_3=CH_3CO, R_4=R_5=R_6=C_6H_5CO$
65: $R_1=R_2=R_3=R_4=R_5=R_6=C_6H_5CO$
66: $R_1=R_2=R_3=R_4=C_6H_5CO, R_5=R_6=NO$
67: $R_1=R_2=R_3=R_4=R_5=R_6=NO$

1999年,邱文革在三氧化铬/乙酸酐体系合成六苯甲酰基六氮杂异伍兹烷(HBzIW,38),硝硫混酸硝解HBzIW时,未得到硝胺化合物;2000年,陈树森采用60%~80%硝酸为反应介质硝解HBzIW,得到四硝基二苯甲酰基六氮杂异伍兹烷(TNDBzIW),发展了一种新的硝解方法。作者认为对于难以硝解的含有酰胺基团的一类化合物在含水的硝解介质中首先发生水解生成相应的二级胺,碱性较强的二级胺再在氮硝化催化剂的作用下,迅速硝化成硝胺的反应,即硝酸/氮硝化催化剂硝解体系。

目前,工业生产中用到的硝解前体主要为TAIW(32)和TADFIW(34),硝解方法主要为硝硫混酸体系和硝酸/氮硝化催化剂体系。研究发现,两种硝解体系硝解反应机理不同。以TADFIW硝解为例,在硝硫混酸体系中,乙酰基首先硝解,然后才是甲酰基硝解;在硝酸/氮硝化催化剂体系中,甲酰基首先硝解,然后才是乙酰基硝解,见图2-14和图2-15。

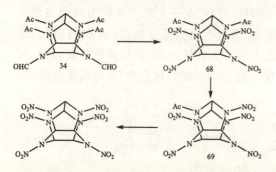

图2-14 硝酸/氮硝化催化剂体系硝解反应历程

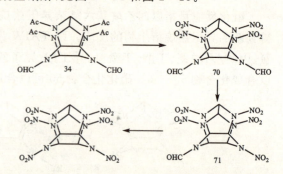

图2-15 硝硫混酸体系硝解反应历程

2.4.4.4 HNIW的转晶

硝解后制得的HNIW为α-HNIW或γ-HNIW,但只有ε晶型具有实际应用价值,因此,需要通过结晶工艺将硝解生成的HNIW(α型或γ型)转晶为ε型或β型,该过程称为转晶工艺。

HNIW转晶的方法主要有降温法、蒸发法、温差法、良溶剂-沉淀剂结晶法、含水体系转晶法。迄今为止,工业上大量生产所用的方法均为良溶剂-沉淀剂结晶法和含水体系法。

良溶剂-沉淀剂结晶法必须考虑晶型转化时溶剂的选择问题。可用于溶解HNIW的溶剂常为低分子量的极性溶剂酯、酮、环醚等,如乙酸乙酯、乙酸甲酯、乙酸异丙酯、乙酸丁酯、四氢呋喃、甲基乙基酮等,但最常用的是乙酸乙酯。适宜的良溶剂应易溶HNIW(溶解度最好大于20%),挥发性较低,且易与水形成较低沸点(<90℃)恒沸物,但不与沉淀剂形成恒沸物,以便易于蒸馏分离。沉淀剂常为非极性溶剂,对HNIW的溶解度应小于1%,沸点宜与良溶剂相

差 20 ℃以上。良溶剂与沉淀剂之比一般为 1∶3～1∶5。此比例与转晶得率（析出的 ε-HNIW 量）十分有关。比例越小，得率越高。密度宜小于 1 g/cm³，以利于分离。可用的沉淀剂有石油醚、芳香烃（苯、甲苯、二甲苯）、低碳烷烃（己烷、庚烷、2,2,2-三甲基戊烷、辛烷）、脂环烷（环己烷）、氯代烃（氯仿、1,2-二氯乙烷、溴苯）、乙醚、矿物油、硝酸酯（聚缩水甘油硝酸酯、三乙二醇二硝酸酯）及某些甲酸酯（甲酸苯酯、甲酸苄酯）等。具体采用的方法有两种，一种方法以石油醚为非溶剂，一种方法以氯仿为非溶剂。以石油醚为非溶剂：采用乙酸乙酯为溶剂，将 γ-HNIW 溶解，过滤，除去机械杂质，将滤液放入反应釜内，加入 ε-HNIW 晶种，缓慢加入石油醚，加料结束后继续搅拌，转晶完成后，过滤，烘干。以氯仿为非溶剂：将乙酸乙酯与氯仿配成混合溶剂加入 γ-HNIW，搅拌至转晶完成，出料，过滤烘干。两种工艺都有局限性，产生的晶体的形状离球形化相差很远，不能较好地降低产品的感度，另外，转晶中溶剂的使用量很大。

含水体系法具体包括两种：含水硝酸体系法和含水有机体系法（有机溶剂如乙醇、乙醚、二氧六环、四氢呋喃、甲酸、冰乙酸、甲醇等），两种方法均可以将 γ-HNIW 晶体成功地转变为 ε-HNIW 晶体。含水体系 HNIW 转晶的成功实现，特别是含水硝酸体系的成功转晶，不仅可避免一些 HNIW 的干燥和废溶剂的回收等危险操作，还可以提高 HNIW 生产的得率。

Coon 测定溶液中 α,γ→ε 晶型的转变温度为 (64±1)℃，说明了 64 ℃是 ε 型 HNIW 从亚稳态向稳定态转变的温度，因而在 64 ℃以下控制好温度、过饱和度、溶液中的剪切作用等，可以实现 α,γ→ε-HNIW 的转晶。此外，多篇日本专利报道了使用良溶剂和不良溶剂的混合液，采用晶种的方法，添加 0.05%～10% 的 ε-HNIW 晶种，控制溶剂挥发速度，以 98%～99% 的高得率得到了 ε-HNIW。美国 Thiokol 公司的硝解釜容积为 3.8 m³，HNIW 批产量为 225 kg，结晶釜 3.8 m³，HNIW 批处理量 450 kg；法国绍尔格炸药厂 HNIW 生产规模为批量 50 kg；瑞士诺贝尔公司也能批量生产 HNIW，并在转晶技术及晶粒和晶体外形控制技术上处于世界领先水平。

HNIW 四种晶形最简便的鉴别方法是利用 FTIR。α、β、γ、ε 四种晶型的红外吸收在特定区域内有特征吸收，这些区域包括 3 100～3 000 cm^{-1}、1 200～850 cm^{-1}、800～700 cm^{-1}。在 3 100～3 000 cm^{-1} 区域内，ε 和 α 有一组双峰，而 β 和 γ 为单峰。在 α 的一组双峰中，高波数的吸收较弱；在 ε 的一组双峰中，高波数的吸收较强。在 1 200～850 cm^{-1} 区域内，α 有一个单峰和形状相似的三组双峰构成的特征吸收，β 则在 1 180～1 150 cm^{-1} 内有一组双峰，γ 在 1 200～1 050 cm^{-1} 内有由四个单峰组成的特征吸收，ε 在此区域内有两个单峰和一组双峰构成的典型吸收。

转晶后得到的 HNIW 产品质量通过 HNIW 的化学纯度、晶型纯度、晶体形貌、粒度、表观密度、孔隙率、比表面积等进行表征。HNIW 的化学纯度和晶型纯度越高，产品的能量密度就越高，化学稳定性越好，感度也会较低；同时，产品的形貌及粒度大小也对产品的感度及能量的释放产生影响；表观密度、孔隙率和比表面积是 HNIW 产品质量的表征参数。

控制 HNIW 产品质量的途径：第一，提高硝解反应的得率，降低不完全硝解产物的产生，不仅可以降低工业化生产成本，也可利于转晶工艺，使产品的低成本化跟高质量化统一起来。第二，运用吸附剂对 HNIW 及其杂质的吸附作用大小不同的原理，采用适当的吸附剂提纯 HNIW。第三，FT-IR、FT-Raman、X-射线衍射方法定量分析 HNIW 的晶型纯度。第四，分子模拟方法选择添加剂控制 HNIW 晶体形貌。第五，聚焦光束反射测量仪（FBIM）-颗粒录影显微镜（PVM）联用技术控制 HNIW 晶体形貌和粒度分布。

综上所述，HNIW 通过四步法合成。目前，各国比较成功的并且适合大量生产的 HNIW 的合成技术可以概述为三条工艺路线，这三条工艺路线都用到 TADBIW，即 HBIW 的缩合及 HBIW 的一次催化氢解工艺是一致的，不同之处是采用了不同的硝化工艺。三种硝化工艺分别是：第一条工艺，采用甲酸，或甲酸/甲醇为介质将 TADBIW 二次氢解，得到 TADFIW、TAIW 或 HAIW，经硝化或水解硝化得到 HNIW；或者采用乙酸为介质将 TADBIW 二次氢解，得到 TADEIW，经硝化得到 HNIW。第二条工艺，TADBIW 经亚硝化、硝化，得到 HNIW。第三条工艺，TADBIW 经氧化成 HBzIW，经硝化或水解硝化得到 HNIW。

目前，有商品 HNIW 提供。美国 Thiokol Corporation 以四乙酰基二甲酰基六氮杂异伍兹烷为硝解前体，实现了批量达 50~100 kg 规模的 HNIW 工业生产，产品纯度为 96%。法国以四乙酰基二苄基六氮杂异伍兹烷为硝解前体制取 HNIW，规模达 1 t/y，产品纯度为 98%。商品 HNIW 可提供三种粒度的产品，即 120 μm < $X_{50,3}$ < 160 μm，20 μm < $X_{50,3}$ < 40 μm 及 $X_{50,3}$ < 5 μm。粗粒 HNIW 可直接由结晶法制得，细粒产品则是将粗粒产品研磨得到。

关于 HNIW 的应用在多家公司已经展开，美国 LLNL 实验室、美国海军水面武器中心印第安纳分部、美国 Alliant Techsystems 公司、日本的 Asahi 化学公司、法国的 SNPE、德国的 ICT 等，均采用 HNIW 进行了混合炸药和其在推进剂中的研究。

2.5 有应用价值的不敏感高能量密度化合物

近年来，新合成的典型的不敏感 HEDC 代表有 TNAZ、NTO、FOX-7、LLM-105、TATB、TKX-50 等，其性能参数见表 2-4。

表 2-4 典型不敏感 HEDC 性能参数

炸药	TNAZ	NTO	FOX-7	LLM-105	TATB	TKX-50	HMX
分子式	$C_3H_4N_6O_6$	$C_2H_2N_4O_3$	$C_2H_4N_4O_4$	$C_4H_4N_6O_5$	$C_6H_6N_6O_6$	$C_2H_8N_{10}O_4$	$C_4H_8N_8O_8$
分子量	192.09	130.06	148.08	216.04	258.18	236.15	296.17
密度/(g·cm^{-3})	1.84	1.93	1.885	1.913	1.938	1.877(298 K) 1.918(100 K)	1.905
熔点/℃	101	273	—	—	330(分解)	239.1(分解)	278
特性落高 H_{50}/cm	<30	293	126	117	>320	20 J	30~32
生成热/(kJ·mol^{-1})	109.6	−59.8	−133.8	−13.0	36.0	—	−95.3
DSC 放热温度/℃	252	236	241	354	370	222	275
爆速/(m·s^{-1})	8 730	8 670	8 870	8 560	7 950	9 455	9 010
爆压/GPa	37.2	34.9	34.0	—	29.7	39	39

2.5.1 1,3,3-三硝基氮杂环丁烷

1984 年，美国 Baum 和 Archibald 首次合成 1,3,3-三硝基氮杂环丁烷（TNAZ），最初它的合成步骤非常多，得率仅为 5%，后来经过改进，工艺得以简化，得率也达到 70%。现在美国已实现批量达 50 kg 规模的工业生产，成本 1 000 美元/kg；德国 ICT 达到 200 g/月的生产规

模,成本 5 美元/g。目前,有关 TNAZ 的合成路线超过了 16 种,但真正能应用于工业制备的只有硝基甲烷法及环氧氯丙烷法。硝基甲烷法得率已提高至 57%(按 CH_3NO_2 计),产品纯度甚佳。环氧氯丙烷法的反应式如图 2-16 所示。

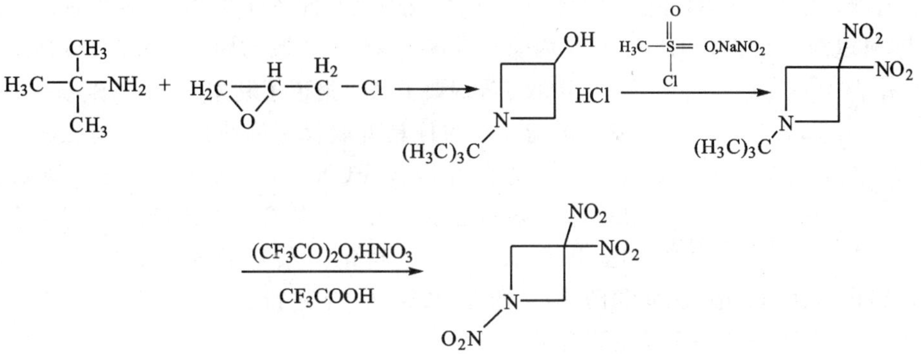

图 2-16 环氧氯丙烷法合成 TNAZ 反应路线

TNAZ 比 RDX 稳定,能量相当于 96%HMX 或者 150%TNT,可以替代 TNT 为基的熔铸炸药,爆速、爆压可以提高 30%~40%;也可以作为增塑剂、固体火箭推进剂和枪炮推进剂的主要成分。但是,其成本高、液相蒸气压高、容易升华和固化时体积收缩率大、易形成孔隙等缺点制约了其应用。

2.5.2 3-硝基-1,2,4-三唑-5-酮

早在 1905 年德国 Manchot 和 Noll 首次合成 3-硝基-1,2,4-三唑-5-酮(NTO)(其结构式如图 2-17 所示)及其银盐。

20 世纪 80 年代初,美国 Los Alaamos 实验室对 NTO 的合成、理化性质、爆炸性质等进行了系列研究;1987 年法国公布 17 种 NTO 配方;1987 年杨克斌等改进硝化工艺成功合成 NTO;1992 年李加荣对高氮杂环含能化合物的合成、结构和性能进行了研究。研究结果表明,NTO 的能量水平接近 RDX,安全性则接近 TATB,与常用炸药相比,爆速比 TATB 高 6%,与 PETN 相当。NTO 原材料价廉易得,容易制备,是一种低感度高能炸药。

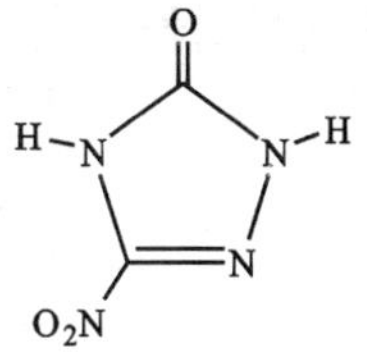

图 2-17 NTO 的结构式

以 NTO 为主体的混合炸药能量可以达到或高于 B 炸药的水平,但安全性能有显著提高,NTO 还可以取代价格昂贵的 TATB 作为 RDX 和 HMX 基的 PBX 的活性钝感剂。

NTO 一锅法合成反应路线如图 2-18 所示。

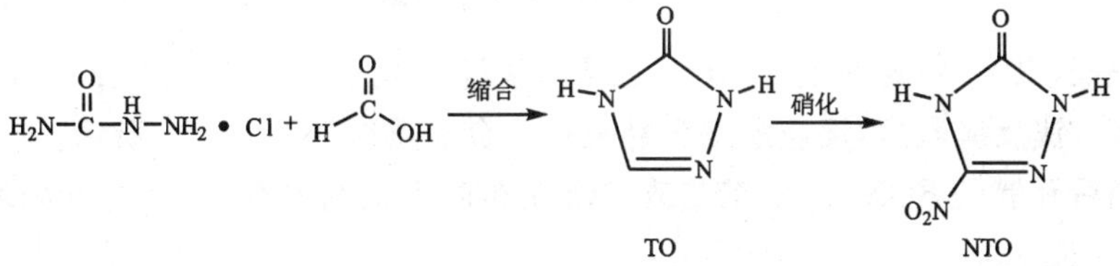

图 2-18 NTO 一锅法合成反应路线

2.5.3　1,1-二氨基-2,2-二硝基乙烯

1,1-二氨基-2,2-二硝基乙烯(DADNE,FOX-7)是与 LLM-105 同一时期合成的新型钝感含能化合物。FOX-7 撞击感度 H_{50} 为 126 cm(2 kg 落锤,同条件下 RDX 为 38 cm),该化合物没有熔点,可以溶于 DMSO、DMF、γ-丁内酯和甲基吡咯烷酮。其结构式如图 2-19 所示。

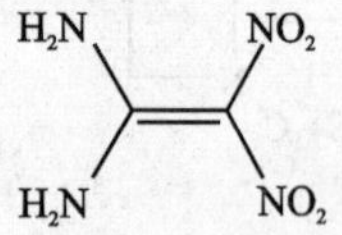

图 2-19　FOX-7 分子结构式

1992 年,瑞典 Baum 报道了利用 1,1-二碘基-2,2-二硝基乙烯与简单的且具有取代基的胺反应,得到二氨基二硝基乙烯,但是没有得到 FOX-7。1998 年,瑞典国防研究所 Latypov 等报道了 FOX-7 的合成方法,通过氮杂环化合物硝化、开环来合成,即硝化一杂环化合物,然后再水解生成 FOX-7;硝化是利用混酸(硫酸和硝酸)在低温(<30 ℃)下进行。

目前,合成 FOX-7 的途径主要有以下三种:

第一种途径,以 2-甲基咪唑为起始原料,合成路线如图 2-20 所示。该方法硝化反应得率较低,反应总得率为 13% 左右。

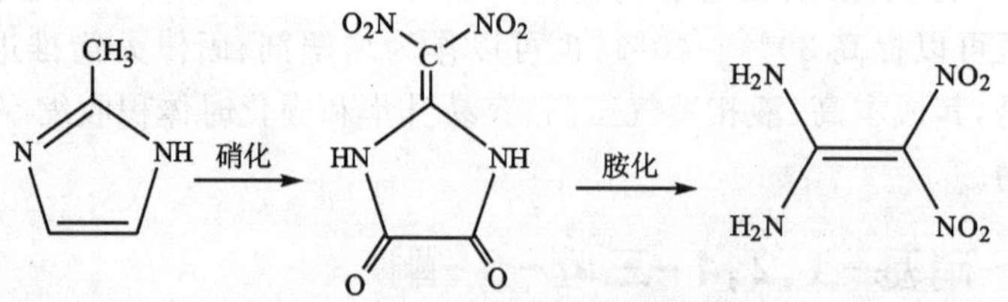

图 2-20　FOX-7 合成途径(1)

第二种途径:以盐酸乙脒和乙二酸二乙酯为原料合成 FOX-7。该方法合成得率为 37%,但是反应路线长,不适合工业放大。合成路线如图 2-21 所示。

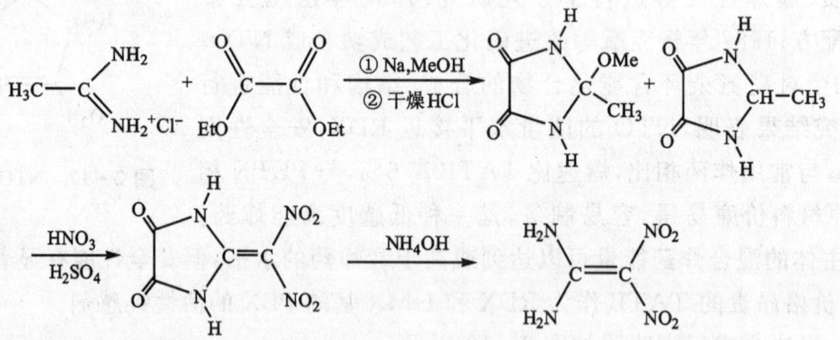

图 2-21　FOX-7 合成途径(2)

第三种途径,以 2-甲基嘧啶-4,6-二酮为原料合成 FOX-7。FOX-7 的得率可达到 80%。但是该方法反应剧烈,反应温度容易失控。合成路线如图 2-22 所示。

国内外先后开展了 FOX-7 的工艺改进研究和放大工艺研究,研究的基础均是上述三种方法。

采用 N-甲基吡咯烷酮和水重结晶 FOX-7 可以得到立方体颗粒(30~800 μm)。FOX-7 晶体密度为 1.878 g/cm³(粉末 X 衍射为 1.885 g/cm³),生成热 -133 kJ/mol,计算爆速

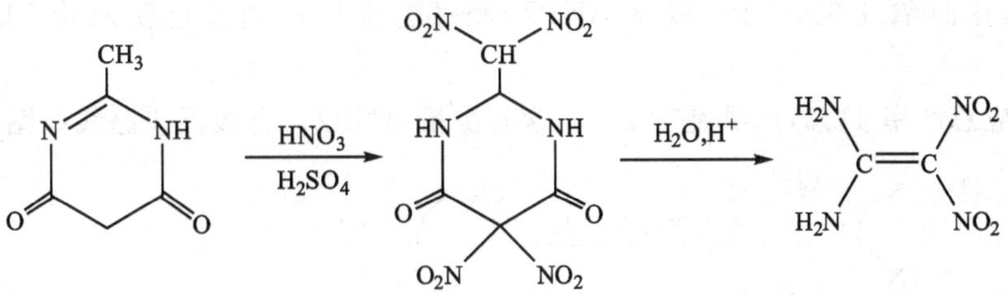

图 2-22 FOX-7 合成途径(3)

8 870 m/s；FOX-7 撞击感度概率 8%，摩擦爆炸概率 12%，能量与 RDX 相当，感度低于 RDX；与其他组分相容性好，层状晶体结构使分子稳定性好，是一种低感高能炸药，可以替代 B 炸药，具有潜在应用价值。

瑞典 Bofors 公司生产规模 7 kg/批，每天两批；FOX-7 有商品供应，价格 3 000 美元/kg。

差示扫描量热法(DSC)结果表明，FOX-7 具有热稳定性，有两个放热峰，分别是 238 ℃ 和 281 ℃。瑞士国防研究院对 FOX-7 进行 X 射线衍射分析，发现 FOX-7 分子中存在着分子内氢键和 π 共轭作用，晶体内分子排列成二维波形层。层与层之间除了存在着范德华力作用外，还存在着强烈的氢键作用。由此解释了 FOX-7 分子的特殊晶体结构、低溶性、低感以及不存在熔点。

2.5.4　2,6-二氨基-3,5-二硝基吡嗪-1-氧化物

1993 年美国 LLNL 实验室于室温下使用三氟乙酸氧化 2,6-二氨基-3,5-二硝基吡嗪 (ANPZ)合成 2,6-二氨基-3,5-二硝基吡嗪-1-氧化物(LLM-105)，随后德国、英国、中国等国也相继合成了该化合物。LLM-105 密度为 1.913 g/cm^3，爆速为 8 560 m/s，性能介于 HMX 和 TATB 之间；差示扫描量热法分析表明，LLM-105 在较宽的温度范围内具有较高的热稳定性：当温度高于 300 ℃ 时开始分解，在 343 ℃、350 ℃ 有放热分解。它对冲击、火花和摩擦都不敏感，其撞击感度的特性落高 H_{50}(2 kg 落锤)为 117 cm(HMX 为 30～32 cm)，是高能钝感炸药的又一个突破。因此 LLM-105 被公认为是一种热稳定性好、低爆速且具有一定能量水平的不敏感单质炸药。

LLM-105 合成的直接中间体为 ANPZ，ANPZ 的合成路线有三种：

① Donald 五步反应。在三氟乙酸中二氨基马来腈与二亚氨基丁二腈反应得到四氰吡嗪，浓缩后与氨水反应生成 2,6-二氨基-3,5-二氰吡嗪。用二羧酸处理后者，得到二羧酸的水解产物，用硝硫混酸对脱去羧基的产物进行硝化，得到 ANPZ。该方法反应周期长，产率低。

② 另一种合成方法只在 P Pagoria 等人的文献中报道过，但是无法进行重复性实验。

③ 德国人的合成方法，也称为 ICT 法，以市售 2,6-二氯吡嗪为反应原料，经四步可以制备 LLM-105，由于其对环境污染小，是目前研究最多的合成路线。具体如下：

第一步，2,6-二氯吡嗪在甲醇钠/甲醇中回流得到淡黄色固体 2-氯-6-甲氧基-3,5-二硝基吡嗪，产率是 89%。

第二步，用 20% 发烟硫酸和 100% 硝酸混合物硝化 2-氯-6-甲氧基吡嗪黄色固体，产率 59%。

第三步，在丙酮中将第二步反应产物用氨水处理，得到橙黄色固体 2,6-二氨基-3,5-二硝基吡嗪，产率 85%。

第四步，用过氧化氢（60%）氧化 ANPZ，经过滤洗涤得到黄色粉末状 LLM-105，产率 92%。

四步反应总产率 41%，产品纯度 93%，含有少量 ANPZ。合成反应路线如图 2-23 所示。

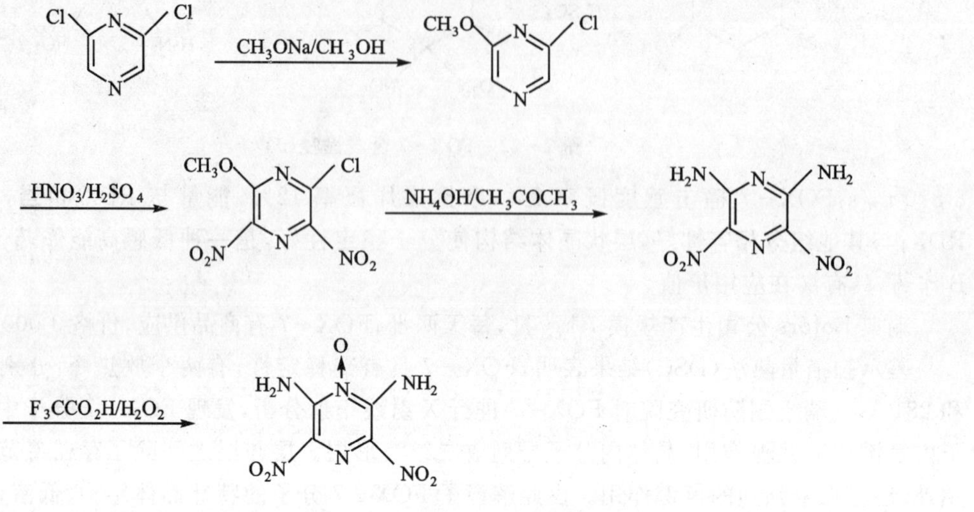

图 2-23　LLM-105 合成反应路线

LLNL 实验室的 Tran 等人对第三种合成方法进行了改进。其主要改进的是③中的第一步反应，即使用过量的甲醇钠，将两个氯全部取代，合成 2,6-二甲氧基吡嗪，其余三步的处理方法与③类似。但是文献没有给出具体的反应条件。

2001 年，美国 LLNL 实验室后成 2 kg LLM-105，并进行了几种 LLM-105 塑性粘结炸药配方研究，小量安全性试验表明 RX-55-AE（97.5% LLM-105/2.5% 维通 A 粘结剂）能量超过超细 TATB 配方。

2.5.5　1,3,5-三氨基-2,4,6-三硝基苯

1,3,5-三氨基-2,4,6-三硝基苯（TATB）是最早的耐热炸药之一，对热和撞击具有高度的热稳定性，美国绝大部分核航弹及核弹头均使用了以 TATB 为基的高聚物粘结炸药。

1888 年，Jackson 等人采用均三溴三硝基苯与 NH_3 的乙醇液反应合成 TATB；1937 年，Backer 等人采用均三氯三硝基苯合成 TATB。TATB 产品为橘黄色粉末，阳光或者紫外光照射变为绿色，晶体密度 1.937 g/cm^3，熔点 350 ℃（分解），室温不挥发，高温升华，溶于浓硫酸，几乎不溶于所有有机溶剂，与其他物质的反应活性极其微弱，但是并未将其作为炸药使用。

19 世纪 50 年代末，经 NOL 和 LANL 机构研究，指出高度热安定性的 TATB 或许可以应用于核武器。LANL、LLNL、Pentex 工厂对 TATB 进行了大量的研究，发现 TATB 的 DTA 初始放热温度为 330 ℃，爆速 7 606 m/s（ρ=1.857 g/cm^3），撞击感度大于 320 cm（12 型装置），在 Susan 试验、滑道试验、高温（285 ℃）缓慢加热、子弹射击及燃料火焰等作用下，TATB 均不发生爆炸，也不以爆炸形式反应。

TATB 的合成方法分为含氯 TATB 合成、无氯 TATB 合成、VNS 方法。由于含氯量影响 TATB 的热安定性，所以人们一直致力于 TATB 合成新方法的研究以及不同粒度的 TATB 的制备，以满足各种武器用药要求。图 2-24 给出了 TATB 合成的 VNS 方法的合成路线。

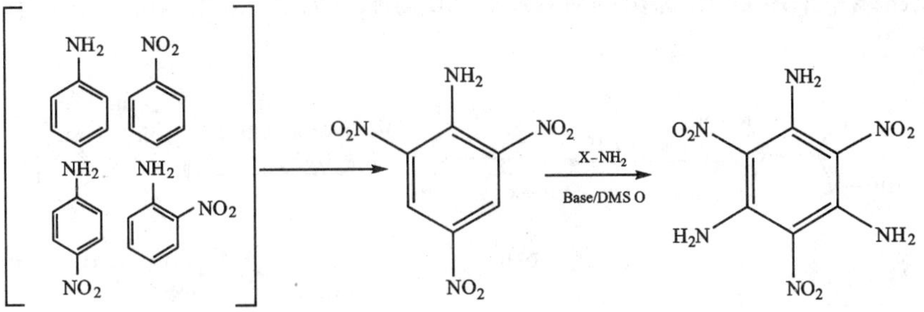

图 2-24　TATB 合成路线

2.5.6　1,1′-二羟基-5,5′-联四唑二羟胺盐

2012 年，Fischer 等人合成了 1,1′-二羟基-5,5′-联四唑二羟胺盐（TKX-50），晶体密度随着温度升高而降低，100 K 时密度为 1.918 g/cm^3，173 K 时密度为 1.951 g/cm^3，298 K 时密度为 1.877 g/cm^3；采用 BAM 落锤仪和 BAM 摩擦感度仪测试 TKX-50 的撞击感度和摩擦感度，TKX-50 的撞击感度为 20 J（同样测试条件下，TNT 15 J，RDX 7.5 J，β-HMX 7 J，ε-HNIW 4 J），TKX-50 的摩擦感度为 120 N（同样测试条件下，TNT 353 N，RDX 120 N，β-HMX 112 N，ε-HNIW 48 N），试验和理论研究均表明该化合物是一种低感的新型高能量密度化合物，具有较高的氮含量、正生成焓和密度，对于热核机械作用不敏感，在混合炸药和推进剂领域具有潜在的应用前景。

Fischer 采用的两步法合成路线见图 2-25，一锅法合成路线见图 2-26。作者指出，在两步法合成中，路线（a）中 BTO 的得率仅为 11%，而在路线（b）中 BTO 的得率可以达到 80%；在

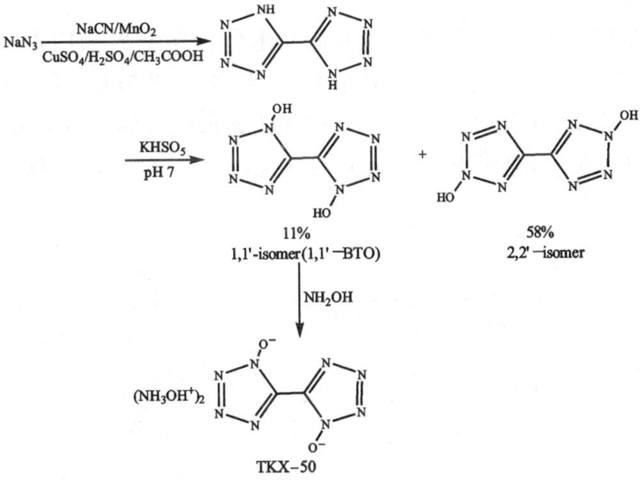

(a) 合成路线(1)

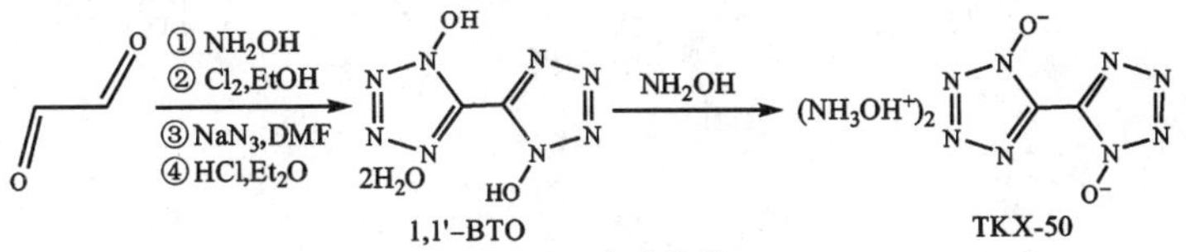

(b) 合成路线(2)

图 2-25　TKX-50 两步法合成路线

一锅法合成路线中采用 DMF 为溶剂时 TKX-50 得率为 72%，采用 NMP 为溶剂时 TKX-50 得率为 85%。

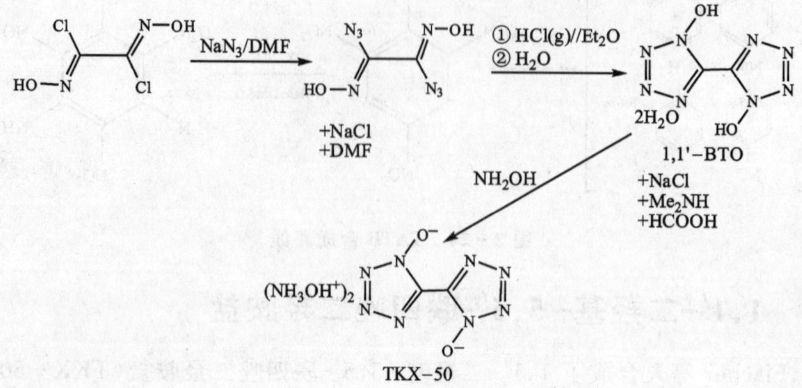

图 2-26 TKX-50 一锅法合成路线

2014 年，朱周朔等人报道了 TKX-50 一锅法合成工艺，总收率为 73.2%。

2013 年，毕福强等人报道了 TKX-50 在推进剂中的能量特性计算，研究发现，在 1~10 MPa 下，TKX-50 具有较低的燃温、较高的特征速度和高于 HMX 的比冲，燃烧产物的平均相对分子质量较低；用于复合改性双基推进剂配方中，可以提高比冲，并且降低火箭发动机排气羽流中的二次烟。

2.6 其他新型高能量密度化合物

随着各国含能工作者的努力，不断地开发研究出各种新型的 HEDC。如 2004 年，俄罗斯通过还原 HNIW 合成五硝基—胺六氮杂异伍兹烷（PNIW）和五硝基—亚硝基六氮杂异伍兹烷（PNMNOIW）的混合物（如图 2-27 所示），作者认为该化合物是具有潜力的含能化合物，但是仅有实验室规模（0.05 g），且没有分离出纯物质，也没有相关性能数据的报道。

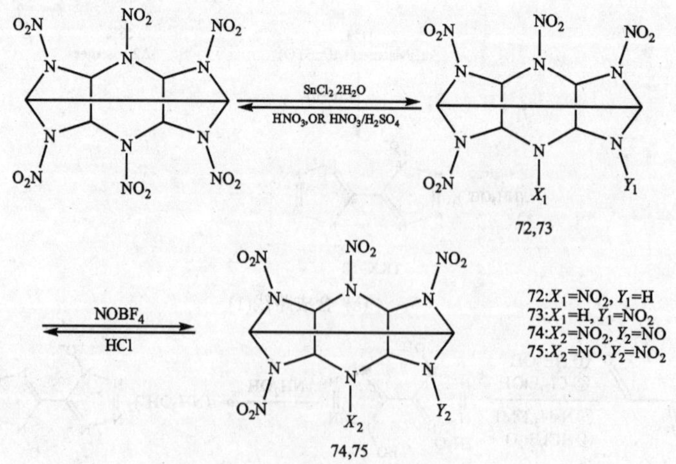

图 2-27 俄罗斯合成新型 HEDC

2007年，英国 Anthony J. Bellamy 合成系列化合物，其中四硝基二胺六氮杂异伍兹烷（TNDAMIW）的起始分解放热峰为 183 ℃（DSC，10 K/min）；四硝基一三氟乙酰基一胺六氮杂异伍兹烷（78）单晶密度为 1.974 g/cm³，初始放热峰 235 ℃，峰值温度 245.8 ℃，熔点 292.0～301.0 ℃（DSC，10 K/min）；五硝基一胺六氮杂异伍兹烷（PNMAMIW）单晶密度为 1.984 g/cm³（见图 2-28），熔程 302～304 ℃（DSC）。作者认为由于胺基的存在，TNDAMIW 和 PNMAMIW 有望成为不敏感含能化合物，而且可以通过胺基与其他化合物聚合或者链接。其合成路线如图 2-29 所示。

图 2-28 五硝基一胺六氮杂异伍兹烷（PNMAMIW）单晶

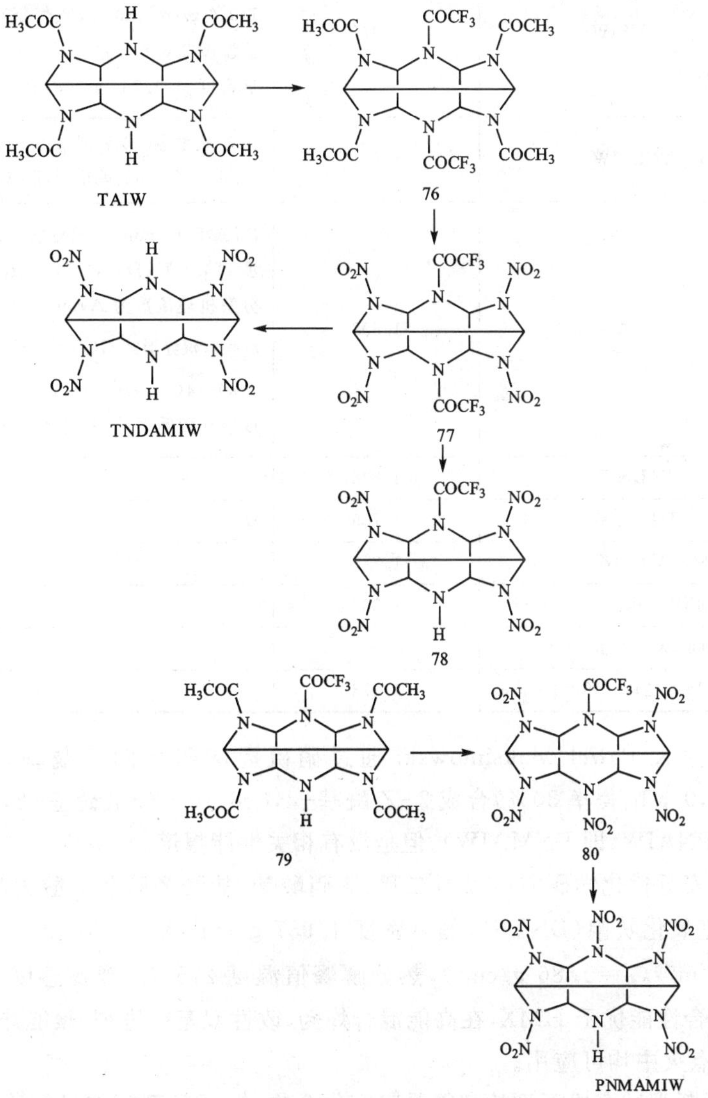

图 2-29 英国合成新型 HEDC 反应路线

北京理工大学合成了系列六氮杂异伍兹烷衍生物,如五硝基一甲酰基六氮杂异伍兹烷(PNMFIW)、四硝基二甲酰基六氮杂异伍兹烷(TNDFIW)、五硝基一乙酰基六氮杂异伍兹烷(PNMAIW)、四硝基二乙酰基六氮杂异伍兹烷(TNDAIW)、二乙酰基四硝基六氮杂异伍兹烷(DATNIW)、四乙酰基二硝基六氮杂异伍兹烷(TADNIW)以及络合物等,其中 PNMFIW 单晶密度为 1.977 g/cm³,其撞击感度(H_{50})为 26.8 cm(同样条件下,ε-HNIW 撞击感度为 21.1 cm),爆速为 9.195 km/s,爆压为 39.68 GPa(装填密度为 1.946 g/cm³,20 ℃,N_2 气氛),有望成为新一代的高能量密度化合物;其他物质的参数见表 2-5。

表 2-5 六氮杂异伍兹烷衍生物

序 号	化合物	单晶密度/(g·cm⁻³)	性 能
1	PNMFIW	1.977	爆速 9.195 km/s,爆压 39.68 GPa(装填密度 1.946 g/cm³,20 ℃,N_2气氛);DTA,5 ℃/min,峰值温度 228.8 ℃;熔程 246~248 ℃;比重瓶法测试密度 ρ=1.784 g/cm³(19.9 ℃)
2	TNDFIW	1.891	比重瓶法测试密度 ρ=1.775 g/cm³(20 ℃);DTA,5 ℃/min,峰值温度 238.2 ℃
3	PNMAIW	1.608	DTA,5 ℃/min,初始分解温度 202.4 ℃,峰值温度 224.1 ℃;DSC,2 ℃/min,峰值温度 229 ℃;热分解机理函数为 Avrami-Erofeev 方程,$n=1/4$,$m=4$,积分形式 $G(\alpha)=[-\ln(1-\alpha)]^{\frac{1}{4}}$,微分形式 $f(\alpha)=4(1-\alpha)[-\ln(1-\alpha)]^{\frac{3}{4}}$,分解机理为随机成核和随后生长,A4,S 形 α-t 曲线
4	TADNIW	1.628	—
5	DATNIW	1.765	—
6	PNMFIW:丙酮=1:1	1.723	
7	TNDFIW:丙酮=1:1.5	1.597	
8	TNDFIW:乙腈=6:1	—	
9	TNDFIW:二氧六环=1:1.5	1.378	

2011 年,波兰人 Pawel Maksimowski 通过硝硫混酸硝化四乙酰基六氮杂异伍兹烷(TAIW)(60 ℃,0.5 h,得率 30%)合成 2-乙酰基-4,6,8,10,12-五硝基-2,4,6,8,10,12-六氮杂异伍兹烷(PNAIW,即 PNMAIW),但是没有相关性能报道。

1998 年,西安近代化学研究所以丙二腈、亚硝酸钠、盐酸羟胺及盐酸为起始原料合成 3,4-二硝基呋咱基氧化呋咱(DNTF),晶体密度 1.937 g/cm³,熔点 110.0~110.5 ℃(毛细管法),爆速 8 930 m/s(ρ=1.86 g/cm³),热分解峰值温度 275 ℃,摩擦感度 12%(90°),爆热 5 798 kJ/kg,综合性能优于 HMX,在高能混合炸药、改性双基推进剂、聚能炸药、TNT 改性添加剂、传爆系统点火中均可应用。

虽然人们不断尝试合成新型的高能量密度化合物,期望新型高能量密度化合物的综合性能能够超越 HNIW,并且具有低感度特征,但是还没有出现能够替代 HNIW 的化合物。

2.7 计算化学在高能量密度化合物设计中的应用

随着理论、算法和计算机硬件的发展,计算化学已经发展为一门新兴学科。计算化学以化学结构为核心,采用量子化学的计算法方法,以量子化学计算软件为工具模拟分子或者体系的物理、化学及生物学行为,其切入点为理论化学,表现为对微观结构的模拟计算。自计算化学迅速发展以来,高能量密度化合物合成与应用的研究模式也发生了相应的改变,由传统的"经验设计—试验—测试"模式改变为"设计—计算—合成—验证"模式,极大地减小了设计成本。计算化学在该领域的应用主要涉及以下几个方面:

① 从分子、电子水平全面剖析 HEDC 的结构,关联微观结构与宏观性能,研究 HEDC 热分解机理,为设计筛选化合物提供理论依据。

② 计算 HEDC 分子体系的晶体密度、标准生成焓、爆速、爆压、结构等各种物理化学参数,模拟合成反应历程,设计新型 HEDC 的反应路线,为确定试验合成目标提供理论依据。

③ 预测 HEDC 晶体和多晶型结构,模拟晶体生长;模拟结晶体系或者添加剂对晶体结晶生长的影响,为 HEDC 结晶体系的筛选提供理论依据。

④ 模拟非均质塑性炸药亚颗粒尺寸的热点,研究体系组分的相互作用和界面相互作用,筛选和设计钝感 HEDC、新型粘合剂、键合剂以及含能增塑剂等,优化配方,为改变 HEDC 的性能提供理论指导。

⑤ 模拟研究 HEDC 的结构和性能之间的关系,改进 HEDC 的性能。

关于 HEDC 理论研究方面的文献日益增多,从事 HEDC 方向的计算化学研究的含能工作者也日趋增多,这也是 HEDC 发展的一个新方向。

目前,常用的化学图文设计软件有 ChemSkketch、ChemWindows、ChemDraw、Chem3D、GaussView 等,计算化学和分子模拟软件有 Gaussian、GAMESS、ADF、Molpro、MOPAC、Crystal、Hyperchem、Material Studio 等。以上软件均有相关书籍进行详细介绍。

但是,对于新型 HEDC 的应用,需要回答以下几个问题,例如,它们与现用 HEDC 比较,有什么突出的优点?这些 HEDC 的预期应用领域是哪些?人们对它们的性能是否已经有足够的了解?它们的制造和加工过程是否会存在一些安全问题?它们与含能材料组分的相容性如何?它们的化学稳定性及老化性能是否能满足配方在弹药服役期内的要求?提供以上问题的答案,HEDC 的应用前景才会明朗,HEDC 才能替代现有产品。

第3章 含氮化合物制备与表征系列实验

本部分内容为实验课程内容,包括含氮化合物制备实验、含氮化合物表征实验以及综合设计实验。实验内容如表3-1所列。

表3-1 含氮化合物制备与表征实验

名称	序号	实验内容
	实验1	3,7-二硝基-1,3,5,7-四氮杂双环[3.3.1]壬烷的合成
	实验2	1,5-二乙酰基-3,7-桥亚甲基-1,3,5,7-四氮杂环辛烷的合成
	实验3	1,3,5,7-四乙酰基-1,3,5,7-四氮杂环辛烷的合成
	实验4	1,5-二乙酰基-3,7,-二硝基-1,3,5,7-四氮杂环辛烷的合成
	实验5	2-氯-6-甲氧基吡嗪的合成
	实验6	3,5-二硝基-2-氯-6-甲氧基吡嗪的合成
	实验7	2-甲基-2-甲氧基-4,5-咪唑啉二酮的合成
	实验8	2-(二硝基亚甲基)-4,5-二氧咪唑烷二酮的合成
	实验9	六苄基六氮杂异伍兹烷的合成
	实验10	四乙酰基二苄基六氮杂异伍兹烷的合成
含氮化合物制备实验	实验11	四乙酰基二甲酰基六氮杂异伍兹烷的合成
	实验12	四乙酰基六氮杂异伍兹烷的合成
	实验13	三乙酰基三苄基六氮杂异伍兹烷的合成
	实验14	三乙酰基三甲酰基六氮杂异伍兹烷的合成
	实验15	六乙酰基六氮杂异伍兹烷的合成
	实验16	六烯丙基六氮杂异伍兹烷的合成
	实验17	由TADFIW合成HNIW
	实验18	由TAIW合成HNIW
	实验19	由TADBIW合成HNIW
	实验20	乙二肟的合成
	实验21	二氯乙二肟的合成
	实验22	制备具有不同结晶特性的RDX产品

第3章 含氮化合物制备与表征系列实验

续表 3-1

名 称	序 号	实验内容
含氮化合物表征实验	实验 23	高效液相色谱分析
	实验 24	熔点测试
	实验 25	红外光谱测试
	实验 26	撞击感度测试
	实验 27	动态应力测试
	实验 28	粒径分布测试
	实验 29	比表面积测试
	实验 30	晶体表观密度测试
	实验 31	绝热量热测试
	实验 32	差热分析
	实验 33	微热量热技术分析二元混合炸药组分相容性
综合设计实验	实验 34	在线红外光谱技术研究醋酐水解反应机理
	实验 35	近红外光谱技术建立硝酸-水二元体系组分定量分析方法
	实验 36	采用反应量热技术评价醋酐水解放热反应工艺安全性
	实验 37	采用微热量热法研究醋酐水解反应的放热量
	实验 38	采用分子动力学方法研究 HNIW 热分解

下面是含氮化合物制备与表征的实验内容。

3.1 实验1 3,7-二硝基-1,3,5,7-四氮杂双环[3.3.1]壬烷的合成

3.1.1 实验目的

1. 认识 DPT 的物理化学性质;
2. 理解 DPT 生成的反应机理,掌握一种合成 DPT 的方法,合成 DPT;
3. 了解醋酐法制备 HMX 的工艺。

3.1.2 实验原理

DPT 是制备奥克托今(HMX)的关键中间体,该化合物可以在醋酐、硝酸、硝酸铵溶液中制备 HMX,也可以制备多种 HMX 中间体以及副产物。DPT 全称是 3,7-二硝基-1,3,5,7-四氮杂双环[3.3.1]壬烷,可以由乌洛托品硝解制得。DPT 为白色晶体,DPT 溶于丙酮、乙酸乙酯、硝基甲烷、乙酸酐、乙酸,常温下比较稳定,随着温度升高,逐渐分解,加热时有分解、升华、变色现象,没有确定熔点,文献记载经精制 DPT 最高熔点为 206~208 ℃(分解),但不能以此数据判断 DPT 的纯度。

DPT 的热安定性与太安(PETN)相当,80 ℃下分解缓慢,24 h 相对失重 0.05%;100 ℃,24 h 相对失重 0.35%;120 ℃,24 h 相对失重 50%。水解安定性差。

巴克曼认为,乌洛托品在 HNO_3、Ac_2O 中硝解,任何键的断裂均能生成 DPT。醋酐法从反应过程看是两步完成,即从乌洛托品合成 DPT,然后 DPT 进一步硝解制备 HMX,制备 DPT 的反应历程如图 3-1 所示。

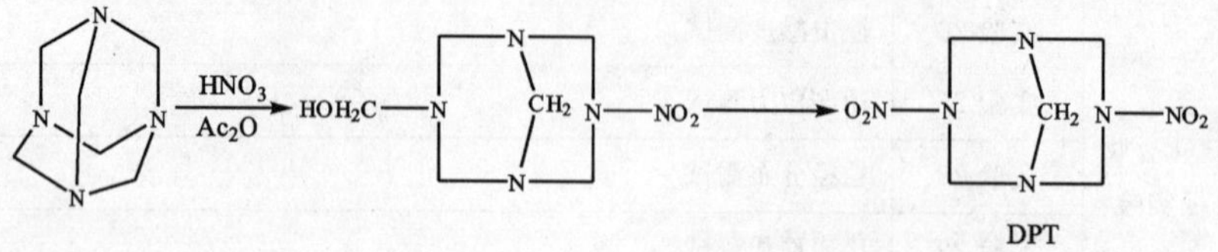

图 3-1 制备 DPT 的反应历程

从乌洛托品合成 DPT 的反应机理一般有两种观点,一种观点认为乌洛托品无选择性地降解为含有 C—H 键的小分子碎片,碎片再结合而生成 DPT;一种观点认为乌洛托品选择性地降解,生成 DPT。

硝酸直接硝解乌洛托品、乌洛托品二硝酸盐"乙酸酐脱水"、乌洛托品二硝酸盐与硫酸反应、二羟甲基硝胺-甲醛-氨反应、二羟甲基硝胺与亚甲基二胺的反应、乌洛托品在硝酸-醋酐中硝解、一锅法合成等方法均可以制备 DPT。

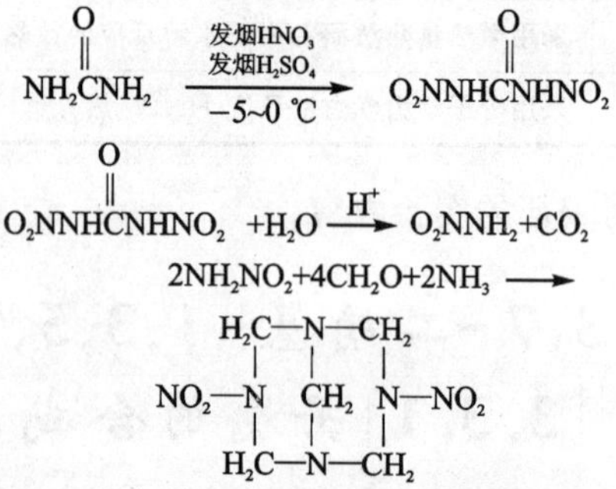

图 3-2 一锅法合成 DPT

实验内容分为三部分:直接硝解乌洛托品制备 DPT;醋酐法制备 DPT;一锅法制备 DPT。学生分组,采用抽签的形式选择一种方法制备 DPT 产品,不同组之间对比实验结果,分析三种方法的优缺点。需要注意的是前两种方法均是以乌洛托品为起始原料,而一锅法制备 DPT 是小分子方法,其起始原料为尿素。一锅法制备 DPT 的反应方程式如图 3-2 所示。

3.1.3 实验药品与仪器

实验药品: 乌洛托品、发烟硝酸、氨水、醋酸、醋酐、聚甲醛、发烟硫酸、尿素、37%甲醛溶液、冰水、NaCl 盐。

实验仪器: 50 mL 和 100 mL 三口烧瓶、50 mL 和 250 mL 烧杯、250 mL 抽滤瓶、砂芯漏斗、水泵、机械搅拌器或者磁力搅拌器和搅拌磁子、铁架台、天平、10 mL 和 25 mL 量筒、25 mL 滴液漏斗、pH 试纸、熔点分析仪、红外光谱仪。

以 3.1.4 小节中的实验装置为例,其实验装置示意图如图 3-3 所示。

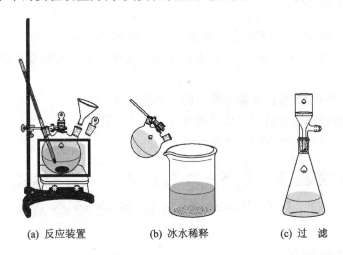

(a) 反应装置　　　　(b) 冰水稀释　　　　(c) 过　滤

图 3-3　直接硝解法制备 DPT 实验装置示意图

3.1.4　实验步骤

方法 1：直接硝解法

用天平分别称取 1.4 g 乌洛托品和 6.3 g 发烟硝酸(99.6%),发烟硝酸装在三口烧瓶中,按照图 3-3(a)搭好装置;将乌洛托品慢慢加入到装有发烟硝酸的三口烧瓶中,剧烈搅拌并用冰水浴控制温度在 20~25 ℃;加料后反应 7 min,将反应混合物倒入装有 100 g 冰水的烧杯中稀释(如图 3-3(b)所示),待冷却后,过滤出 RDX;将滤液转移至 250 mL 的烧杯中,用氨水慢慢中和滤液到 pH 值为 5.4~5.6,10~15 min 后,析出 DPT 沉淀,过滤,干燥,称重,计算得率,测试熔点。

方法 2：醋酐法

用天平分别称取 6.7 g 乌洛托品和 11 g 醋酸(烧杯中称取),将乌洛托品溶于醋酸中配成溶液 A;在烧杯中分别称取 6.3 g 发烟硝酸和 13 g 醋酐,将盛有醋酐的烧杯置于冰水中,控制温度在 10 ℃以下,慢慢地将发烟硝酸加到醋酐内(约 30 min),配成溶液 B;分别用量筒或者烧杯称取 2.1 g 醋酸和 0.6 g 聚甲醛盛在 100 mL 三口烧瓶中,如图 3-3(a)搭好装置,备用。将溶液 A 和溶液 B 装入滴液漏斗中,滴液漏斗同时装在三口瓶上,调整滴液速度,将溶液 A 和溶液 B 同时滴加到装有醋酸和聚甲醛混合物的三口烧瓶中,通过水浴控制加料温度在 25~30 ℃,混合物在 30 ℃保温 30 min,加入 65 ℃热水 30 mL,过滤,冷水洗涤产物,称重,计算得率,测试熔点。

方法 3：一锅法

分别量取 11.5 mL 发烟硝酸和 10.5 mL 20% 发烟硫酸,在 50 mL 的三口烧瓶中搅拌混合均匀,待用。通过冰盐浴控制温度为 -5~0 ℃,在三口烧瓶中缓慢加入 5 g 尿素;加料结束后,控制温度为 0~5 ℃搅拌 60 min,然后将物料倒入装有 30 g 冰水的烧杯中水解 90 min。在温度不超过 20 ℃条件下,采用滴液漏斗滴加 40.8 mL 37% 的甲醛溶液,之后加热到 40 ℃,搅拌 40 min,冷却。20~25 ℃用 25% 的氨水中和至 pH=7.5,在 20 ℃条件下搅拌 60 min,过滤,水洗,室温干燥,得白色固体粉末,计算得率,测试熔点。

3.1.5 思考题

1. 对比不同小组的实验,考虑温度控制对 DPT 得率的影响。
2. 在方法 2 中,如果不加入聚甲醛,对反应结果有何影响?聚甲醛在合成反应中具有什么作用?
3. 通过查阅资料给出方法 1 和方法 2 的合成反应原理。
4. 通过查阅资料给出小分子合成法的优缺点和反应机理。
5. 测试 DPT 的红外光谱图,分析特征峰。

3.2 实验 2 1,5-二乙酰基-3,7-桥亚甲基-1,3,5,7-四氮杂环辛烷的合成

3.2.1 实验目的

1. 理解酰化反应原理和 DAPT 合成反应机理;
2. 掌握合成 DAPT 的方法,合成 DAPT;
3. 掌握酰化反应的操作。

3.2.2 实验原理

1,5-二乙酰基-3,7-桥亚甲基-1,3,5,7-四氮杂环辛烷(DAPT)是制备 HMX 的重要中间体。Dominikiewicz M 和 Bassler G. C. 在无水乙醚、氯仿无水溶剂中用乙酸酐酰解乌洛托品(HA)制得 DAPT,得率分别为 30% 和 10%~19%。Aristoff E 及其同事在不用其他溶剂的情况下制得 DAPT,得率为 65%。Hodge E B 合成 DAPT 的得率为 45%。

Siele V. I. 研究了 HA 的酰解反应机理,改进了反应条件,使得 DAPT 的得率提高到 90%。Siele 发现,在有水存在的情况下,HA 的酰解反应比无水时进行得更好,从而得到更高的 DAPT 得率。其反应机理可以解释为:HA 上的氨基氮上进行了质子加成,优于羟基负离子对氨基氮间的桥亚甲基的亲核进攻,致使 HA 脱去一个亚甲基而生成了 1,3,5,7-四氮杂双环[3,3,1]壬烷,再进行酰化而得到 DAPT。DAPT 合成反应机理如图 3-4 所示。

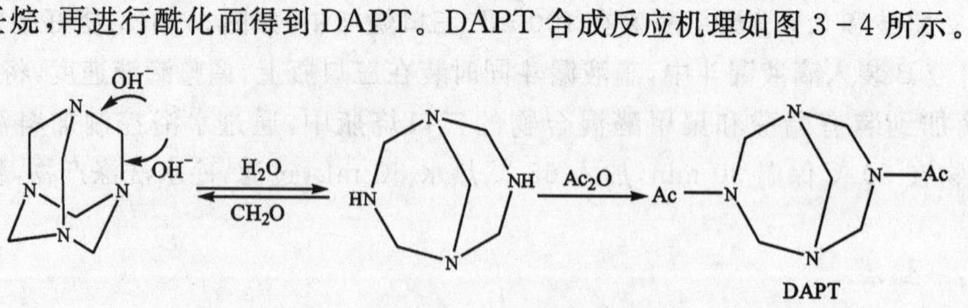

图 3-4 DAPT 合成反应机理

在有水存在下,可用乙酸酐作为酰化试剂,也可以用乙烯酮作为酰化试剂。在乙酰氯存在下,DAPT 可以进一步酰解以制备 TAT,TAT 硝解可以制备 HMX。

DAPT 在硝硫混酸中硝解可以制备 DADN,DADN 硝解可以制备 HMX。

合成 DAPT 的反应路线如图 3-5 所示。

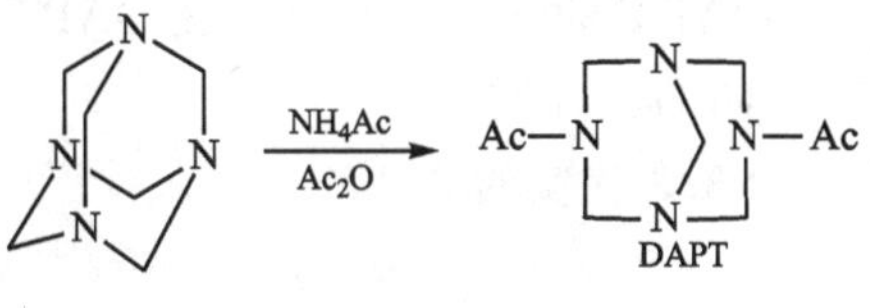

第3章 含氮化合物制备与表征系列实验

图 3-5 DAPT 合成路线

合成料比如下：

$C_6H_{12}N_4(HA) + 2.4(CH_3CO)_2O + 0.8CH_3COONH_4 \longrightarrow 1.2C_9H_{16}N_4O_2(DAPT) + 3.2CH_3COOH$

3.2.3 实验药品与仪器

实验药品：乌洛托品（HA）、醋酸铵、蒸馏水、醋酸酐、丙酮。

实验仪器：50 mL 单口烧瓶、磁力搅拌器、磁子、回流冷凝管、温度计、铁架台、旋转蒸发仪、天平、10 mL 注射器、10 mL 恒压滴液漏斗，熔点分析仪，红外光谱仪。

制备 DAPT 装置示意图如图 3-6 所示，旋转蒸发仪如图 3-7 所示。

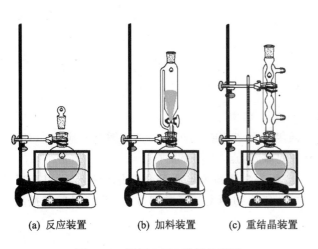

(a) 反应装置　　(b) 加料装置　　(c) 重结晶装置

图 3-6 制备 DAPT 装置示意图

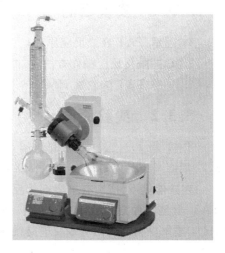

图 3-7 旋转蒸发仪

3.2.4 实验步骤

分别称取 4.67 g HA、2.1 g 醋酸铵、10.2 g 醋酸酐（约 9.5 mL）备用；用 10 mL 注射器量取 2.4 mL 蒸馏水，注入 50 mL 的单口烧瓶中，然后将 HA 和醋酸铵加入到盛有水的单口烧瓶中，保持温度为 5～10 ℃（冰水浴控温），加料过程保持强烈搅拌，直至搅拌成浆状物；然后，将醋酸酐加入到 10 mL 恒压滴液漏斗中，调节流速，在 60 min 内将醋酸酐滴加到单口烧瓶中，加料的同时需要强烈搅拌，保持温度在 5～10 ℃。将形成的清亮黏稠溶液进行成熟反应 30 min。成熟反应后，直接将单口烧瓶从水浴锅中取出，采用旋转蒸发仪进行减压蒸馏，得到固体物质。

减压蒸馏后，按照图 3-6(c) 搭置重结晶装置，向单口烧瓶中直接加入适量的丙酮，加热至丙酮沸腾，进行重结晶操作，丙酮可以直接从回流冷凝管顶端补加。待固体物质全部溶解后，得到澄清溶液，缓慢降温至室温后，进行减压抽滤操作，将得到的 DAPT 晶体干燥、称重，计算得率,采用熔点测试仪分析 DAPT 的熔点。文献记载 DAPT 熔点 192 ℃。

采用红外光谱仪分析合成产物的红外谱图。

合成的 DAPT 可以用于实验 3.3 和实验 3.4。

3.2.5 思考题

1. 醋酐加料时间对合成 DAPT 的得率有什么影响?
2. 水用量对 DAPT 得率有什么影响?
3. 重结晶时丙酮用量对产品的得率和纯度有何影响?
4. 分析 DAPT 红外光谱图,指出特征峰的位置。

3.3 实验 3 1,3,5,7-四乙酰基-1,3,5,7-四氮杂环辛烷的合成

3.3.1 实验目的

1. 理解 TAT 合成反应原理;
2. 掌握酰化反应操作方法;
3. 了解 TAT 法制备 HMX 的工艺。

3.3.2 实验原理

TAT 是 1,3,5,7-四乙酰基-1,3,5,7-四氮杂环辛烷或 1,3,5,7-四乙酰基八氢化-1,3,5,7-四吖辛因的缩写,是合成 HMX 的重要中间体,熔点 153～158 ℃。

在酸催化下,惰性有机溶剂为反应介质,亚甲基二乙酰胺与甲醛进行缩合反应可以合成 TAT,但是这种方法没有工业价值。20 世纪 70 年代初期发展了酰解方法,即采用乌洛托品 (HA)酰解制备 TAT,合成反应路线如图 3-8 所示。

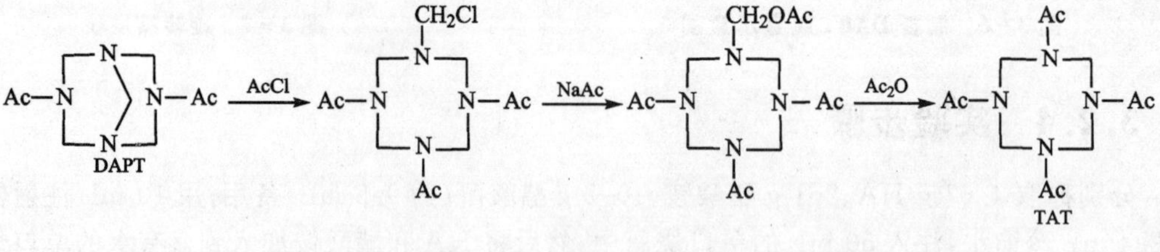

图 3-8 TAT 合成路线

TAT 在不同的硝解体系中均可制备 HMX,硝解体系包括: HNO_3/P_2O_5、$HNO_3/(CF_3CO)_2O$、HNO_3/Ac_2O,第一种硝解体系的效果最佳。TAT 硝解不完全易产生杂质 1-乙酰基-3,5,7-三硝基-1,3,5,7 四氮杂环辛烷(SEX),该副产物不容易从 HMX 产品中除去。该方法在 19 世纪 70 年代是乌洛托品酰解的主要途径,但是没有工业应用价值。

2012 年,汪平等人采用新型硝化剂(含离子液体)硝解 TAT 制备 HMX,并研究优化了合成工艺,得出了较佳工艺条件,即硝酸与 TAT 的质量比为 10∶1,N_2O_5 与 TAT 的质量比为

2∶1,反应温度为 50 ℃,反应时间为 75 min,此时 HMX 收率为 90.3%,HPLC 分析纯度为 99.89%。

3.3.3 实验药品和仪器

实验药品:冰醋酸、醋酸酐、醋酸钠、DAPT、乙酰氯、蒸馏水、碳酸钠、二氯甲烷、无水硫酸钠、丙酮。

实验仪器:250 mL 三口烧瓶、搅拌器、恒压滴液漏斗、量筒、分液漏斗、回流冷凝管、天平、旋转蒸发仪、高效液相色谱仪、红外光谱仪、熔点分析仪。

图 3-9 给出了实验过程中部分实验装置示意图,反应装置、加料装置和重结晶装置参见实验 2,不同之处是本实验的反应容器为三口烧瓶。

3.3.4 实验步骤

量筒量取 25 mL 冰醋酸,天平称取 7.3 g 醋酸酐,将冰醋酸和醋酸酐加入到 250 mL 的三口烧瓶中,搅拌均匀。

搅拌条件下,在三口烧瓶中加入 3.9 g 醋酸钠和 2.5 g DAPT,加料过程中控制体系温度在 5~10 ℃(冰水浴控温)。

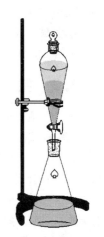

图 3-9 制备 TAT 过程中所使用的萃取实验装置示意图

然后,通过调节恒压滴液漏斗的塞子,控制流速,30 min 内由恒压滴液漏斗滴加 1.9~2.0 g 乙酰氯到三口瓶中,在 5~10 ℃反应 60 min;反应结束后,加入 12.5 mL 水,继续反应 80 min。

反应完成后,采用碳酸钠中和反应液,直至无气体产生为止;然后用 250 mL 二氯甲烷萃取,取下层溶液(二氯甲烷层),下层溶液用无水硫酸钠干燥,干燥后,过滤出干燥剂;滤液采用旋转蒸发仪减压蒸馏,得到固体物质。

得到的固体物质采用丙酮进行重结晶操作,冷却后得到 TAT 晶体,过滤,洗涤,干燥,称重,计算 TAT 得率,并分析熔点。TAT 得率一般为 89%。

TAT 高效液相色谱条件:流动相,$V_{乙腈}∶V_{水}=3∶1$,流速 0.1 mL/min,检测波长 215 nm。

实验结束后,要求采用红外光谱仪测试产品的红外光谱,并分析特征峰,同时采用高效液相色谱仪分析产品的纯度。

3.3.5 思考题

1. 反应过程中,如果反应温度超过 10 ℃,TAT 的得率是否会受到影响?
2. 萃取过程中需要注意哪些问题。
3. 滴加乙酰氯时,如果滴加速度过快,会有哪些影响?
4. 简单分析 TAT 红外谱图中的特征峰。

3.4 实验4 1,5-二乙酰基-3,7-二硝基-1,3,5,7-四氮杂环辛烷的合成

3.4.1 实验目的

1. 理解酰化反应和硝解反应的原理；
2. 掌握酰化反应和硝解反应的操作，合成 DADN；
3. 了解 DADN 法制备 HMX 的工艺及发展。

3.4.2 实验原理

1,5-二乙酰基-3,7-二硝基-1,3,5,7-四氮杂环辛烷(DADN)是制备奥克托今(HMX)的重要中间体，熔点为 265 ℃。美国在 20 世纪 70 年代认为 DADN 法是较有希望的方法，曾采用惰性载体工艺(ICP)进行千克级的放大试验。

DADN 的合成方法：采用 HNO_3/N_2O_4 把 DAPT 转化为 1,5-二乙酰基-3-硝基-7-亚硝基-1,3,5,7-四氮杂环辛烷(DANNO)，之后采用硫酸盐氧化 DANNO 制备 DADN，是一条不用硫酸制备 HMX 的途径。

实验室制备 DADN 一般是从乌洛托品(HA)开始，首先由 HA 合成 DAPT，DAPT 用硝硫混酸硝化合成 DADN，合成路线如图 3-10 所示。

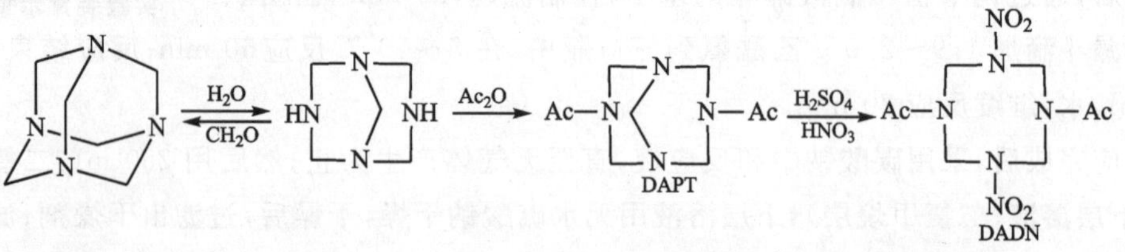

图 3-10 DADN 合成路线

也有人采用甲醛、氨等小分子为起始原料，经缩合、乙酰化、硝解等反应制备 DADN，产率为 84.4%，该方法的特点是中间产物不分离。

直接硝解 DADN 即可制备 HMX。

学生选择两种方法之一合成 DADN，即以乌洛托品为原料制备 DADN 或者小分子合成方法制备 DADN。分组进行实验，并对实验结果进行对比、分析。

3.4.3 实验药品和仪器

实验药品：乌洛托品(HA)、醋酸铵、蒸馏水、醋酸酐、发烟硝酸、浓硫酸、50% 发烟硫酸、冰、甲醛、氨水。

实验仪器：50 mL 和 250 mL 单口烧瓶、搅拌器、恒压滴液漏斗、2 L 烧杯、抽滤装置、天平、熔点分析仪。

3.4.4 实验步骤

(1) 以乌洛托品为原料制备 DADN

将 4.67 g 乌洛托品(HA)和 2.1 g 醋酸铵加入到盛有 2.4 mL 蒸馏水的 50 mL 单口烧瓶中,采用冰-氯化铵冷浴控制温度为 5～10 ℃,搅拌成浆状物;用 60 min 时间向上述浆液中加入 10.2 g (9.5 mL) 醋酸酐,加料的过程中保持温度在 5～10 ℃。待溶液澄清后,继续搅拌 10 min,然后将澄清溶液(DAPT)倒入恒压滴液漏斗中,备用。

在 250 mL 的单口烧瓶中配制硝硫混酸:在单口烧瓶中加入 73.7 g 浓硫酸(40 mL),在搅拌条件下,缓慢加入 21 g(14 mL)发烟硝酸,备用。

调控恒压滴液漏斗的滴加速度,将澄清的 DAPT 滴加到硝硫混酸中,滴加时间为 80 min,滴加过程中控制体系温度在 18～20 ℃,同时进行激烈搅拌,防止冒料。加料完成后在 20 ℃ 继续搅拌反应 20 min,得到无色、带气泡的溶液。

将上述无色、带气泡的溶液倾倒在盛有 340 g 冰的烧杯中,此时产物并不立刻析出,再加入 500 mL 水稀释,此时有产物析出;静置片刻后,抽滤,滤饼用 84 mL 水洗三次,空气干燥,称重,测试产物熔程,计算得率。一般以 HA 计,DADN 得率为 95%,熔点为 265 ℃。

(2) 小分子合成法

4.88 g(0.06 mol)甲醛和 5.85 g(0.09 mol)氨水于 10～15 ℃ 加入 150 mL 三口烧瓶中,搅拌反应 60 min;调解水浴温度至 5～10 ℃,向烧瓶内缓慢滴加 3.06 g 醋酐,搅拌 25 min 得到清亮透明溶液,将其转移至恒压滴液漏斗中备用。将发烟硝酸 5.0 mL(0.1 mol)和 50% 的发烟硫酸 10.0 mL(0.3 mol)配成混酸,加入到 150 mL 的三口烧瓶中备用。

在强烈搅拌条件下将恒压滴液漏斗中的料液缓慢滴加到混酸中,防止冒料,加料温度控制在 18～20 ℃。滴加完成后,在 20 ℃ 反应 25 min,然后将反应液倒入盛有 200 g 碎冰的烧杯中,此时不析出固体,需要补加 500 mL 冷水进行稀释,析出固体沉淀,过滤,洗涤,产物真空干燥(温度 40 ℃),得白色固体,计算产率,熔点 264～265 ℃。

采用红外光谱仪分析产物的结构,指出特征吸收峰。

3.4.5 思考题

1. 对比两种合成方法,考虑碎冰用量对 DADN 得率有什么影响?
2. 搅拌强度对 DAPT 的硝解反应有什么影响?
3. 分析产物的红外波谱图,指出特征吸收峰。

3.5 实验5 2-氯-6-甲氧基吡嗪的合成

3.5.1 实验目的

1. 理解亲核取代反应原理;
2. 掌握亲核取代反应操作方法,掌握 2-氯-6-甲氧基吡嗪的合成方法;
3. 了解 LLM-105 合成路线,并认识 LLM-105 的性能。

3.5.2 实验原理

2-氯-6-甲氧基吡嗪是合成1-氧-2,6-二氨基-3,5-二硝基吡嗪(LLM-105)的中间体。LLM-105合成的直接中间体为2,6-二氨基-3,5-二硝基吡嗪(ANPZ)，ANPZ的合成路线有Donald五步反应和德国ICT法。其中ICT法对环境污染小，是目前研究最多的合成路线。法国LLNL实验室的Tran等人对ICT合成方法进行了改进，即在第一步反应中使用过量的甲醇钠，将两个氯全部取代，合成2,6-二甲氧基吡嗪。但是文献没有给出具体的反应条件。

本实验主要完成ICT合成方法中的第一步反应。即2,6-二氯吡嗪在甲醇中与甲醇钠经亲核取代合成2-氯-6-甲氧基吡嗪，合成路线如图3-11所示。

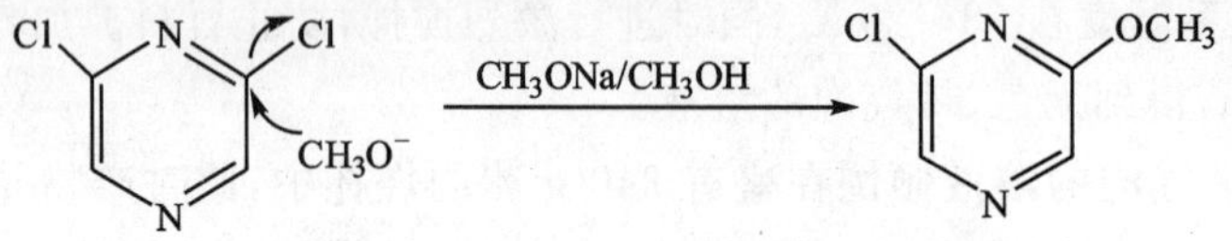

图 3-11 2-氯-6-甲氧基吡嗪合成路线

2-氯-6-甲氧基吡嗪的熔点为29~31 ℃，可溶于乙醚、氯仿等有机溶剂。

3.5.3 实验药品与仪器

实验药品：2,6-二氯吡嗪、甲醇钠、无水甲醇、蒸馏水。

实验仪器：150 mL三口烧瓶、回流冷凝管、抽滤装置、天平、量筒、搅拌器、红外光谱仪。

3.5.4 实验步骤

量筒量取20~40 mL无水甲醇，倒入150 mL的三口烧瓶内，天平称取1.49 g 2,6-二氯吡嗪和0.95~1 g的甲醇钠，分别加入三口烧瓶中，其中甲醇钠过量90%（以2,6-二氯吡嗪计），待室温下溶解后，升温至75 ℃回流6 h。注意观察实验现象，在反应前期（约2 h），溶液呈淡黄色，反应后期（约2 h）为无色溶液。回流6 h后，停止加热，待反应液冷却后，将反应液倾入盛有冰水的烧杯中，有白色晶体析出，抽滤，收集得到的沉淀物即为2-氯-6-甲氧基吡嗪。

计算产物得率，测试产物的红外谱图。

3.5.5 思考题

1. 反应时间对2-氯-6-甲氧基吡嗪得率有什么影响？
2. 甲醇用量对2-氯-6-甲氧基吡嗪得率有什么影响？
3. 甲醇钠的用量对合成反应有哪些影响？
4. 有哪些提纯方法可以用于2-氯-6-甲氧基吡嗪的提纯？

3.6 实验6 3,5-二硝基-2-氯-6-甲氧基吡嗪的合成

3.6.1 实验目的

1. 理解吡嗪环的硝解原理；
2. 掌握吡嗪环的硝解操作，掌握3,5-二硝基-2-氯-6-甲氧基吡嗪合成方法。

3.6.2 实验原理

由实验5可知，2-氯-6-甲氧基吡嗪经硝硫混酸硝化可得3,5-二硝基-2-氯-6-甲氧基吡嗪，合成路线如图3-12所示。

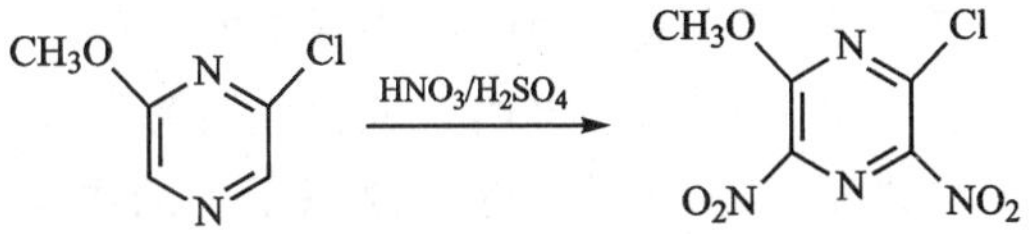

图3-12 3,5-二硝基-2-氯-6-甲氧基吡嗪合成反应路线

3.6.3 实验药品和仪器

实验药品：2-氯-6-甲氧基吡嗪、发烟硝酸、20%发烟硫酸、冰、蒸馏水。
实验仪器：25 mL单口烧瓶、回流冷凝管、磁力搅拌器、磁子、量筒、100 mL烧杯。

3.6.4 实验步骤

发烟硝酸和20%发烟硫酸(体积比1∶4)配成混酸(5 mL)，混酸盛放在25 mL的单口烧瓶中；将0.3 g的2-氯-6-甲氧基吡嗪分批次加入单口烧瓶中，在35~40 ℃下反应1 h，溶液呈无色。然后升温到75~80 ℃下反应3 h，溶液呈黄色。反应结束，在反应液冷却后，将反应液倒入盛有冰水的烧杯中，有沉淀析出，抽滤，干燥，得到黄色粉末2-氯-6-甲氧基-3,5-二硝基吡嗪。称重，计算得率，测试熔点。一般得率55%，熔点108~110 ℃。

3.6.5 思考题

1. 混酸用量和配比对2-氯-6-甲氧基-3,5-二硝基的得率有什么影响？
2. 反应温度对2-氯-6-甲氧基-3,5-二硝基的得率有什么影响？

3.7 实验7 2-甲基-2-甲氧基-4,5-咪唑啉二酮的合成

3.7.1 实验目的

1. 掌握2-甲基-2-甲氧基-4,5-咪唑啉二酮的合成方法；
2. 理解亲核取代原理；
3. 认识FOX-7物理化学性质，了解FOX-7的合成工艺。

3.7.2 实验原理

2-甲基-2-甲氧基-4,5-咪唑啉二酮是以盐酸乙脒和乙二酸二乙酯为原料合成FOX-7的中间体,反应温和。即由盐酸乙脒与乙二酸二乙酯在甲醇中与甲醇钠经亲核取代缩合成2-甲基-2-甲氧基-4,5-咪唑啉二酮,合成路线如图3-13所示。

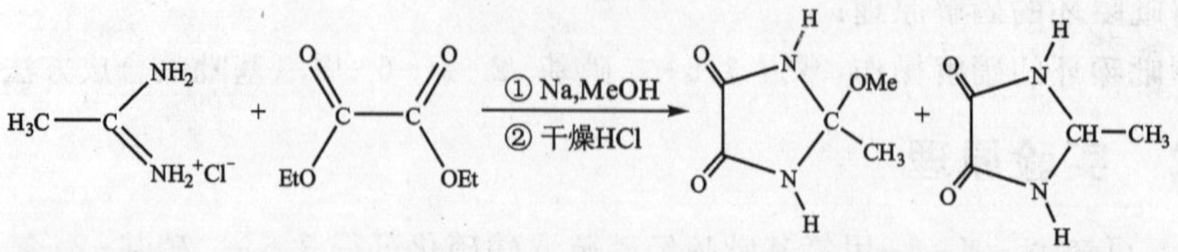

图 3-13 2-甲基-2-甲氧基-4,5-咪唑啉二酮合成路线

图3-13所示反应属于亲核加成反应。甲醇在体系中的主要作用是作为溶剂溶解盐酸乙脒和甲醇钠,使整个反应体系为均一相反应,同时对催化剂甲醇钠起溶剂化作用。甲醇钠作为一种碱性催化剂,其催化作用的实质是,甲醇钠夺去氮原子上的质子,增加了氮原子上的电子云密度,使其成为较好的亲核试剂,与乙二酸二乙酯的羰基作用。羰基呈高度极化的状态,从而使羰基碳原子带有正电荷,氧原子带有负电荷。因此羰基中正电性的碳原子受到亲核试剂的进攻,如图3-14所示。乙二酸二乙酯无α-碳原子,因此只能作为酰化剂参加反应,不会发生缩合副反应。

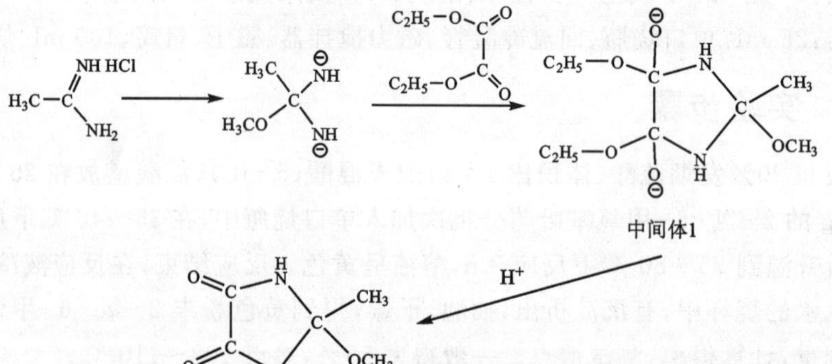

图 3-14 2-甲基-2-甲氧基-4,5-咪唑啉二酮合成反应机理

碱性弱的离去基团承受负电荷的能力强,容易带着电子离开中心碳原子,所以为好的离去基团;碱性强的离去基团则是差的离去基团。如图3-14中的中间体1的环上的两个乙氧基基团,则为较差的离去基团。因为乙醇是一种弱酸,所以$CH_3CH_2O^-$为强碱,是差的离去基团。因此$CH_3CH_2O^-$不会主动离去。离去反应需在酸性条件下进行,酸的作用是使乙氧基质子化易于离去。另外需要注意的是,$CH_3CH_2O^-$还处于有环张力的五元杂环中,因此基团的离去能力有所提高。

3.7.3 实验药品和仪器

实验药品:甲醇、甲醇钠、乙脒盐酸盐、乙二酸二乙酯、浓盐酸、pH值试纸。

实验仪器:250 mL 三口烧瓶、干燥管、恒压滴液漏斗、磁力搅拌器、磁子、回流冷凝管、10 mL 和 100 mL 量筒、天平、抽滤装置、红外光谱仪。

3.7.4 实验步骤

在一个 250 mL 的圆底烧瓶中,放有磁力搅拌棒、干燥管和恒压滴液漏斗。烧瓶内有 86 mL 甲醇和甲醇钠(30%甲醇钠溶液,23.2 mL),将 3.648 g 乙脒盐酸盐加到搅拌的溶液中,室温搅拌至悬浮液。

配制乙二酸二乙酯的甲醇溶液,即乙二酸二乙酯 5.588 g(5.2 mL)与 40 mL 甲醇混合。

调整恒压滴液漏斗的塞子,调整流速,将混合溶液滴加至悬浮液中,滴加时间为 3 h。滴加完毕后,继续搅拌 1 h。

然后,再向体系中不断地加入浓盐酸,调节体系的 pH 值达到 4 左右,温度要控制低于 30 ℃。

通过过滤滤除不能溶解的盐,在低于 30 ℃ 的条件下将滤液浓缩脱水至干燥,得白色固体。在白色固体中倒入 32 mL 甲醇,加热至沸腾,热过滤去掉不能溶解的盐。

将盛有滤液的烧杯放在冰箱中,冷却过夜,得到白色晶体,干燥,称重,计算得率。一般产品得率为 64%。

分析产物的红外谱图。

3.7.5 思考题

1. 甲醇钠的用量对合成最终产物有什么影响?
2. 反应体系中不断地通入浓盐酸,考虑浓盐酸对合成目标产物有什么作用?
3. 查阅文献资料,理解 FOX-7 合成反应机理。

3.8 实验8 2-(二硝基亚甲基)-4,5-二氧咪唑烷二酮的合成

3.8.1 实验目的

1. 理解合成 2-(二硝基亚甲基)-4,5-二氧咪唑烷二酮的反应原理;
2. 掌握 2-(二硝基亚甲基)-4,5-二氧咪唑烷二酮的合成方法;
3. 理解硝解原理,并掌握操作步骤。

3.8.2 实验原理

2-(二硝基亚甲基)-4,5-二氧咪唑烷二酮是合成 FOX-7 的中间体,其合成原料为实验7 的合成产物。即 2-甲基-2-甲氧基-4,5-咪唑啉二酮经硝硫混酸硝化制备 2-(二硝基亚甲基)-4,5-二氧咪唑烷二酮。合成路线如图 3-15 所示。

一般认为在硝化反应中,硝酰正离子(NO_2^+)是一个强的亲电试剂,而硫酸的存在有利于 NO_2^+ 离子的生成,从而也有利于硝化反应的进行。

在 2-甲氧基-2-甲基-4,5-咪唑烷二酮上有甲氧基,其中氧原子上有未共用电子对,它

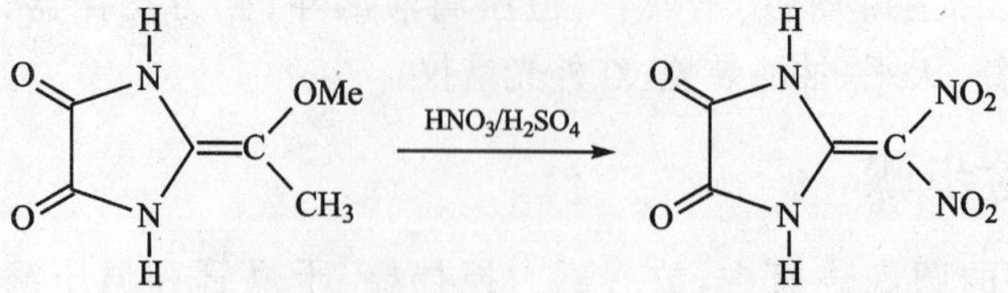

含氮化合物制备与表征实验

图 3-15　2-(二硝基亚甲基)-4,5-二氧咪唑烷二酮合成路线

是一个路易斯碱。在浓酸存在的条件下,醚键会发生断裂。

图 3-16 给出了 2-(二硝基亚甲基)-4,5-咪唑烷二酮合成反应机理。从图 3-16 可以看出,甲氧基从(1)上离去有较稳定的叔碳正离子生成。(3)上的两个羰基共同的拉电子效应使甲基上的 C—H 键的极化作用增强,甲基变得非常活泼,硝酰正离子进攻甲基 C,先后取代两个硝基,然后甲基上的两个硝基与环上的羰基共同的极化作用使甲基氢的酸性极强,极容易解离形成 2-(二硝基亚甲基)-4,5-咪唑烷二酮(2)。

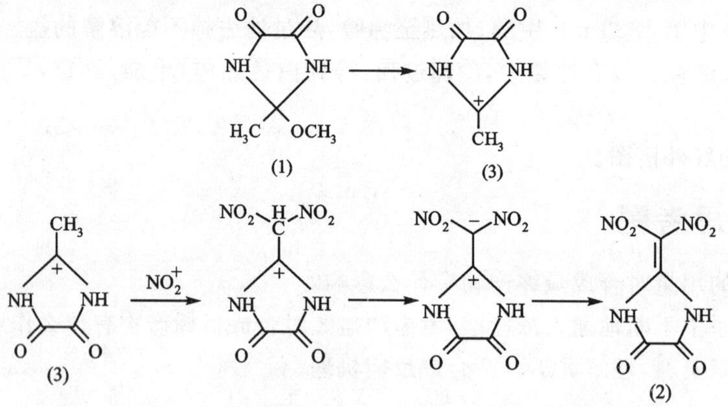

图 3-16　2-(二硝基亚甲基)-4,5-咪唑烷二酮合成反应机理

2-(二硝基亚甲基)-4,5-咪唑烷二酮自身分解的活化能较低,化学性质非常活泼,在空气中敞开放置一段时间后会吸水潮解,最终分解成 FOX-7 和乙二酰脲的混合物。

3.8.3　实验药品和仪器

实验药品:2-甲基-2-甲氧基-4,5-咪唑啉二酮、浓硫酸、70%硝酸。

实验仪器:100 mL 三口烧瓶、温度计、恒压滴液漏斗、干燥管、水浴锅、磁力搅拌器、搅拌磁子、抽滤装置。

3.8.4　实验步骤

冰水浴条件下,在 100 mL 圆底三口烧瓶中,装置磁力搅拌子、温度计、恒压滴液漏斗和干燥管,搅拌下加入 40 mL 浓硫酸。将 3.54 g 的 2-甲基-2-甲氧基-4,5-咪唑啉二酮缓慢添加到冷酸溶液中,溶解成清澈的黄色溶液。在低于 30 ℃ 的条件下,60 min 内由恒压滴液漏斗滴加 9 mL 70%的硝酸,溶液由黄色向深红色转变,最后为浅橙黄色悬浮物。在环境温度下搅拌该悬浮物 30 min。粗品经过滤收集,在用于下一步合成前应在空气中晾干。称重,计算得率。

3.8.5 思考题

1. 硝酸滴加速度对最终产物的得率有什么影响?
2. 反应时间对最终产物的得率有什么影响?

3.9 实验9 六苄基六氮杂异伍兹烷的合成

3.9.1 实验目的

1. 理解 HBIW 的合成反应机理,理解醛胺缩合反应原理;
2. 掌握 HBIW 的合成方法;
3. 掌握重结晶方法。

3.9.2 实验原理

2,4,6,8,10,12-六苄基2,4,6,8,10,12-六氮杂四环$[5.5.0.0^{5,9}.0^{3,11}]$十二烷(HBIW),又称为六苄基六氮杂异伍兹烷,是合成 HNIW 的重要前体。HNIW 合成工艺路线主要以 HBIW 为制备前体,采用氢解硝化工艺制备 HNIW。1990 年,A. T. Nielsen 发表了 HBIW 的合成方法及产品结构鉴定数据 HBIW,即以乙腈-水恒沸液为溶剂,以甲酸为催化剂,经苄胺与乙二醛缩合制得,反应过程中控制苄胺过量10%,产品收率达75%~80%。粗品经乙腈重结晶(重结晶收率90%)后可用于合成 HNIW 的多种中间体。A. T. Nielsen 在合成 HBIW 时采用了两条工艺路线,A 为以乙腈-水恒沸液为溶剂,乙二醛滴入苄胺溶液中反应 16~18 h; B 为以甲醇为溶剂,反应物立即混合,反应 5~11 d。研究发现,采用甲醇作溶剂时,反应时间长,需几天时间,产品得率及质量均较乙腈-水恒为沸液溶剂时差,粗品得率低约11%~16%。用乙醇作溶剂时,HBIW 产率和质量介于乙腈-水恒沸液和甲醇作溶剂之间。1994 年,Thiokol 公司考虑到 HBIW 的工艺放大过程中使用乙腈作缩合溶剂的毒性,转而寻找新的反应介质,但没有找到缩合产率和产品质量上与乙腈相当的缩合溶剂。后经研究发现,在众多工艺中,以乙腈-水恒沸液为溶剂的工艺,所得粗品纯度较高,色泽较白,粘性副产物少,易于精制,且溶液可以循环多次使用;也可以通过简单的蒸馏进行回收,回收率达到85%,是较好的一种适宜放大的工艺。

本实验内容采用实验室方法合成 HBIW,即在乙腈-水为溶剂的体系中以甲酸为催化剂由苄胺与40%的乙二醛水溶液经醛胺缩合反应制得 HBIW,反应温度宜低于 25 ℃,反应液 pH 为 9.5 左右。

HBIW 合成反应机理为醛胺缩合反应。多氮杂多环化合物一般通过醛与胺或氨的缩合来制备。醛胺缩合反应是用于构成 C—N 键和合成含能化合物非爆炸母体环的一类非常重要的反应,通常是为两步反应,第一步是胺作为亲核试剂对醛中的羰基进行亲核加成,第二步是脱水。

亲核加成反应是在酸或碱的催化作用下进行的,且系可逆反应,生成物是甲醇胺,可分别用图 3-17(a)(酸催化)或图 3-17(b)(碱催化)表示。

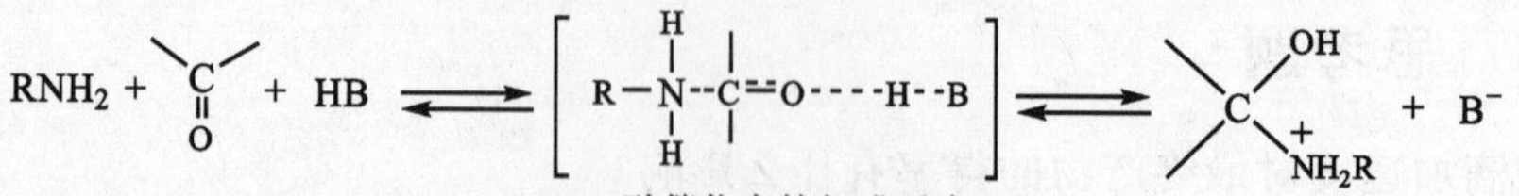

$RNH_2 + \overset{}{\underset{O}{C}} + HB \rightleftharpoons \left[R-\overset{H}{\underset{H}{N}}-C=O\cdots H-B \right] \rightleftharpoons \overset{OH}{\underset{NH_2R}{C}} + B^-$

(a) 酸催化亲核加成反应

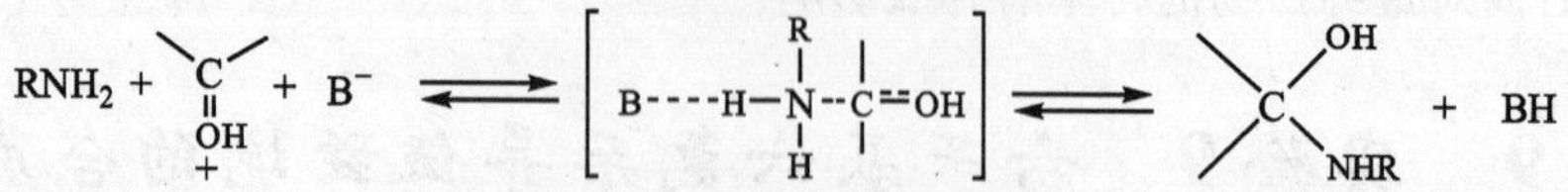

$RNH_2 + \overset{}{\underset{OH}{C}} + B^- \rightleftharpoons \left[B\cdots H-\overset{H}{\underset{H}{N}}-C=OH \right] \rightleftharpoons \overset{OH}{\underset{NHR}{C}} + BH$

(b) 碱催化亲核加成反应

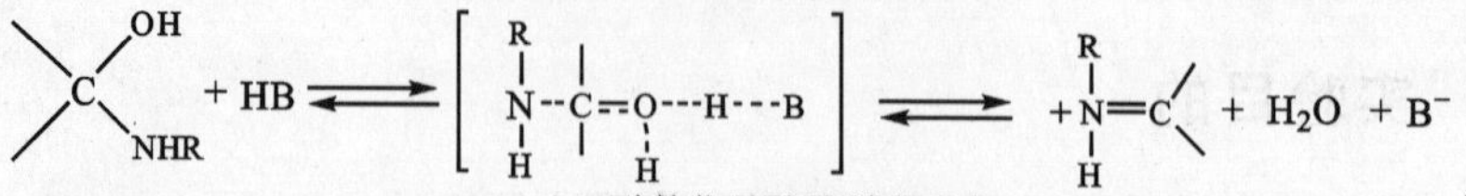

$\overset{OH}{\underset{NHR}{C}} + HB \rightleftharpoons \left[\overset{R}{\underset{H}{N}}-C=O\cdots H-B \right] \rightleftharpoons \overset{R}{\underset{H}{N}}=C + H_2O + B^-$

(c) 酸催化甲醇胺脱水反应

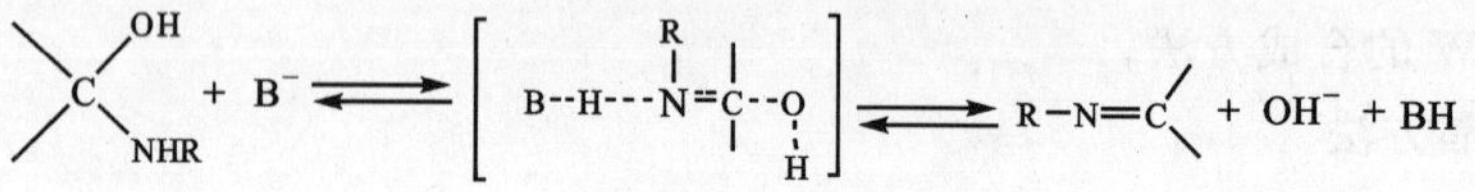

$\overset{OH}{\underset{NHR}{C}} + B^- \rightleftharpoons \left[B\cdots H-\overset{R}{\underset{H}{N}}=C-O \right] \rightleftharpoons R-N=C + OH^- + BH$

(d) 碱催化甲醇胺脱水反应

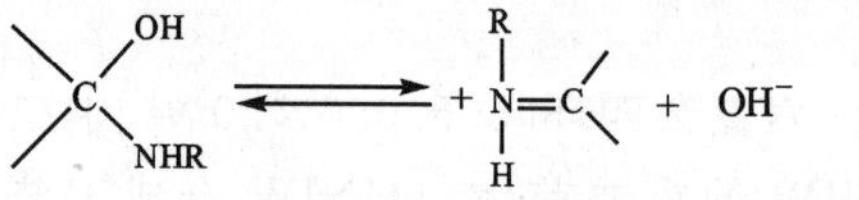

$\overset{OH}{\underset{NHR}{C}} \rightleftharpoons \overset{R}{\underset{H}{N}}=C + OH^-$

(e) 无催化甲醇胺脱水反应

图 3-17 醛胺缩合反应机理

  图 3-17(a)和(b)中的反应产物甲醇胺的脱水可在酸或碱的催化下,也可在无催化剂的情况下进行反应,可分别用图 3-17(c)酸催化、(d)碱催化(e)无催化剂来表示。

  影响醛胺缩合反应的主要因素有醛和胺的结构、溶剂、立体化学等。醛与伯胺进行可逆缩合时,得到含 C=N 双键的希夫碱,而与仲胺及叔胺反应,通常得不到希夫碱形式的化合物。具有 α-碳原子的羰基化合物与仲胺反应时,有时可得到烯胺。氨水与甲醛或乙二醛反应时,得到乌洛托品和联二环化合物。脂肪族伯胺与甲醛缩合脱水,可生成三嗪类化合物,而乙二胺与甲醛或乙二醛在无外来酸、碱的作用下的反应产物是多环化合物。

  HBIW 的制备过程中只有苄胺或苯环上带取代基的苄胺才能与乙二醛缩合生成六氮杂异伍兹烷笼形化合物,其他脂肪族伯胺和芳香族胺及 α-取代的苄胺因活性不够或存在空间位阻,反应只停留在联羟基甲基胺或二亚胺阶段,不能进一步三聚成笼。

  HBIW 反应历程如图 3-18 所示。

  由图 3-18 可以看出,HBIW 合成的反应首先涉及苄胺与乙二醛缩合成二甲醇苄胺Ⅰ(二元醇),该化合物为一种含有溶剂化水的白色晶体,熔点 48~58 ℃;接着是此二元醇质子化为二亚胺Ⅱ。Ⅰ和Ⅱ都是十分活泼的化合物,在室温下,几天内即可转变为胶状物,不过从中可分离出 3%~5% 的 HBIW。但在含少量酸的某些溶剂中,二亚胺Ⅱ通过自身 1,2-偶极加成生成无环二聚物Ⅲ,后者再环化和质子化为一个五元环化合物Ⅳ,Ⅳ又与Ⅱ反应并质子化即形成双环三聚物Ⅴ,最后是Ⅴ通过分子内环化同时失去一个质子而转变为 HBIW。

  反应过程中酸起到催化剂的作用。酸中的氢离子既可以与羰基结合成盐而增加羰基的亲电性,又可以与氨基结合形成铵离子而丧失氨基的亲核能力。在非水溶剂内进行醛胺缩合反应时,由于氢离子的浓度很小,酸以分子形式在反应过程中起作用,羰基会与酸分子以氢键的形式结合,羰基上的碳的正电性加强,使其更容易与反应体系中游离的胺及氨基衍生物发生加

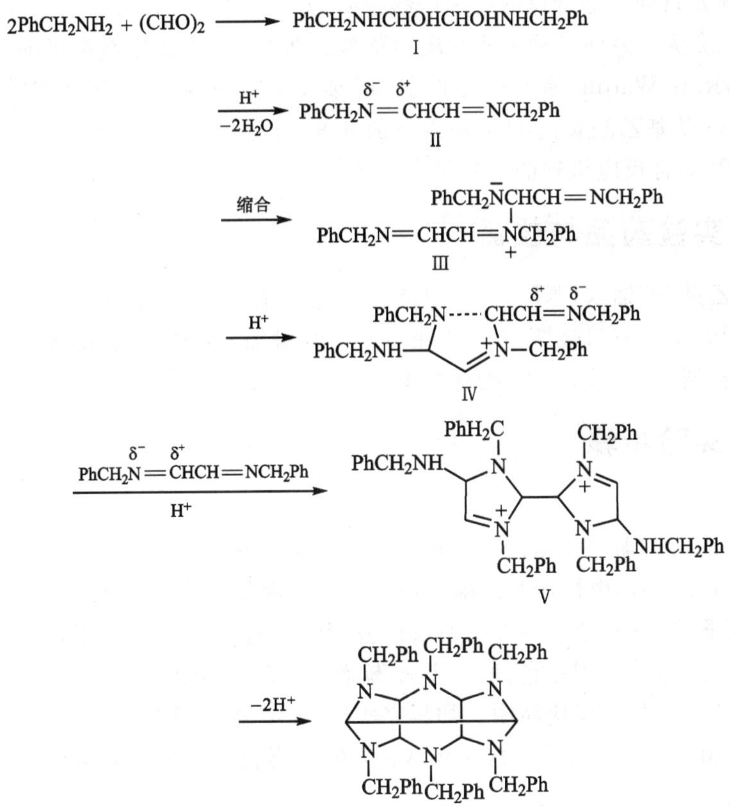

$$2PhCH_2NH_2 + (CHO)_2 \longrightarrow \underset{I}{PhCH_2NHCHOHCHOHNHCH_2Ph}$$

$$\xrightarrow[-2H_2O]{H^+} \underset{II}{PhCH_2\overset{\delta^-}{N}=\overset{\delta^+}{CH}CH=NCH_2Ph}$$

$$\xrightarrow{缩合} \underset{III}{PhCH_2N=CH\overset{\overset{\displaystyle PhCH_2\overset{\!-}{N}CHCH=NCH_2Ph}{|}}{\underset{+}{N}CH_2Ph}}$$

$$\xrightarrow{H^+} \underset{IV}{\underset{PhCH_2NH}{\overset{PhCH_2N\cdots\cdots CHCH=NCH_2Ph}{}}\!\!\!\!\overset{\delta^+\ \delta^-}{\underset{+}{N}-CH_2Ph}}$$

$$\xrightarrow[H^+]{PhCH_2\overset{\delta^-}{N}=\overset{\delta^+}{CH}CH=NCH_2Ph} V$$

$$\xrightarrow{-2H^+}$$

图 3-18 合成 HBIW 的反应机理

成反应。HBIW 合成反应中最主要的副反应是二亚胺 II 的聚合反应。这些反应作为 HBIW 缩合反应的副反应,影响产品的质量和得率。

HBIW 缩合工艺中存在的问题是粗产品必须经过精制,精制得率较低,缩合反应中的副产物较多,而且,HBIW 的稳定性不高会部分发生破环,导致 HBIW 中的杂质很多。某些杂质包夹在 HBIW 晶体中,通过重结晶也难以除去,而且在氢解反应中会对钯催化剂构成危害,使催化剂的活性降低或中毒,进而氢解反应失败。粗制 HBIW 中提取的杂质经高效液相-电喷雾质谱(HPLC-MS)联用分析,杂质的总离子流如图 3-19 所示,其中的杂质达 19 种之多。

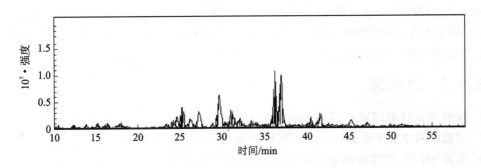

图 3-19 HBIW 中杂质的 HPLC-MS 图谱

但是,Michael 等人只确定缩合反应的副产物主要为二(2,4,6,8,-四氮杂二环[3.3.0]辛烷);陈华雄博士等人确认了另外一种主要杂质为草酰二苄胺,它使催化剂中毒的最低浓度含量为 HBIW 的 12‰;R. B. Wardle 等人确认了另一种杂质组分为 N-苄基乙酰胺,它使催化剂中毒的最低浓度是 N-苄基乙酰胺占 HBIW 总量的 6.8‰。

因此,HBIW 缩合反应机理的研究很有意义。

3.9.3 实验药品与仪器

实验药品:乙腈、蒸馏水、苄胺、88%甲酸、40%乙二醛水溶液、丙酮。

实验仪器:100 mL 三口烧瓶、10 mL 和 100 mL 量筒、1 mL 注射器、恒压滴液漏斗、回流冷凝管、磁力搅拌器、温度计、天平、抽滤装置。

3.9.4 实验步骤

(1) 缩 合

在 100 mL 的三口瓶中,加入 55 mL 乙腈、4 mL 蒸馏水、6 mL 苄胺、0.25 mL 甲酸(88%)。搅拌 20 min 后,由恒压滴液漏斗往三口瓶中滴加 40%乙二醛水溶液 3 mL。滴加乙二醛水溶液的过程中,滴加速度应控制使反应液温度不超过 25 ℃,一般可于 1 h 内加完。乙二醛滴入 1/3 左右时,即出现白色固体,并逐渐增多。乙二醛滴加完成后,以 1 mL 水洗涤恒压滴液漏斗,洗涤水也加入反应瓶中。加料完毕后,在室温下(不超过 30 ℃)搅拌 20 h,最后过滤反应物,并用 10 mL 冷乙腈分两次洗涤滤饼,晾干,得稍带淡黄色的粗品 HBIW。

(2) 精 制

搭置重结晶实验装置。在 100 mL 烧瓶中,加入上步合成所得的粗 HBIW 及适量的丙酮(40~50 mL),将三口瓶置于 60~62 ℃ 的水浴中,搅拌,记录回流温度,待 HBIW 全部溶解后,停止加热。将澄清溶液冷却至室温,过滤,晾干,得白色针状结晶。称重,计算得率。

(3) 分 析

测试 HBIW 的红外光谱图,分析特征峰。

测试 HBIW 的熔点。

采用高效液相分析方法测试 HBIW 纯度。

HBIW 纯度分析条件:UV230$^+$ 紫外-可见检测器、EC2000 色谱工作站、P230 高压恒流泵、超声波脱气装置。分析条件为:正相柱(HYPERSIL Silica 5 μm,尺寸 250 mm×4.6 mm),检测波长 254 nm,流动相三氯甲烷:乙腈=7:3,流速 1 mL/min,进样量 10 μL,柱温 25 ℃;反向柱(HYPERSIL ODS C18 5 μm;尺寸 200 mm×4.6 mm),检测波长 240 nm,流动相四氢呋喃:水=9:1,流速 1 mL/min,进样量 10 μL,柱温 40 ℃。

3.9.5 思考题

1. 甲酸用量对 HBIW 产品的得率有什么影响?
2. 实验过程中温度变化对合成 HBIW 产品的得率有什么影响?
3. 粗品 HBIW 的纯度和重结晶溶剂用量有什么关系?

3.10 实验10 四乙酰基二苄基六氮杂异伍兹烷的合成

3.10.1 实验目的

1. 掌握常用的脱苄方法,理解脱苄的基本原理;
2. 掌握制备 TADBIW 的方法;
3. 掌握结构鉴定方法和纯度分析方法。

3.10.2 实验原理

2,6,8,12-四乙酰基-4,10-二苄基-2,4,6,8,10,12-六氮杂异伍兹烷(TADBIW)是 HBIW 一次氢解脱苄产物,TADBIW 直接硝解可以制备 HNIW。由于 HBIW 在多种溶剂中非常不稳定,容易发生笼状结构的破裂而降解为小分子化合物;另外,苄基中苯环的硝化反应会与 N-苄基的硝解反应发生竞争,因此,一般不能从 HBIW 直接硝解制备 HNIW。通常情况下,采用能使笼状结构稳定并且在硝化反应条件下易于离去的基团取代 N-苄基。HBIW 可以看作笼状三级苄胺。N,N-二取代苄胺的脱苄方法包括催化氢解、催化氢转移、催化氧化、亚硝解、氯甲酸酯(包括偶氮二羧酸酯)甲酰化、酸酐催化酰化、光化学反应等,其中最常用是催化氢解脱苄,该反应具有反应条件温和(常温、常压)、选择性好、得率高等特点,是目前较成熟并已工业化生产的 HBIW 的脱苄方法。

催化氢解脱苄是指在催化剂(如 Fe、Co、Ni、Cu、Ru、Pd、Re、Os、Zr、Pt 等单质或者氧化物或者碱或者盐)存在下的氢解反应,氢气首先吸附在过渡金属活性部位形成原子氢,同时催化剂的活性部位也吸附了反应底物,氢原子则以分步的方式从吸附金属表面加成到底物上去。反应过程为 σ 键的催化还原裂解过程。典型催化剂为 $5\% \sim 10\%$ Pd/C 和 $5\% \sim 20\%$ Pd(OH)$_2$/C。由于化学环境不同,HBIW 上的 2,6,8,12-位上的四个苄基在第一步氢解中脱掉,而 4,10-位的两个苄基需要在第二步氢解中脱除。

1995 年,A.J.Bellamy 详细报道了 HBIW 催化氢解脱苄的方法,并报道了 TADBIW 的制备方法:以乙酸酐为反应介质,分别采用干燥的 Degussa 型催化剂(10% Pd/C)、干燥的 Pearlman 催化剂(20% Pd(OH)$_2$/C)和湿的 Pearlman 催化剂(含水 50%);反应温度为 $20 \sim 45$ ℃;反应时间为 8 h;氢气压力为 $0.7 \sim 1.0$ MPa;催化剂用量为 $360 \sim 720$ mg/mmol HBIW。TADBIW 的熔点为 $290 \sim 317$ ℃,纯度$>80\%$。在上述实验条件下,TADBIW 产率较低,反应条件控制不好时,只能得到油状物。

1997 年,美国 Thiokol 公司的 R.B.Wardle 等人通过改进工艺,提高了 TADBIW 的得率,即在 HBIW 氢解体系中加入共溶剂和溴源以提高产品得率,降低催化剂用量。共溶剂可选用 N,N-二甲基甲酰胺(DMF)、N-甲基吡咯烷酮、1,2-二甲氧基乙烷等,共溶剂可以中和介质和反应过程中生成的酸,使介质保持较低的酸度,促进 HBIW 在介质中的溶解度,并减少 HBIW 在酸性环境中的分解。合适的溴源包括分子中含有活泼溴的化合物,如溴苯、乙酰溴、气态溴等,溴源的加入顺序在此工艺中并不重要。主要的氢解用催化剂包括 Pd(OH)$_2$、Pd、Pd(OH)$_2$/C、Pd/C。采用该方法氢解 HBIW 可使催化剂用量大幅度降低,如果以 Pd 计,最低用量可达 1.5 mg/g HBIW，TADBIW 的得率可高达 80%～90%，钯催化剂在 HNIW 生产中所占成本由 A.T.Nielsen 最初报道的 440.92 美元/kg，降至 22.05 美元/kg；HNIW 的成本为约 550 美元/kg。目前，就实验室研究规模而言，各国一次氢解均采用该工艺。

此外，R.B.Wardle 还发现，HBIW 在氢解时，存在极少量的 N-苄基乙酰胺，且已经 ^{1}H NMR 确认，它的存在会使催化剂中毒。N-苄基乙酰胺是在氢解酰化反应条件下，由 HBIW 部分水解为苄胺，然后酰化所得，它使催化剂中毒的最低浓度是 N-苄基乙酰胺占 HBIW 总量的 6.8‰。因此，为了避免 N-苄基乙酰胺的生成，氢解反应的加料顺序至关重要，一般情况下应在通入氢气后再加入醋酸酐进行反应。

A.J.Bellamy 指出，HBIW 的脱苄乙酰化还原反应是一逐步反应，且 4,10 位的苄基不易被乙酰基所取代，而 2,6,8,12 位的苄基易于被乙酰基取代，因此在反应过程中可能会导致产生 1 种一乙酰基五苄基衍生物、3 种二乙酰基四苄基衍生物、1 种三乙酰基三苄基衍生物等五个中间体产物及最终产品 TADBIW，因此，HBIW 的酰化脱苄反应应尽量进行完全，以避免对中间产物进行分离。

北京理工大学对 R.B.Wardle 等人的工艺进行了改进，HBIW 经一次氢解反应制备的 TADBIW 得率约为 88%～90%，其中含有三乙酰基三苄基六氮杂异伍兹烷（TATBIW）和二乙酰基四苄基六氮杂异伍兹烷（DATBIW），含量约为 5%～10%。本实验课程内容采用此反应条件，并对产品 TADBIW 进行精制。

TADBIW 经二次氢解反应可制备四乙酰基二甲酰基六氮杂异伍兹烷（TADFIW）、三乙酰基三甲酰基六氮杂异伍兹烷（TATFIW）、四乙酰基六氮杂异伍兹烷（TAIW）等重要中间体，上述中间体可以直接硝解制备 HNIW 产品。

TADBIW 的合成路线如图 3-20 所示。

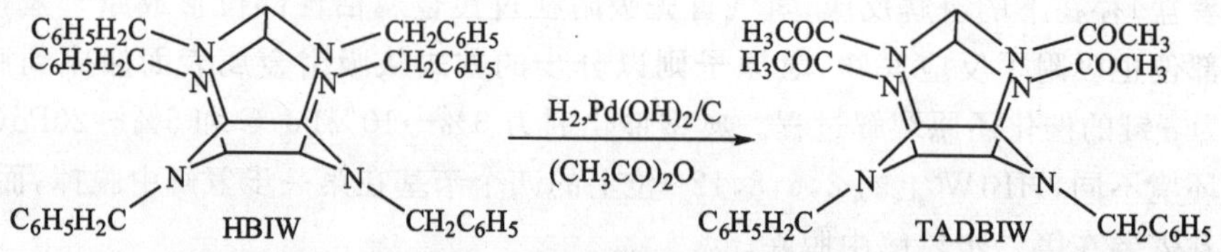

图 3-20 TADBIW 合成路线

3.10.3 实验药品与仪器

实验药品：HBIW、DMF、自制的 Pd(OH)$_2$/C、溴苯、醋酸酐、丙酮、三氯甲烷、无水乙酸、甲醇。

实验仪器：50 mL 单口长颈圆底烧瓶、氢气发生器、简易氢气瓶、特制的机械搅拌装置（具备通气孔）或者磁力搅拌装置、水浴、天平、量筒、温度计、1mL 注射器、旋转蒸发仪、抽滤装置。

简易的氢解装置如图 3-21 所示。电解水产生氢气，氢气通入带刻度的容器内，容器内盛有蒸馏水，随着氢气的通入，蒸馏水被推至容器顶端。这样可以在反应起始记录水面的位置，反应终止时记录水面的位置，通过差值记录使用氢气的量。反应器中使用机械搅拌器为特殊加工，直接有通气口。一般连接反应器和盛有氢气的容器间连接有三通阀，反应前需要将反应器中的空气用真空泵抽真空，并用氢气置换三次。也可以直接连接氢气瓶或者氢气袋。氢解反应要求剧烈搅拌，所以要根据反应体系的情况选择机械搅拌或者磁力搅拌，一般小剂量实验选择磁力搅拌。

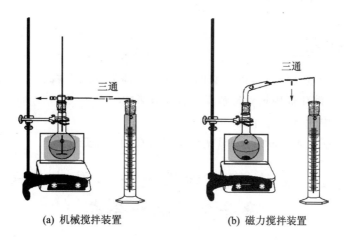

(a) 机械搅拌装置　　　　(b) 磁力搅拌装置

图 3-21　氢解反应装置

3.10.4　实验步骤

(1) TADBIW 实验室制备方法

在 50 mL 的烧瓶中依次加入 3 g 精制后的 HBIW、6 mL DMF、2‰ 自制的 $Pd(OH)_2/C$ 催化剂、0.12 mL 溴苯,在搅拌的条件下加入 6 mL 醋酸酐反应,并随时观察反应现象、反应温度和吸氢量。加料后在 19 ℃以下反应 1 h,反应物全溶解后变为黑亮溶液,然后保持温度在 20~23 ℃之间反应 2~3 h,待有沉淀析出时,再缓慢升温至 40 ℃(约 3 h),保温 1 h,总反应时间约 8 h,得到灰白色的乳浊液。反应结束后,抽滤得到灰白色固体,用少量丙酮淋洗,晾干,得含有催化剂的产品。称重,计算得率。

需要注意的是:在对 HBIW 进行氢解实验时,醋酸酐:DMF 的比例应控制在 1:1~1:1.5之间,产品质量稳定;HBIW 氢解反应初期的适宜温度为 19~24 ℃,超过 25 ℃会影响产品的收率及质量。

(2) TADBIW 精制提纯

装置按照重结晶操作搭好,将产品 TADBIW 加入到单口烧瓶中,加入三氯甲烷,在其回流温度下溶解,趁热过滤去除催化剂,滤液用旋转蒸发仪蒸干。固体产品中加入适量的丙酮,搅拌,抽滤,干燥后称重,计算重结晶收率。一般采用三氯甲烷去除 TADBIW 粗品中的催化剂,产品的收率可达 97%。该方法可以去除 TADBIW 中的杂质和催化剂。

将去除催化剂后的 TADBIW 产品溶于适量的冰醋酸中,搅拌下加热至 60 ℃,待试样全部溶解后,在 55 ℃滴加无水甲醇至溶液浑浊,反滴乙酸至溶液澄清,停止加热,搅拌下自然降温。待 TADBIW 析出后,过滤,丙酮洗涤。照此精制方法重复操作 4 次,可制得熔点 328~329 ℃的 TADBIW,干燥备用。

(3) 分析测试

测试纯品 TADBIW 的红外光谱图,分析特征峰。

测试纯品 TADBIW 和去除催化剂的 TADBIW 产品的熔点。

采用高效液相色谱方法分析去除催化剂的 TADBIW 产品的纯度。

TADBIW 高效液相色谱条件:流动相为乙腈:水＝70:30,流速 0.9 mL/min,进样量 10 μL,柱温为 30 ℃。

3.10.5 思考题

1. HBIW 产品纯度高低对制备 TADBIW 氢解反应有什么影响?
2. Pd(OH)$_2$/C 催化剂用量对氢解反应有什么影响?
3. 溴苯在反应中的作用是什么?
4. 根据氢解反应机理推断 TADBIW 中主要存在的杂质是什么?

3.11 实验11 四乙酰基二甲酰基六氮杂异伍兹烷的合成

3.11.1 实验目的

1. 理解氨基基团转换的理论知识;
2. 掌握制备 TADFIW 产品的方法;
3. 掌握减压蒸馏的操作。

3.11.2 实验原理

TADFIW 是制备 HNIW 的硝解前体之一,在 HBIW 的众多二次氢解产物中,合成 TADFIW 的工艺具有氢解过程简单、催化剂和溶剂用量少、溶剂浓度和反应温度容许范围宽等显著优点,是工业化生产选择的工艺之一。

TADBIW 分别在甲酸、甲酸/水、甲酸/甲醇中反应,均可以得到 TADFIW、四乙酰基一甲酰基六氮杂异伍兹烷(TAMFIW)、六乙酰基六氮杂异伍兹烷(HAIW)。

TADFIW 在硝硫混酸或者硝酸-氮硝化催化剂体系中可以高得率地制备 HNIW。

TADFIW 合成路线如图 3-22 所示。

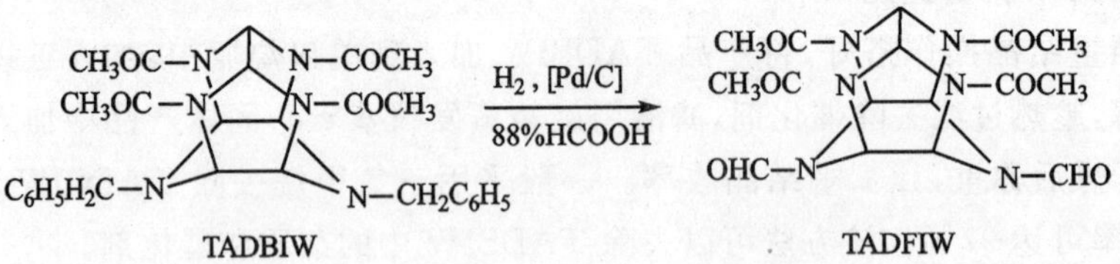

图 3-22 TADFIW 合成路线

3.11.3 实验药品与仪器

实验药品:TADBIW、88%甲酸、20%Pd(OH)$_2$/C、无水乙醇、氢气。

实验仪器:25 mL 长颈单口烧瓶、氢气发生器、简易氢气瓶、特制的机械搅拌装置(具备通气孔)或者磁力搅拌装置、水浴、天平、量筒、温度计、旋转蒸发仪、抽滤装置。

实验装置为氢解实验装置,见图 3-21。

3.11.4 实验步骤

在 25 mL 的圆底烧瓶中依次加入 2g TADBIW、6 mL 88%甲酸、1%的 20%Pd(OH)$_2$/C (以 TADBIW 计,催化剂用量以 Pd 计),开启搅拌。待整个反应装置抽真空 3 次后,在密闭的反应体系中,通入氢气进行反应,并随时观察反应现象、反应温度和吸氢量。加料后在 15 ℃以下反应 3 h,然后将体系温度升至 40~45 ℃,反应 8 h,当系统不再吸氢时,停止反应,将反应物过滤除去催化剂,将滤液转移至 50 mL 的单口烧瓶中,60 ℃以下减压浓缩滤液,得到淡黄色黏稠物,加入无水乙醇,沉淀出固体,过滤,用丙酮洗涤,得到白色固体,干燥后,称重,计算得率。一般得率为 75%~85%。

3.11.5 思考题

1. 简述 TADBIW 产品中催化剂对 TADFIW 合成反应的影响。
2. 反应温度对合成 TADFIW 产品的得率和纯度有什么影响?
3. 甲酸浓度对 TADFIW 产品得率有什么影响?

3.12 实验 12 四乙酰基六氮杂异伍兹烷的合成

3.12.1 实验目的

1. 理解氨基基团转换的理论知识,掌握实验方法;
2. 掌握制备 TAIW 产品的方法。

3.12.2 实验原理

四乙酰基六氮杂异伍兹烷(TAIW)是脱苄产物之一,可以直接硝解 TAIW 制备 HNIW。由于 HBIW 是目前成熟制备 HNIW 的唯一出发点,但是,HBIW 在酸性介质中不稳定,不能直接硝解制备 HNIW。因此,HBIW 需要氢解脱苄,作氨基基团的转换,脱苄产物经亚硝化或者硝化制备 HNIW。

TAIW 分子中具有易于发生反应的酰基和仲胺基,以 TAIW 为硝化前体制备 HNIW 过程安全,产品纯度最高,成本较低,且满足北约关于 HNIW 质量标准,因此,被认为是 HNIW 工业化生产的最佳前体。

TAIW 合成路线见图 3-23。

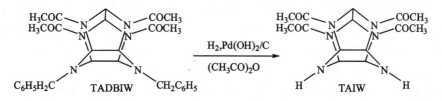

图 3-23 TAIW 合成路线

3.12.3 实验药品与仪器

实验药品：TADBIW、无水乙酸、自制 20%Pd(OH)$_2$/C、无水乙醇。

实验仪器：25 mL 长颈单口烧瓶、氢气发生器、简易氢气瓶、特制的机械搅拌装置(具备通气孔)或者磁力搅拌装置、水浴、天平、量筒、温度计、旋转蒸发仪、抽滤装置。

实验装置为氢解实验装置，见图 3-21。

3.12.4 实验步骤

在 25 mL 的烧瓶中依次加入 2 g TADBIW、6 mL 无水乙酸、1% 的 20%Pd(OH)$_2$/C(以 TADBIW 计，催化剂用量以 Pd 计)，开启搅拌。待整个反应装置抽真空 3 次后，在密闭的反应体系中，通入氢气进行反应，并随时观察反应现象、反应温度和吸氢量。加料后在 15 ℃ 以下反应 3 h，然后将体系温度升至 40~50 ℃，反应 18 h，待不再吸氢时，停止反应，得到澄清溶液，过滤掉催化剂，将滤液转移至 10 mL 的单口烧瓶中，减压蒸馏，得到无色透明的固体，加入少量乙醇，搅拌，过滤，得到白色固体，干燥后，称重，计算得率。

3.12.5 思考题

1. TADBIW 产品中催化剂不去除，会对 TAIW 合成反应有什么影响？
2. 反应温度过高会对合成 TAIW 有什么影响？
3. 考虑影响 TAIW 合成反应成败的主要因素有哪些。

3.13 实验 13 三乙酰基三苄基六氮杂异伍兹烷的合成

3.13.1 实验目的

1. 理解氨基基团转换的理论知识，掌握实验方法；
2. 掌握制备 TATBIW 产品的实验方法；
3. 掌握减压蒸馏操作。

3.13.2 实验原理

TATBIW 是 TADBIW 一次氢解中氢解不完全产物，占 4%~10%。TADBIW 进一步硝解制备 HNIW 必须去除催化剂才能进行。而 TATBIW 的稳定性较 TADBIW 差，在甲酸介质中加热到 60 ℃ 便很快分解为油状物。因此，TADBIW 粗品中含有的 TATBIW 会对 TADBIW 的氢解反应有影响；如果硝解原料 TADBIW 中 TATBIW 的含量较高时，在硝硫混酸/NaNO$_2$ 的硝解体系中，TATBIW 将严重影响 TADBIW 的硝解反应。

本实验需要通过控制 HBIW 的一次氢解反应的吸氢量制备 TATBIW，合成反应条件与 TADBIW 制备实验条件一致，其合成路线见图 3-24。

TATBIW 溶于酸、甲苯、三氯甲烷、二氯甲烷、乙腈等，不溶于乙醇、甲醇、丙酮、水等。它的熔点为 164~165 ℃。

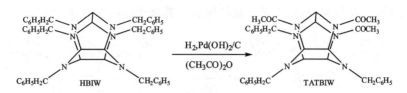

图 3-24 TATBIW 合成路线

3.13.3 实验药品与仪器

实验药品：HBIW、DMF、自制的 Pd(OH)$_2$/C、溴苯、醋酸酐、无水乙醇。

实验仪器：50 mL 单口长颈圆底烧瓶、氢气发生器、简易氢气瓶、特制的机械搅拌装置（具备通气孔）或者磁力搅拌装置、水浴、天平、量筒、温度计、1 mL 注射器、旋转蒸发仪、抽滤装置。

简易的氢解装置按照图 3-21 搭置。

3.13.4 实验步骤

5 g HBIW 在 0.2 mL 溴苯、0.1 g 20% Pd(OH)$_2$/C 催化剂、10 mL DMF 存在下，并在搅拌下通氢气与 10 mL 醋酸酐反应，反应过程中要控制氢气的量（约 0.47 L）。在 20 ℃ 以下反应 0.5 h，然后升温至 25 ℃ 反应。如果以将 HBIW 氢解完全所得产品 TADBIW 所消耗的理论吸氢量为基准，当吸氢量达到理论吸氢量的 70% 时，停止反应，关闭氢源。停止反应后，过滤掉催化剂，将滤液转移至 50 mL 的单口烧瓶中，滤液用旋转蒸发仪蒸干，得到棕黑色固体。用无水乙醇洗涤固体产物，直至溶液无色，即可得到白色固体产物，干燥后，称重，计算得率。一般得率 55%，粗品熔点 149~158 ℃。粗品用乙腈重结晶，精品熔点 164~165 ℃。

3.13.5 思考题

1. 简述 TATBIW 的合成机理以及 TATBIW 对二次氢解反应的影响。
2. 反应温度对合成 TATBIW 有什么影响？

3.14 实验 14 三乙酰基三甲酰基六氮杂异伍兹烷的合成

3.14.1 实验目的

1. 理解氨基基团转换的理论知识，掌握实验方法；
2. 掌握制备 TATFIW 产品的方法。

3.14.2 实验原理

HBIW 一次氢解产生 TADBIW，TADBIW 二次氢解反应中会产生异常现象，如得率不稳、实验失败等。TATBIW 是一次氢解产物 TADBIW 中的杂质，而 TATFIW 是 TATBIW 的二次氢解产物，因此，对 TATBIW 的甲酰化实验合成 TATFIW 对于研究其氢解反应机理有帮助，并由反应产物判断它的存在是否影响得率，设想通过改进整个工艺线路来提高氢解得率,因此研究其存在对氢解、硝化工艺产品的影响。其合成路线如图 3-25 所示。

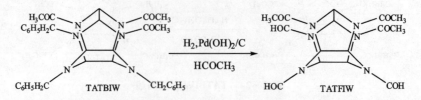

图 3-25 TATFIW 合成反应历程

3.14.3 实验药品与仪器

实验药品:TATBIW、88%甲酸、自制的 20% Pd(OH)$_2$/C、无水乙醇。

实验仪器:25 mL 单口长颈圆底烧瓶、氢气发生器、简易氢气瓶、特制的机械搅拌装置(具备通气孔)或者磁力搅拌装置、水浴、天平、量筒、温度计、旋转蒸发仪、抽滤装置。

简易的氢解装置按照图 3-21 搭置。

3.14.4 实验步骤

将 2 g TATBIW、88%甲酸 6 mL、1%的 20% Pd(OH)$_2$/C(以 TATBIW 为基计,催化剂用量以 Pd 计)催化剂加入到圆底烧瓶中,封闭反应体系,抽真空,用氢气置换 3 次,然后将体系与氢气连通,开启搅拌,前 3 h 反应温度控制在 10~15 ℃,然后将反应体系温度升至 40~45 ℃,反应 24 h 后,停止反应,过滤掉催化剂,滤饼用少量的无水乙醇洗涤,滤液用旋转蒸发仪蒸干,然后加入无水乙醇,搅拌,过滤,得白色固体,晾干,称重,计算产品得率。一般产品得率 68%,熔点 265~270 ℃。

3.14.5 思考题

1. 反应温度对合成 TATFIW 有什么影响?
2. 甲酸浓度对反应有什么影响?

3.15 实验15 六乙酰基六氮杂异伍兹烷的合成

3.15.1 实验目的

1. 理解氨基基团转换的理论知识,掌握实验方法;
2. 掌握制备 HAcIW 产品的方法。

3.15.2 实验原理

六乙酰基六氮杂异伍兹烷(HAcIW)是制备 HNIW 的前体之一,由于其六个取代基团均是乙酰基,结构相当对称,熔点在 280 ℃ 以上,在高温以及很多介质中均能稳定存在,并且乙酰基在很多硝解体系中均容易转变为硝基,所以,曾经一度被认为是合成 HNIW 的最佳前体。其合成路线如图 3-26 所示。

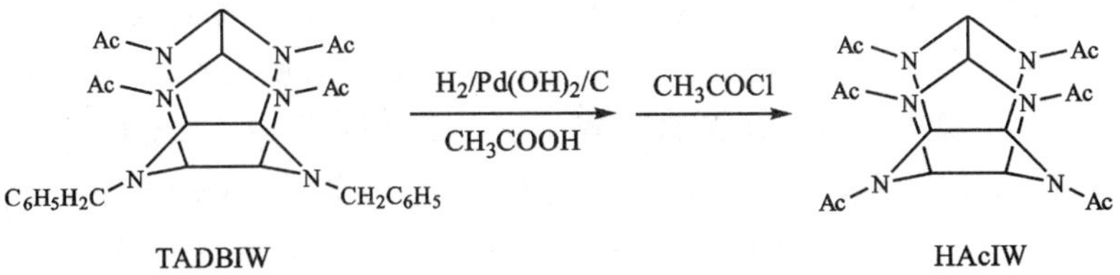

图 3-26　HAcIW 合成路线

3.15.3　实验药品与仪器

实验药品：TADBIW、乙酸、自制的 20% $Pd(OH)_2$/C、无水乙醇。

实验仪器：50 mL 单口长颈圆底烧瓶、氢气发生器、简易氢气瓶、特制的机械搅拌装置（具备通气孔）或者磁力搅拌装置、水浴、天平、量筒、温度计、旋转蒸发仪、抽滤装置。

简易的氢解装置按照图 3-21 搭置。

3.15.4　实验步骤

在 50 mL 的烧瓶中依次加入 2 g TADBIW、10 mL 乙酸、一定量自制的 $Pd(OH)_2$ 催化剂，开启搅拌。待整个反应装置抽真空 3 次后，在密闭的反应体系中，通入氢气进行反应，并随时观察反应现象、反应温度和吸氢量。先在 20~40 ℃反应 7 h，反应物全溶解后变为黑亮溶液，过滤掉催化剂。然后采用冰水浴控制温度在 20 ℃以下，加入 2 mL 乙酰氯，升温到 48~55 ℃反应 20 min，反应结束。采用旋转蒸发仪蒸干溶剂，加入 4 mL 无水乙醇，搅拌，过滤，得白色固体，干燥，称重，计算得率。熔点，284~292 ℃。

3.15.5　思考题

1. 在 HAcIW 的合成过程中，乙酰氯起什么作用？
2. 反应温度对 HAcIW 合成反应有什么影响？

3.16　实验 16　六烯丙基六氮杂异伍兹烷的合成

3.16.1　实验目的

1. 理解氨基基团转换的理论知识，掌握实验方法；
2. 掌握制备 HAllylIW 产品的方法。
3. 了解无苄胺、无重金属合成 HNIW 的工艺。

3.16.2　实验原理

HNIW 是目前综合性能最好的单质炸药。传统合成 HNIW 方法以 HBIW 为合成前体，经氢解脱苄、硝解制备 HNIW。在传统方法中，苄胺成本高，氢解脱苄中使用的贵金属钯不仅价格高，而且在氢解步骤中易中毒，使产率降低或者合成反应失败。多种原因使 HNIW 成本居高不下。若能另辟蹊径，得到不带苄基而又易于硝解的六氮杂异伍兹烷笼子，必然会使

HNIW 合成工艺发生革命性的变化。为实现这一目的,很多科学家进行了大量探索和实验,但都没有取得进展,直到 2004 年法国 Cagnon 等申请专利才有所突破。

Cagnon 在专利中提出两步法合成 HNIW。第一步:使用 α,β-二羰基衍生物与不同取代基的伯胺类反应制得非苄基取代的六氮杂异伍兹烷。第二步:使用硝硫混酸直接硝化这种新方法搭起的笼子,得到了少量的 HNIW 样品。该方法非常简单,成本低,是有发展前景的一种新方法。专利中提到了 7 种非苄基取代产品,取代基团分别是:噻吩-2-亚甲基,苯烯丙基,吡啶-3-亚甲基,烯丙基,糠基,炔丙基,萘甲基。自专利报道之后,2006 年美国战略环境研究发展计划启动了"HNIW 的无苄胺、无重金属合成"的项目,并已于 2007 年底完成了可行性研究,2008 年最终报道显示该方案完全可行,并且介绍了合成路线。

六烯丙基六氮杂异伍烷(HAllylIW)是两步法合成 HNIW 工艺中的重要前体。以 NO_2BF_4 和硝硫混酸为硝化剂直接硝化 HAllylIW,通过 ^1H NMR 和 HPLC 检测表明其中含有 HNIW,产品得率极低。2008 年,Robert D. Chapman 和 Richard A. Hollins 报道了通过 HAllylIW 间接生成 HNIW 的步骤:① 醛胺缩合生成 HAllylIW;② HAllylIW 异构化生成六丙烯基六氮杂异伍兹烷(HPIW);③ HPIW 的光氧化;④ 光氧化产物的硝化。烯丙胺和乙二醛四步法合成 HNIW 过程中,异构化过程和光氧化过程得率都比较高,所以此方法能否被广泛采用,关键在于醛胺缩合步骤和硝化步骤,尤其是醛胺缩合。

HAllylIW 合成反应路径参见图 3-27。

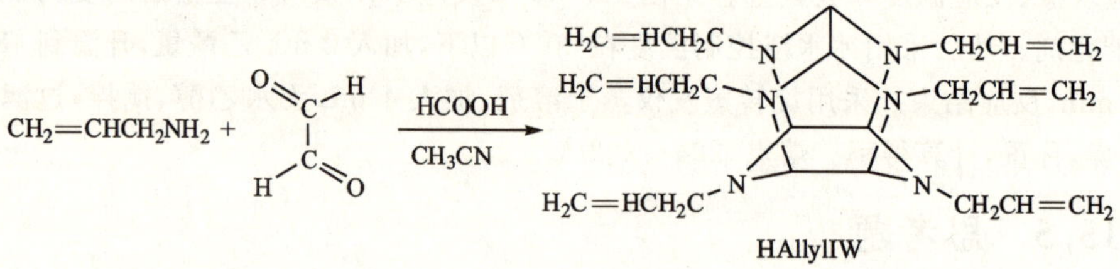

图 3-27 HAllylIW 合成反应路线

3.16.3 实验药品与仪器

实验药品:烯丙胺、40%乙二醛(工业级)、乙腈、88%甲酸。

实验仪器:250 mL 三口烧瓶、量筒、恒压滴液漏斗、冰水浴装置、机械搅拌器、X-4 显微熔点测定仪、天平、抽滤装置。

3.16.4 实验步骤

在装有机械搅拌、温度计的三口烧瓶中加入 50 mL 乙腈和 24 mL 烯丙胺。采用冰盐浴控制温度,将体系温度降至 5 ℃以下,将 2 mL 88%甲酸慢慢滴入烧瓶中。体系温度控制在 0~2 ℃,75 min 内用恒压滴液漏斗加入 12 mL 40%的乙二醛,混合液于 0~2 ℃间反应 2 h。将反应混合物放在冰箱中过夜,析出沉淀,过滤,得白色固体,用 3×10 mL 的冷乙腈淋洗,室温下晾干称重,计算得率。一般得率为 34.25%,熔点为 46.5 ℃。

3.16.5 思考题

1. 与 HBIW 相比较而言,简述在 HAllylIW 合成中的原子利用率。

2. 温度控制对合成 HAllylIW 有什么影响？

3.17　实验17　由四乙酰基二甲酰基六氮杂异伍兹烷合成六硝基六氮杂异伍兹烷

3.17.1　实验目的

1. 理解不同的硝化理论，掌握硝化反应实验方法；
2. 掌握由 TADFIW 制备 HNIW 产品的方法；
3. 了解 TADFIW 制备 HNIW 的工艺。

3.17.2　实验原理

TADFIW 是制备 HNIW 的硝解前体之一。美国曾积极研究由 TADFIW 制备 HNIW 的合成路线，硝解体系采用硝硫混酸或者98%硝酸，HNIW 的纯度很难达到98%以上。这是由于 TADFIW 进行硝解时，甲酰基比乙酰基难以硝解离去，所得硝解产物 HNIW 中的主要杂质是含有甲酰基的不完全硝解产物，而这种杂质不能用重结晶的方法除去，它的存在会对 HNIW 产品质量产生很大的影响。因此，美国几乎放弃了这条工艺路线。为了提高 HNIW 的纯度，陈树森等人采用浓硝酸-氮硝化催化剂体系为硝解体系，对 TADFIW 进行水解硝化，所得 HNIW 的纯度可以达到99%以上。

(1) 硝硫混酸中的硝解机理

用含有硝酸的复合硝化剂硝解叔酰胺可能有两种机理（见图3-28）：NO_2^+ 进攻叔氮原子形成硝鎓正离子，极化后的羰基在亲核试剂的作用下脱离 N 原子而生成 N—NO_2 化合物（如图3-28(a)）；硝酸与叔氮原子形成过渡态络合物，再在 H_2SO_4 作用下脱水形成 N-NO_2 化合物（如图3-28(b)）。

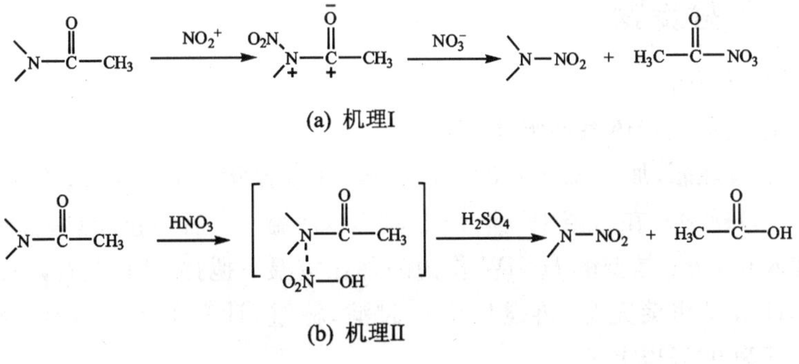

(a) 机理I

(b) 机理II

图3-28　叔酰胺硝化机理

TADFIW 中的甲酰基比乙酰基难以硝解，所以在 HNIW 的粗品中总是含有副产物五硝基一甲酰基六氮杂异物兹烷(PNMFIW)，由于甲酰基和硝基的电子和空间效应相类似，很难用重结晶方法提纯。

(2) 浓硝酸-氮硝化催化剂体系硝解 TADFIW 的硝解机理

TADFIW 分子中有四个乙酰基和两个甲酰基。在氮硝化催化剂的作用下，在浓硝酸中，

TADFIW 上的两个甲酰基首先发生水解反应,生成相应的二级胺,二级胺生成后,在硝酸的作用下,迅速被硝化成硝胺。然后剩余四个乙酰胺基团逐次发生上述反应,最后生成目标化合物 HNIW。反应历程见图 3-29。

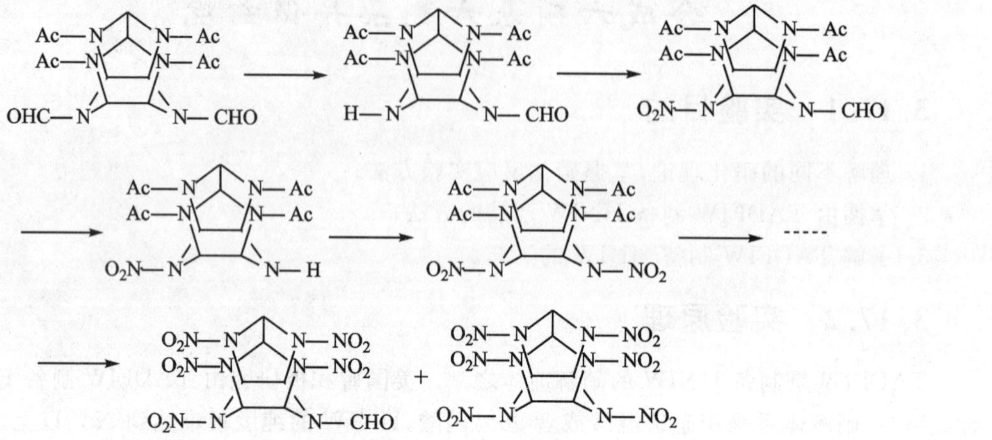

图 3-29　TADFIW 浓硝酸硝解反应历程

影响合成结果的工艺条件有:反应的温度、硝酸的浓度、硝酸用量、硝化剂的用量以及反应的时间等。

本实验由 TADFIW 制备 HNIW,有硝硫混酸法和浓硝酸-氮硝化催化剂体系硝解法,学生采用分组的形式选择一种硝解体系进行实验,不同组之间进行实验结果的横向对比。

3.17.3　实验药品与仪器

实验药品:TADFIW、发烟硝酸、浓硫酸、氮硝化催化剂、ε 晶型的 HNIW。
实验仪器:100 mL 三口烧瓶、磁力搅拌器、回流冷凝管、恒压滴液漏斗、天平、量筒。

3.17.4　实验步骤

实验①和②任选一个。

① 硝酸-氮硝化催化剂体系硝解 TADFIW。

在 100 mL 三口烧瓶,加入 30 mL 84% 的硝酸,在搅拌状态下将 1.4 g 氮硝化催化剂和 2 g TADFIW 加到三口瓶中。在水浴中逐渐升温 97 ℃,保温 6 h 后停止加热,自然冷却到有少量晶体析出后,加入 0.2 g ε 晶型的 HNIW 作为晶种在室温下搅拌 12 h 左右,当已成 ε 晶体后加入 20 mL 水使 HNIW 沉淀完全,再搅拌 1 h,过滤,称重,计算得率,分析纯度。一般得率为 92%~96%,纯度为 99% 以上。

② 硝硫混酸体系硝解 TADFIW。

将 20 mL 硝酸加入到浸入冰水浴的 100 mL 圆底烧瓶中,搅拌,分批加入 5.0 g TADFIW,加料过程中控制反应液温度低于 25 ℃。加料完毕后,在 30 min 内用恒压滴液漏斗滴加 10 mL 硫酸,滴加过程控制体系温度不高于 35 ℃。反应在 75 ℃ 进行 3 h,在 88 ℃ 进行 2 h。冷却,过滤,洗涤,所得产品为白色固体,得率 82%。

③ 采用红外光谱仪测试 HNIW 产品的红外光谱图,鉴别产品晶型。

3.17.5 思考题

1. 反应温度对 TADFIW 硝解合成 HNIW 的得率和纯度有什么影响?
2. 分析产品 HNIW 的红外光谱图,指出特征峰,并且给出晶型分析结果。

3.18 实验18 由四乙酰基六氮杂异伍兹烷合成六硝基六氮杂异伍兹烷

3.18.1 实验目的

1. 理解不同的硝化理论,掌握硝化反应实验方法;
2. 掌握由 TAIW 制备 HNIW 产品的方法;
3. 了解 TAIW 制备 HNIW 的工艺。

3.18.2 实验原理

TAIW 是制备 HNIW 的硝解前体之一。赵信歧教授采用 HNO_3/H_2SO_4 硝解 TAIW 得到了 HNIW。2002 年,美国专利报道了一种将 TAIW 以连续法硝解为 HNIW 的方法,该法采用由发烟硝酸与浓硫酸配成的硝硫混酸为硝化剂,硝酸与硫酸体积比为 6:4~8:2,混酸与被硝化前体的质量比为 7:1~8:1,硝解温度为 85 ℃,硝解时间不大于 20 min,产物得率可达 99%。熊英杰等人发现 TAIW 在浓硝酸-氮硝化催化剂体系也可以制得 HNIW,在 90~95 ℃ 反应 6 h,并可以采用一锅法顺利转晶;在发烟硝酸中 90 ℃ 反应 20 h 也可以制备 HNIW。

按照实验 17 可知,在硝硫混酸中的硝解机理和浓硝酸-氮硝化催化剂体系硝解机理同样适用于 TAIW 硝解制备 HNIW,如图 3-30 所示。

本实验由 TAIW 制备 HNIW,有硝硫混酸法和浓硝酸-氮硝化催化剂体系硝解法,学生采用分组的形式选

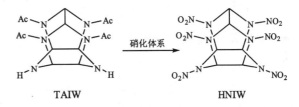

图 3-30 TAIW 制备 HNIW 反应历程

择一种硝解体系进行实验,不同组之间进行实验结果的横向对比。

3.18.3 实验药品与仪器

实验药品:TAIW、发烟硝酸、浓硫酸、氮硝化催化剂、ε 晶型的 HNIW。
实验仪器:100 mL 三口烧瓶、磁力搅拌器、回流冷凝管、恒压滴液漏斗、天平、量筒。

3.18.4 实验步骤

实验①和②任选一个。
① 硝酸-氮硝化催化剂体系硝解 TAIW。
采用冰水浴控制温度,在 100 mL 三口烧瓶加入氮硝化催化剂,开启搅拌,慢慢加入 85% 的硝酸和 TAIW,反应料比为 $HNO_3(85\%):NH_4NO_3:TAIW=15\ mL:1.25\ g:4\ g$,保持反应温度 10~30 ℃ 约 1 h 后,将烧瓶转到油浴中,回流,逐渐升温到 85~95 ℃,保温 6 h,停止

加热,冷却到有晶体析出后(一般是 56 ℃),加入一定量的 ε 晶型的 HNIW,待有大量晶体析出后,逐滴加入约 20 mL 水,然后过滤,洗涤,干燥,得白色晶体 HNIW,得率 92%～96%。注意硝酸浓度在 80%～85% 均可以,但是不能超过 85%。

② 硝硫混酸体系硝解 TAIW。

将 20 mL 硝酸加入到浸入冰水浴的 100 mL 圆底烧瓶中,搅拌,分批加入 5.0 g TAIW,加料过程中控制反应液温度低于 25 ℃。加料完毕后,在 30 min 内用恒压滴液漏斗滴加 10 mL 硫酸,滴加过程控制体系温度不高于 35 ℃。反应在 85 ℃ 进行 20 min。冷却,过滤,洗涤,所得产品为白色固体,得率 99%。

③ 采用红外光谱仪测试 HNIW 产品的红外光谱图,鉴别产品晶型。

3.18.5 思考题

1. 反应温度对 TAIW 硝解合成 HNIW 的得率和纯度有什么影响?
2. 分析产品 HNIW 的红外光谱图,指出特征峰,并且给出晶型分析结果。

3.19 实验 19 由四乙酰基二苄基六氮杂异伍兹烷合成六硝基六氮杂异伍兹烷

3.19.1 实验目的

1. 理解不同的硝化理论,掌握硝化反应实验方法;
2. 掌握由 TADBIW 制备 HNIW 产品的方法;
3. 了解 TADBIW 制备 HNIW 工艺。

3.19.2 实验原理

TADBIW 是制备 HNIW 的硝解前体之一,可以直接硝解制备 HNIW。TADBIW 制备 HNIW 时,包括将六元环上的苄基先亚硝解脱苄为亚硝基再氧化为硝基,即将五元环上的四个乙酰基硝解为硝基两步,此两步可分开进行,即分离出亚硝解产物然后再硝解,称为两步法;也可以同时进行,即不必分离出亚硝解产物,而在同一反应器中继续硝解,称为一步法。美国、法国等国在工程化实验中发现,该方法适合实验室研究而不适合工程化,但是,伊朗、俄罗斯等国还在进行相关研究。

王才博士采用料比为 2 g TADBIW∶3 mL 亚硝解剂∶8 g 复合硝解剂,5 ℃ 以下加料,10 ℃ 反应 30 min,冰水浴下加入复合硝解剂,升温至 55 ℃,反应一段时间析出沉淀后,升温至 70～75 ℃ 反应 2 h,冷却,过滤,水洗,干燥,称重,收率 82%。如果在四氟化硼亚硝翁盐/环丁砜体系中采用亚硝解、硝解一步法合成 HNIW,产品得率 97%。两步法系先用 $NO^+ BF_4^-$ 或 N_2O_4 将 TADBIW 亚硝解为 2,6,8,12 -四乙酰基-4,10 -二亚硝基-2,4,6,8,10,12 -六氮杂异伍兹烷(TADNIW),并将此亚硝解产物分离,再用混酸将其硝解为 HNIW。

无论一步法还是两步法,由于亚硝解试剂耗量大,又不便处理,而且反应时间长,因此需对此法进行改进。欧育湘教授及陈博仁教授采用了一种新型的复合亚硝解试剂,使亚硝解反应时间大为缩短,而且亚硝解效率高,产物不必分离,可以直接向反应体系中加入硝解剂(硝硫混酸)进行硝解反应,总得率达 90%,产品纯度达 98%～99%。

刘江强博士采用先亚硝解 TADBIW,再在氮硝化催化剂-浓硝酸体系中硝解 TADBIW,并在硝解结束后直接加入晶种直接转晶,成功制备了 ε-HNIW。

TADBIW 硝解制备 HNIW 反应机理如图 3-31 所示,与实验 17 给出的两种硝解反应机理一致。

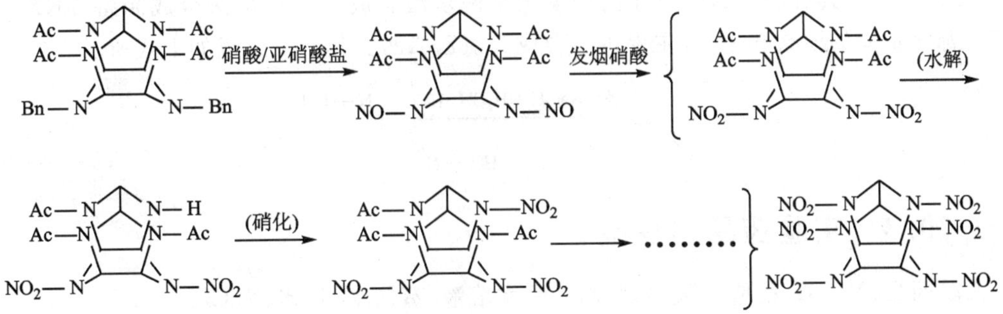

图 3-31 TADBIW 制备 HNIW 反应历程

本实验由 TADBIW 制备 HNIW,采用先亚硝解再硝化的一步法,TADBIW 亚硝解时所采用的亚硝解剂为亚硝酸钠和硝酸。

3.19.3 实验药品与仪器

实验药品:TADBIW、发烟硝酸、浓硝酸、氮硝化催化剂、ε 晶型的 HNIW。

实验仪器:100 mL 三口烧瓶、磁力搅拌器、回流冷凝管、恒压滴液漏斗、天平、量筒。

3.19.4 实验步骤

在 100 mL 三口瓶中加入 0.75 g 亚硝酸钠,搅拌条件下加入 6.5 mL 65%的硝酸,采用冰水浴控制温度,保持体系温度在 20~30 ℃,分批次加入 1.5 g TADBIW 进行亚硝解,亚硝解时间为 1 h。反应完毕之后,将烧瓶转移至油浴中,加入 13 mL 98%的硝酸在 101 ℃下进行 5 h 硝解,料比维持在 TADBIW:$NaNO_2$:65%硝酸:98%硝酸=1:0.5:4:8,产品得率为 80%~87%。由 TADBIW 制备 HNIW 后直接转晶的规律与由 TAIW 制备 HNIW 后直接转晶的规律一致。冷却至 56 ℃时加入 ε-HNIW,进行转晶。转晶结束后,加入与硝酸体积相当的水稀释,过滤,晾干,称重。采用红外光谱仪测试 HNIW 产品的红外光谱图,鉴别产品晶型。

3.19.5 思考题

1. 反应温度对 TADBIW 硝解合成 HNIW 的得率和纯度有什么影响?
2. 分析产品 HNIW 的红外光谱图,指出特征峰,并且给出晶型分析结果。

3.20 实验20 乙二肼的合成

3.20.1 实验目的

1. 认识乙二肼的性质;

2. 掌握乙二肟的合成机理和合成方法；
3. 了解 TKX-50 合成工艺。

3.20.2 实验原理

TKX-50 是具有潜力的单质炸药。无论是两步法合成还是一步法合成制备 TKX-50，乙二肟都是重要的原材料之一，主要用于合成二氯乙二肟。其合成路线如下式所示。

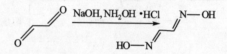

3.20.3 实验药品与仪器

实验药品：NaOH、盐酸羟胺、40%乙二醛水溶液、蒸馏水、碎冰、NaCl。
实验仪器：100 mL 四口烧瓶、温度计、搅拌器、恒压滴液漏斗、回流冷凝管、量筒、天平。
实验装置采用合成反应装置，重结晶操作采用重结晶装置。

3.20.4 实验步骤

将 11.0 g 的 NaOH(0.28 mol)加入到装有温度计和搅拌装置的 100 mL 四口烧瓶中，用 30 mL 蒸馏水将其溶解，降温至 0 ℃，0 ℃采用 NaCl 和碎冰保持低温，也可以直接采用碎冰和冷水保持低温。分批次缓慢加入盐酸羟胺 27.8 g(0.40 mol)，加入盐酸羟胺过程中保持反应液温度不高于 5 ℃。盐酸羟胺充分溶解后，采用恒压滴液漏斗缓慢滴加 40%乙二醛水溶液（密度 1.27 g/mL）22.8 mL(0.20 mol)，反应 30 min 后，升温至室温，保温 12 h 后过滤，用冷水洗涤。阴干干燥，得白色固体 16.4 g，得率 93%。

采用蒸馏水重结晶后得无色晶体。重结晶条件：80 ℃，$\omega_{乙二肟}:\omega_{水}=1:10$。按照重结晶操作方法进行。

3.20.5 思考题

1. 合成反应时温度控制不当会产生哪些影响？
2. 合成反应过程中为何要控制碱性环境？

3.21 实验 21 二氯乙二肟的合成

3.21.1 实验目的

1. 认识二氯乙二肟的性质；
2. 掌握一种二氯乙二肟的合成机理和合成方法；
3. 了解二氯乙二肟的其他合成方法和原理。

3.21.2 实验原理

二氯乙二肟是一锅法合成 TKX-50 的重要中间体，本实验以乙二肟为原料，采用氯气法

合成二氯乙二肟。合成式如下:

$$\underset{HO-N}{\overset{N-OH}{\diagdown}} \xrightarrow[\text{水}]{Cl_2, HCl} \underset{HO-N}{\overset{N-OH}{\diagdown}} \overset{Cl}{\underset{Cl}{\diagdown}}$$

3.21.3 实验药品与仪器

实验药品:乙二肟、浓盐酸、蒸馏水、碎冰、NaCl。
实验仪器:100 mL 四口烧瓶、温度计、搅拌器、恒压滴液漏斗、回流冷凝管、量筒、天平。
实验装置采用合成反应装置。

3.21.4 实验步骤

将 2.0 g(0.022 mol)乙二肟加入装有密闭搅拌装置的 100 mL 四口烧瓶中,加入 50 mL 蒸馏水及 10 mL 浓盐酸,降温至 0 ℃。缓慢通入自制氯气,20 min 后加快氯气的通入速度。观察反应液全部溶解后再次析出固体后继续通入氯气 20 min,结束通气,过滤,自然晾干。得白色固体 1.66 g,得率 48%。

3.21.5 思考题

1. 溶液中氯气的浓度对反应有什么影响?
2. 查阅相关文献资料,给出 1~2 种检测溶液中氯气浓度的方法。
3. 查阅相关文献资料,选出 1~2 种二氯乙二肟的合成方法,并解释优缺点。

3.22 实验 22 制备具有不同结晶特性的 RDX 产品

3.22.1 实验目的

1. 理解结晶特性的内涵;
2. 理解结晶特性控制原理,掌握结晶特性控制方法;
3. 了解结晶特性表征方法。

3.22.2 实验原理

由于炸药的特殊性,很多单质炸药晶体都是从溶液中制备,在溶液中晶体生长可在较低温度下进行,安全性好,而且可以进行大量生产。但是,很多从溶液中制备的炸药晶体如 RDX、HMX、HNIW 等均含有内部空穴、聚晶、晶间包夹物等晶体缺陷。单质炸药的加工性能、安全性能、燃烧性能等均和单质炸药的晶体特性有关,例如晶体缺陷、晶体内部孔穴、表面性质均会对铸装炸药撞击感度产生影响;炸药晶体中的溶剂包夹物是潜在的热点,晶体内部孔穴数量的增加会导致铸装炸药的感度升高;晶体缺陷也会对热分解速率有明显的影响。因此,结晶特性控制就显得很必要了。通常认为,结晶特性包括以下几个方面:空隙率特性、晶间包夹物特性、聚晶特性、比表面积特性和表面光洁度特性。通过结晶特性控制可以得到高品质的单质炸药。
北京理工大学陈树森课题组提出高品质单质炸药与普通单质炸药相比具有五个方面的应

用特征：

① 具有低感度特征。具有比普通单质炸药低得多的冲击波感度、热感度、摩擦感度、撞击感度，静电感度也有一定改善，可以大幅提高火炸药产品储运、生产和使用过程中的安全性和可靠性，使武器装备具有更高的战场生存能力。

② 具有专用性特征。高品质单质炸药产品的制造技术、结晶特性根据具体的推进剂、混合炸药产品的应用环境设计，有利于改善相关产品的多项技术指标，使其综合性能达到最优。

③ 具有质量稳定性特征。高品质单质炸药增加了有关结晶特性的控制指标，使单质炸药批量之间的各种质量指标、性能严格一致，进而保证推进剂、混合炸药和硝胺发射药的工艺稳定性和质量稳定性。

④ 具有优良的加工性能特征。

⑤ 具有低成本特征。

单质炸药晶体特性控制技术与晶体溶液生长机理相关。通常，结晶方法有以下几种方式：冷却结晶法、蒸发结晶法、真空结晶法、溶剂非溶剂结晶法。根据晶体在溶剂内溶解度曲线特性选择结晶方法，曲线陡峭的采用冷却结晶法，曲线平滑的则采用蒸发结晶法。例如，采取溶剂非溶剂结晶法对 RDX 结晶，即将一定量的 RDX 溶于溶剂中制成 RDX 的溶液，将该溶液以一定速率滴加到反溶剂中，控制一定的温度、溶液的流体动力学条件，制备相应的晶体。

晶体由溶液中结晶受以下几个重要因素影响：①温度，温度直接决定着晶核的生成、晶体的生长和晶体生长速度。②溶剂种类。③重结晶时溶液的流体动力学因素（以 $Re=\rho dl/\eta$ 表示）。④溶液浓度（过饱和度）。⑤添加剂（包括表面活性剂、晶型、晶癖改进剂等）。溶液粘度和重力也会影响晶体的生长，通过搅拌，一般能够消除它们的影响。

从溶液中结晶时，溶液的过饱和度对晶体的生长有明显的影响，溶液的过饱和度与晶核生成速率和晶体生长速率关系密切，因而对结晶产品的粒度及粒度分布有重要的影响。在溶液过饱和度较低时，晶体生长速率高于晶核生长速率，所得晶体较大，晶体形状较完整，但结晶速率慢。当溶液过饱和度较高时，晶体生长速率大于晶核生长速率，所得晶体较细，晶体形状不规则，但结晶速率很快。

搅拌是影响产品粒度及其分布、聚晶、晶体外部形貌和内部缺陷的重要因素。搅拌是调整结晶产品粒度分布的重要手段。增加搅拌速度，使亚稳区的宽度变窄，溶质分子间的碰撞增加，溶液中晶粒个数增加，粒度向小粒径方向移动。一般来讲，搅拌速度应与溶液过饱和度相匹配。如制备粒度较大的晶体时，应控制较高的过饱和度，搅拌速度也相应加快。对于 RDX 结晶，需要控制搅拌速度得到不同晶形的晶体。

溶剂的选择十分重要。结晶过程中，由于晶体生长受某些因素的影响，往往会在结晶内部出现空穴和孔穴。其中孔穴内大都含有包夹物，可能对产品的性质产生重大影响。不同工艺所得晶体的孔穴包夹物不同，同种工艺不同阶段形成的孔穴所含包夹物不同。采用溶剂非溶剂法制备炸药结晶时，孔穴包夹物主要组成是孔穴形成时的结晶液：一定比例的溶剂、非溶剂、结晶体溶液（还有少量导致空穴生成的少量杂质）。

有晶体缺陷的晶体一般具有低的力学强度，晶体缺陷是造成质量不稳定的重要因素，是对各种应用对象都必须避免的缺陷，也是可能避免和控制的缺陷。通过控制结晶条件，可以制备晶体缺陷少、机械性能良好的晶体。

通过结晶特性控制技术制备的高品质 RDX 和高品质 HMX 如图 3-32 所示。

实验内容为采用环己酮为溶剂将 RDX 溶解,滴加非溶剂,控制不同的结晶条件(浓度、温度、搅拌速率、滴加非溶剂的速率和非溶剂种类等),制备具有不同晶体特性的 RDX,利用显微镜观察晶体形貌,利用 cast 落锤仪测其撞击感度,应力测试系统测其应力-时间变化曲线。学生根据实际情况选择实验,实验结束后,不同组之间进行实验结果对比,并分析原因。

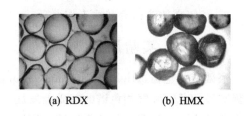

图 3-32　高品质 RDX/HMX 晶体形貌

3.22.3　实验药品和仪器

实验药品:RDX、环己酮、无水乙醇。

实验仪器:150 mL 三口烧瓶、磁力搅拌器、回流冷凝管、恒压滴液漏斗、天平、量筒、抽滤装置。

3.22.4　实验步骤

本实验采用溶剂非溶剂法,利用不同的体系,控制一定的实验条件制备得到具有不同结晶特性的 RDX。

① 称取 1.5 g RDX 粉末倒入三口烧瓶,加入 20 mL 的环己酮。水浴加热至 50 ℃ 使其溶解,控制搅拌速度在 160~170 r/min 或者 300~310 r/min,冷凝回流。全部溶解后,迅速使溶液冷却到室温。恒压滴液漏斗滴加 40 mL 乙醇,3 h 滴加完毕或者一次迅速加入完毕。制备得到大颗粒晶体或者细小颗粒晶体,真空抽滤,同时用 20 mL 蒸馏水分三次进行洗涤。干燥,称重。

② 称取 8 g RDX 粉末倒入三口烧瓶,加入 20 mL 的环己酮。水浴加热至 30 ℃,保温 4 h。控制搅拌速度在 300~310 r/min,冷凝回流。全部溶解后,迅速使溶液冷却到室温。析出晶体,真空抽滤,同时用 20 mL 蒸馏水分三次进行洗涤。干燥,称重。

利用显微镜观察晶体形貌,利用 cast 落锤仪测其撞击感度,应力测试系统测其应力-时间变化曲线。

3.22.5　思考题

1. RDX 的结晶特性需要通过哪些测试手段进行表征?
2. 影响结晶特性的影响因素有哪些?
3. 如何控制结晶条件得到目标晶体?考虑搅拌速度,结晶方法等。

3.23　实验 23　高效液相色谱分析

3.23.1　实验目的

1. 理解高效液相色谱方法分离的原理;
2. 掌握物质纯度分析方法;

3. 了解高效液相色谱站工作原理。

3.23.2 实验原理

高效液相色谱(High Performance Liquid Chromatography,HPLC)是20世纪60年代末,在经典液相色谱和气相色谱的基础上发展起来的一种具有高灵敏度、高选择性的高效快速分离分析技术。与经典液相色谱比较,HPLC采用微球填料(5～10 μm),使用了高压输液泵,所以传质快、柱效高(可达20 000～80 000塔板/米),能分离多组分复杂混合物或性质及相近的同分异构体,并可实现快速分离。高效液相色谱还可以称为高压液相色谱(High Pressure Liquid Chromatography)、高速液相色谱(High Speed Liquid Chromatography)、高分离度液相色谱(High Resolution Liquid Chromatography)或现代液相色谱(Modern Liquid Chromatography)。

高效液相色谱分离的基本原理与柱色谱相似,物质中的多组分与固定相的作用(吸附、分配、离子吸引、排阻、亲和)大小、强弱不同,从而得到分离,先后从固定相中流出。一般按照作用机制不同有固液吸附色谱、液液分配色谱、离子交换色谱、离子对色谱、分子排阻色谱。以固液色谱法为例,固定相是固相吸附剂,它们是一些多孔性的极性微粒物,如硅胶、氧化铝等,它们的表面存在着分散的吸附中心,溶质分子、流动相分子在吸附剂表面呈现的吸附活性中心上进行竞争吸附,这种作用还存在于不同溶质分子间,以及同一溶质分子中不同官能团之间。由于这些竞争作用,便形成不同溶质在吸附剂表面的吸附、解吸平衡,这就是液固色谱具有选择性分离能力的基础。本实验所采用的HPLC就是固液色谱。

高效液相色谱仪分为分析型、制备型和专用型,虽然它们的性能各异、应用范围不同,但其基本组件类似。主要部件如下:高压输液系统(储液罐、高压输液泵、过滤器、脱气装置、梯度洗脱装置)、进样装置、分离系统(色谱柱)、检测器(紫外可见吸收检测器、荧光检测器、示差折光检测器、电化学检测器、化学发光检测器等)、数据处理装置等。高效液相色谱仪系统组成见图3-33。

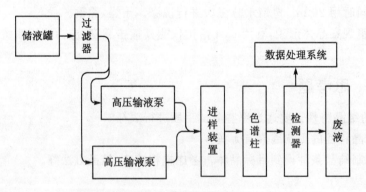

图3-33 高效液相色谱仪系统组成示意图

高效液相色谱采用液体流动相,流动相也影响分离过程,这对分离的控制和改善提供了额外的因素,它能分析气相色谱不能分析的高沸点有机物、高分子和热稳定性差的化合物以及具有生物活性的物质。在全部有机化合物中,仅有20%的样品可用气相色谱分析,其他80%的样品可用高效液相色谱分析。HPLC易于对样品定量回收,这对任何规模的制备都特别有利。在很多情况下,HPLC不仅是作为分析方法,更多的是作为一种分离手段,用以提纯和制备具有足够纯度的单一物质。

HPLC 谱有多种定量分析方法,如:峰面积(峰高)百分比法,校正归一化法,外标法和内标法。本实验采用反相液相色谱法,它是以极性物质作流动相,非极性物质作固定相的一种色谱方法。反相液相色谱分析中常用的流动相有甲醇、乙腈、四氢呋喃和水。本实验中仅给出部分含氮化合物产品的 HPLC 实验分析条件。

3.23.3 实验药品与仪器

实验药品:纯净水(色谱纯)、甲醇(色谱纯)、四氢呋喃(色谱纯)、乙腈(色谱纯),分析产品自制。

实验仪器:

高效液相色谱仪:大连以利特有限公司分析型、制备型色谱仪,美国 Waters 四元超高效液相色谱仪。

色谱柱:填料 SinoChrom ODS-BP 5 μm、不锈钢柱 ϕ4.6 mm×200 mm、ϕ4.6 mm×250 mm 粒径 5 μm。

检测器:UV230$^+$紫外-可见检测器、波长连续可调。

P230 型高压恒流泵:流量范围 0.001~9.999 mL/min,设定步长 0.001 mL/min,最高工作压力 40 MPa(0.001~5.000 mL/min)、20 MPa(5.001~9.999 mL/min)。

柱箱:具有恒温装置。

3.23.4 实验步骤

部分含氮化合物的液相色谱分析条件如下所述。

① HBIW 产品纯度分析实验条件。

反相色谱柱:填料 SinoChrom ODS-BP 5 μm,流动相为四氢呋喃:水=90:10(V/V),流速 1.000 mL/min,进样量 10 μL,柱温 40 ℃,检测波长 254 nm。

正相色谱柱:填料 HYPERSIL Silica 5 μm,ϕ250 mm×4.6 mm,检测波长 254 nm,流动相为三氯甲烷:乙腈=70:30(V/V),流速 1 mL/min,进样量 10 μL,柱温 25 ℃。

② TADBIW 产品纯度分析实验条件。

C18 ODS 色谱柱,ϕ4.6 mm×250 mm,粒径 10 μm,紫外吸收波长 220 nm,流动相为乙腈:水=70:30(V/V),流速 0.9 mL/min,进样量 10 μL,柱温 30 ℃。

③ HNIW 产品纯度分析实验条件。

流动相为甲醇:水=50:50(V/V)或者乙腈:水=60:40(V/V),流速 1.000 mL/min,进样量 10 μL,柱温 25 ℃,波长 230 nm,溶剂为乙腈:水=60:40(V/V),所配样品浓度 0.3 g/L。

④ HMX 产品纯度分析实验条件。

流动相为甲醇:乙腈:水=28:12:60(V/V/V),流速 1.6 mL/min,进样量 10 μL,柱温 25 ℃,紫外检测波长 254 nm。

或者流动相为乙腈:水=60:40(V/V),流速 1.000 mL/min,进样量 10 μL,柱温 25 ℃,紫外检测波长 230 nm。

⑤ HAllylIW 产品纯度分析实验条件。

流动相四氢呋喃:水=80:20(V/V),流速 1.000 mL/min,进样量 10 μL,柱温 30 ℃,紫

外检测波长 245 nm。

采用面积归一化法分析产品的纯度。

采用高效液相色谱仪分析产品纯度的实验步骤如下：

① 过滤流动相，根据需要选择不同的滤膜；对抽滤后的流动相超声 10~20 min。

② 打开 HPLC 工作站（包括计算机软件和色谱仪），连接好流动相管道，连接检测系统。进入 HPLC 控制界面主菜单，设置实验参数。

③ 长时间不用或者换了新的流动相，需要先冲洗泵和进样阀。冲洗泵时需要用注射器直接从放空阀抽取；冲洗进样阀需要用注射器吸取流动相，注射冲洗进样阀。

④ 设置流动相流速、检测器检测波长、保温箱温度，如果需要梯度走样，需要设置梯度参数。如果是 Waters 超高效液相色谱，需要设置新方法，确定泵、走样方法等参数。

⑤ 采用纯甲醇或者纯乙腈冲洗色谱柱 30~60 min，在 5 min 内将流速从 0.5 mL/min 调至 0.8 mL/min，之后冲洗至基线水平。

⑥ 停止高压输液泵的运行，将纯色谱流动相换成产品测试用流动相冲洗色谱柱 30~60 min，至基线水平。

⑦ 在冲洗色谱柱的过程中，配制待测样品的溶液。尽量采用与流动相一致的溶剂溶解样品。

⑧ 用溶剂清洗注样针 3~4 次，然后用样品溶液洗进样针 1~2 次。

⑨ 单击软件中的采集数据按钮，然后注样 5~10 μL，触发数据采集，记录数据，分析。

⑩ 待测样品测试完毕，采用纯甲醇或者纯乙腈冲洗色谱柱 30~60 min，至基线水平。关机。

3.23.5 思考题

1. 针对高效液相色谱法，色谱定量分析方法有哪些？各有什么优点和缺点？
2. 查阅相关文献，简述高效液相色谱的分类以及检测器的种类。
3. 在本次实验分析的过程中需要注意哪些问题？

3.24 实验 24 熔点测试

3.24.1 实验目的

1. 理解提勒管测试熔点的实验原理；
2. 理解数字显微镜熔点仪测试熔点的原理；
3. 掌握数字显微镜熔点仪测试样品熔点的方法。

3.24.2 实验原理

熔点是指物质在大气压力下固态与液态处于平衡时的温度。固体物质熔点的测定通常是将晶体加热到一定温度，晶体开始由固态转变为液态，测定此时的温度就是该物质的熔点。

熔点测试是辨别物质本性的基本手段，也是纯度测定的重要方法之一。纯净物质均有固定的熔点，而且熔点范围（又称为熔程或者熔距，是指始熔到全熔的温度间隔）很小，一般不超过 0.5～1 ℃；如果物质不纯，熔点下降，且熔点范围扩大。

测定熔点的方法有提勒管测试法和熔点仪测试法，由于实验仪器的发展，熔点仪不断更新换代，具有很多实用性功能，且操作方便，数据精确，因此，实验室多采用熔点仪测试熔点。

本实验内容为采用显微镜熔点仪测试样品的熔点，简单了解提勒管测试熔点的实验方法。

3.24.3 实验步骤

3.24.3.1 数字显微镜熔点仪方法测熔点

数字显微镜熔点仪见图 3-34。

(1) 安装仪器

将热台放置在 $\phi 100$ 孔上，并使放入盖玻片的端口位于右侧；将传感器插入热孔台；接通光源和调压测温仪的电源。

(2) 装　样

用蘸有乙醚的脱脂棉将两片载玻片擦拭干净，晾干备用；取少量待测样品放入研钵中，研细；取不大于 10 mg 样品放在载玻片上，使其分布薄而均匀，盖上另一片载玻片，轻轻压实，放置于热台中心，并盖上隔热玻璃。

图 3-34　数字显微镜熔点仪

(3) 调　焦

松开显微镜升降轮，参考显微镜的工作距离，上下调整显微镜，直到从目镜中能看到热台中央的待测物品轮廓时锁紧该手轮；反复调节调焦手轮，直到能清晰看到待测物品像为止。

(4) 测　试

打开调压测温仪开关，控制调温手钮 1 或者 2，使升温台升温；前期可以快速升温，距待测物品熔点前 40 ℃时，减慢升温速度，待测物品熔点前 10 ℃时，缓慢升温，升温速率为 1 ℃/min。

(5) 精密测定

精密测定时，应该对实测值进行修正，并多次测定取平均值。

修正方法：按照测定熔点的一般方法，用熔点标准样品进行测量标定，则

$$修正值 = 标准样品的熔点标准值 - 该样品的熔点测定值$$

样品熔点值的计算：

一次测定时 $\qquad T = x_i + A$

多次测定时 $\qquad T = \dfrac{\sum\limits_{i=1}^{n}(x_i + A)}{n}$

式中：T 为被测样品的熔点值；x_i 为第 i 次测量值；A 为修正值；n 为测量次数。

注意事项：测定时必须保证室内干燥、干净、阴凉；透镜表面有污秽时，可以用脱脂棉蘸少许乙醚和乙醇混合液轻轻擦拭，遇有灰尘，可以用吸耳球或吹球吹去。

3.24.3.2 提勒管方法测熔点

该方法仅做简单了解。所需要的仪器有提勒管、煤气灯、温度计、熔点管、铁架台、玻璃管。装置如图 3-35 所示。

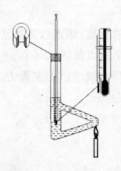

图 3-35 提勒管方法装置

① 装样。将少量待测样品放在干净的表面皿上，研成很细的粉末，将熔点管开口向下插入粉末，然后将熔点管开口向上，轻轻敲击，使粉末落入管底。取一根长约 30 cm 的玻璃管，将熔点管从玻璃管上端自由落下，反复数次，使样品夯实。重复数次，使管内样品高为 2~3 mm。

② 将装好适量熔点浴的 b 形管（液面达到上支管处即可）固定到铁架台上。

③ 用一小橡皮圈将熔点管绑到温度计上，注意使样品部分位于水银球侧面中央。

④ 将熔点管和温度计悬竖直挂于铁架台上，使其底部位于 b 形管上下两叉管口之间。

⑤ 先用小火将装好的熔点管的提勒管稍微烘热，然后加热。开始时升温速度可以较快，到距离熔点 10~15 ℃ 时调整火焰，使每分钟上升 1~2 ℃，越接近熔点升温越慢，记下样品开始塌落并有液相产生时（初熔）到固体消完全失时（全熔）的温度计读数，即得熔程。

注意事项：进行第二次测定时，浴液温度必须降至低于样品熔点 30 ℃ 左右，每一次测定都必须用新的熔点管另装样。测定未知样品的熔点，应先对样品进行一次粗测，加热速度可以稍快，知道大致熔点范围，然后再进行精密测定。用完的熔点管应放入一小烧杯中统一处理，特别是用硫酸做浴液时更要小心。温度计冷却后用废纸擦去浴液，再用水洗净，千万不能从提勒管中拿出来就用水冲洗，否则温度计会炸裂。提勒管冷却后用塞子塞好，或者将浴液倒回瓶中。

3.24.4　思考题

1. 熔点的测试结果受哪些因素影响？测试样品的状态对结果有影响吗？

3.25　实验 25　红外光谱测试

3.25.1　实验目的

1. 理解红外光谱测试的基本原理；
2. 掌握红外光谱测试的方法；
3. 掌握红外光谱分析方法；
4. 简单了解红外光谱仪的工作原理。

3.25.2　实验原理

红外光谱属于吸收光谱，该方法利用物质的分子对红外辐射的吸收，由其振动或转动运动引起偶极矩的净变化，产生分子振动和转动能级从基态到激发态的跃迁，得到分子振动能级和转动能级变化产生的振动-转动光谱。通常红外波段分为近红外（13 300~4 000 cm^{-1}）、中红外（4 000~400 cm^{-1}）和远红外（400~10 cm^{-1}）。通常说的红外光谱法是指中红外光谱法。

20 世纪 40 年代，商业红外光谱仪器的应用，揭开了有机化合物结构分析与鉴定的新篇章。红外光谱仪器发展经历了棱镜红外光谱仪、光栅红外光谱仪、傅里叶变换红外光谱仪的发展,现已积累了十几万张标准谱图,是分子结构鉴定的重要手段。

最常见的红外光谱仪是傅里叶变换红外光谱仪,它具有以下特点:一是扫描速度快,可以在 1 s 内测得多张红外谱图;二是光通量大,可以检测透射较低的样品,可以检测气体、固体、液体、薄膜和金属镀层等样品;三是分辨率高,便于观察气态分子的精细结构;四是测定光谱范围宽,只要改变光源、分束器和检测器的配置,就可以得到整个红外区的光谱。广泛应用于有机化学、高分子化学、无机化学、化工、催化、石油、材料、生物、医药、环境等领域。

红外吸收光谱分析方法主要是依据分子内部原子间的相对振动和分子转动等信息进行测定。因此,红外光谱可以研究分子结构、化学键、分子键长键角,由此推断分子的立体构型;红外光谱的峰位、峰形、峰强反映了分子结构上的特点,可以鉴定未知物的结构组成(官能团);峰强与分子组成或者官能团含量有关,可以作定量分析或者纯度分析的基础。

红外光谱吸收峰的位置可以用经典力学的简正振动理论来说明。根据双原子分子振动模型,可以得出谐振子的振动波数和力常数的关系为

$$\bar{\nu} = \frac{1}{2\pi c}\sqrt{\frac{k}{\mu}}$$

可简化为

$$\bar{\nu} \approx 1\,304\sqrt{\frac{k}{\mu}}$$

式中:$\bar{\nu}$ 为波数,cm^{-1};k 为化学键的力常数,g/s^2;c 为光速,3×10^{10} cm/s;μ 为原子的折合质量 $\mu = m_1 m_2/(m_1 + m_2)$。一般来说,单键的 $k=4\times10^5 \sim 6\times10^5$ g/s²;双键的 $k=8\times10^5 \sim 12\times10^5$ g/s²;三键的 $k=12\times10^5 \sim 20\times10^5$ g/s²。

简正振动复杂,但是其振动类型可以分为两类:伸缩振动(键长变化)和变形振动(键角变化)。实验表明,组成分子的各种基团,如 O—H、N—H、C—H、C=C、C=OH 和 C≡C 等,都有自己的特定的红外吸收区域,分子的其他部分对其吸收位置影响较小。通常把这种能代表及存在,并有较高强度的吸收谱带称为基团频率,其所在的位置一般又称为特征吸收峰。影响基团特征频率的几个重要影响因素:电子效应、氢键、环张力、原子杂化状态、振动偶极变化等。

按照红外光谱与分子结构的关系可以将整个红外光谱区分为官能团区($4\,000 \sim 1\,350$ cm⁻¹)和指纹区($1\,350 \sim 650$ cm⁻¹)。官能团区分为四个区域:① $4\,000 \sim 2\,500$ cm⁻¹,X—H(X 包括 C、N、O、S 等)的伸缩振动区,如羟基、氨基、烃基。② $2\,500 \sim 2\,000$ cm⁻¹,三键和累积双键伸缩振动区。③ $2\,000 \sim 1\,500$ cm⁻¹,双键的伸缩振动区,是红外谱图中很重要的区域。如羰基、碳碳双键、苯环的骨架振动、杂芳环、C=N、N=O、硝基伸缩振动等。④ $1\,500 \sim 1\,300$ cm⁻¹,C—H 弯曲振动。指纹区分为两个区域:① $1\,300 \sim 910$ cm⁻¹,不含氢的官能团的单键伸缩振动和弯曲振动,部分含氢基团的一些弯曲振动、一些含重原子的双键伸缩振动、分子骨架振动等都出现在这个区域。因此,这个区域的红外吸收很丰富。② 910 cm⁻¹ 以下,苯环因取代而产生的吸收、烯的碳氢弯曲振动。

傅里叶变换红外光谱仪的工作原理图如图 3-36 所示。

从图 3-36 可知,固定平面镜、分光器和可调凹面镜组成傅里叶变换红外光谱仪的核心部件——迈克尔干涉仪。由光源发出的红外光经过固定平面镜反射镜后,由分光器分为两束:50%的光透射到可调凹面镜,另外 50%的光反射到固定平面镜。可调凹面镜移动至两束光光

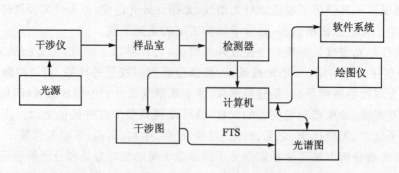

图3-36 傅里叶变换红外光谱仪的工作原理图

程差为半波长的偶数倍时,这两束光发生相长干涉,干涉图由红外检测器获得,经过计算机傅里叶变换处理后得到红外光谱图。

本实验采用的 Nicolet 380 傅里叶变换红外光谱仪技术参数:① DSP 动态调整干涉仪,调整频率可达 130 000 次/s;② 光谱范围近红外/中红外/远红外;③ 分辨率为 $0.9\ cm^{-1}$,$0.5\ cm^{-1}$;④ 快扫描速度为 40 张光谱/s;⑤ 24 位 A/D 转换,2.0 USB 接口。

红外光谱制样方式有:气体池法、液体池法、液膜法、压片法、石蜡糊法、薄膜法。常用的是溴化钾压片法和石蜡糊法。

3.25.3 实验药品与仪器

实验药品:样品、溴化钾晶体。

实验仪器:Nicolet 380 傅里叶变换红外光谱仪、玛瑙研钵、压片模具、粉末压片机。

3.25.4 实验步骤

① Nicolet 380 傅里叶变换红外光谱仪,预热 30 min;打开计算机,单击 OMNIC 软件。

② 取样品约 2 mg,溴化钾晶体 100~200 mg,在玛瑙钵中进行研磨,使混合物颗粒粒径小于 $2.5\ \mu m$,混合均匀。

③ 压片。将研磨好的固体粉末按照压片模具使用说明装好,然后将模具放置在压片机工作空间中央位置,通过手轮调节压力丝杠,并用压力丝杠压紧;关闭放油阀(顺时针拧紧),上下摆动压把,同时观察压力表示数值读数,当达到 10 MPa 时停止加压,并保持 3~5 min;逆时针拧开放油阀手轮,开启放油阀;取下模具,取出试片,待测。

④ 将试片放入样品夹中,将样品夹放入红外波谱仪的样品室内,待测。

⑤ 设置傅里叶红外光谱仪的实验参数,单击样品采集,仪器首先采集背景与样品的谱图,采集完毕后,将样品夹从样品室中取出,进行背景采集。采集结束后,保存图谱,按照分析软件的操作规范对谱图进行处理和分析。也可以空白溴化钾的试片作为测试背景。

⑥ 打印谱图,退出系统,关闭计算机和仪器。

3.25.5 思考题

1. 分析测试产品的主要红外特征谱峰。
2. 影响红外光谱测试的主要因素有哪些?

3.26 实验26 撞击感度测试

3.26.1 实验目的

1. 理解感度的定义和分类；
2. 理解撞击感度测试的基本原理；
3. 掌握撞击感度测试的方法。

3.26.2 实验原理

表征炸药的主要性能指标有密度、标准生成焓、安定性、相容性、感度、爆炸特性和爆炸作用等。感度是指炸药在外界能量作用下发生爆炸的难易程度，此外界能被称为初始冲能或起爆能，通常以起爆能定量表示炸药的感度。感度是炸药能否实用的关键性能之一，是炸药安全性和作用可靠性的标度。感度具有选择性和相对性，前者指不同炸药选择性地吸收某种起爆能，后者则指感度只是表示危险性的相对程度。对炸药感度的评价宜结合多种实验综合进行。根据起爆能的类型，炸药感度主要可分为热感度、撞击感度、摩擦感度、起爆感度、冲击波感度、静电火花感度、激光感度、枪击感度等。影响感度的因素错综复杂：各种能量的作用机制和引爆机理不同；物理化学性质，如聚集状态、表面状况、熔点、硬度、导热性、晶体外形等；测试方法和条件；人为因素等。

在20世纪80年代末人们已对降低已知单质炸药的感度问题展开了较为广泛的关注，通过控制炸药的粒度、形状以及在单质炸药中加入钝感剂来降低单质炸药感度。

对于一般颗粒，凝聚态炸药的热点理论认为：炸药受冲击或摩擦时，并不是全部遭受机械作用的物质平均加热，而只是其中很少的个别部分，例如炸药内部的空穴、间隙、杂质和密度间断等处，冲击波在这些地方来回反射和绝热压缩，将机械能集中在这些局部区域，使温度大大高于平均温度，从而这些区域形成热点，在热点范围，引起周围炸药颗粒表面燃烧而释放能量，燃烧逐渐发展成为爆轰。热点的形成一般公认有如下几种：① 炸药内所含空穴和气孔的压缩；② 炸药颗粒、各种杂质与冲击波的相互作用；③ 颗粒间的摩擦；④ 空穴或气孔的表面能转化为动能值，晶体的位错和缺陷等；⑤ 炸药塑性流变效应。

晶体缺陷是造成质量不稳定的重要因素，是对各种应用对象都必须避免的缺陷，也是可以避免和控制的缺陷。通过控制结晶条件，可以制备晶体缺陷少、机械性能良好的具有良好结晶特性的晶体。

单质炸药的机械感度（撞击感度、摩擦感度）、热感度及静电火花感度都涉及炸药在生产、使用及储运过程中的安全性，因此对他们进行评价和实测是十分必要的。炸药的撞击感度是指在机械撞击作用下，炸药发生爆炸的难易程度，有落锤法和苏珊法，常用的是立式落锤仪，如CAST落锤仪。撞击感度的表示方法有爆炸百分数、50%特征落高 H_{50}、上下限。爆炸百分数是指在一定锤重和一定落高条件下撞击炸药，以爆炸概率表示；50%特征落高是升降法测定或者由感度曲线求得。撞击感度上限是指炸药100%发生爆炸时的最小落高，下限是指炸药100%不发生爆炸时的最大落高。

本实验按GJB772A—97所规定的方法，用CAST落锤仪按升降法测样品的50%特性落

高 H_{50}，同时还需要测定军用 HMX 的 H_{50} 值作为比较。

特性落高 H_{50} 的计算原理如下所述。

实验时令 h 代表开始实验水平，令 i 代表实验水平数，d 代表实验间隔（步长）落高和间隔的单位均取厘米数的对数值。

在处理数据时应注意除掉无效试验次数。总的试验次数不少于 20 次。将试验所得的数据代入公式中，即可求得均值 m。

$$m = h_0 + d\left[\frac{\sum in_{i(0)}}{N_{(0)}} + \frac{1}{2}\right] \tag{3.26-1}$$

$$m = h_0 + d\left[\frac{\sum in_{i(x)}}{N_{(x)}} - \frac{1}{2}\right] \tag{3.26-2}$$

式中：h_0 为零水平的落高；i 为试验水平数；$N_{(0)}$ 为不发火总数；$N_{(x)}$ 为发火总数；$n_{i(0)}$ 为 i 试验水平处不发火数目；$n_{i(x)}$ 为 i 试验水平处发火数目。

比较 $N_{(0)}$ 和 $N_{(x)}$ 值的大小，若两值相同，可任意选用公式（3.26-1）或（3.26-2）；若两值不相同，则应采用总值较小者，代入相应的公式中计算，即可求出均值 m。计算标准偏差 σ 时，先计算 M 值。

$$M = \frac{\sum i^2 n_i}{N} - \left[\frac{\sum in_i}{N}\right]^2 \tag{3.26-3}$$

式中：N 为发火或不发火的总数；n_i 为 i 水平处发火或不发火的数目。

公式（3.26-3）中 N 和 n_i 的选择仍然是以发火或不发火的总数 N 较小的代入。当 $M > 0.40$，S 值可由下列公式计算：

$$S = 1.62(M + 0.029) \tag{3.26-4}$$

然后计算标准偏差 σ 值

$$\sigma = S \times d \tag{3.26-5}$$

当计算结果 $M < 0.40$，S 值可查表得到。

3.26.3 实验药品与仪器

实验药品：样品、丙酮或者乙醇。

实验仪器：CAST 落锤仪、导向套、击柱、底座、镊子、药勺、天平。CAST 落锤仪如图 3-37 所示。

如图 3-37 所示，CAST 落锤仪有两个或三个平行的导轨，导轨与地平面垂直，长为 1.5～2 m。在导轨间有个可自由移动的落锤，落锤用钢弹簧夹或电磁铁固定，弹簧夹可以在中心导轨上自由移动，并能用螺丝钉固定在所需要的高度上。在导轨上还固定着刻度尺，以便读出落高。落锤下面有钢基座，基座上有鼓动撞击装置的定位器。撞击装置有击柱、导向套和底座组成。立式落锤仪的导轨应非常平行，固定在坚实的水泥墙或钢架上。落锤质量各有不同，由 0.1～20 kg 不等。

图 3-37　CAST 落锤仪

3.26.4 实验步骤

① 实验条件:落锤质量为(5±0.005)kg,药品质量为(50±1)mg,测定温度为15~26 ℃,湿度为20%~22%。

② 样品处理:具有不同结晶特性的 RDX 试样使用试验筛筛取尺寸 0.200~0.450 的颗粒,在 40 ℃干燥 5 h,或在 60 ℃干燥 3 h。将 RDX 试样分为三组 A、B、C,每组样品平行测试 2 次,1 次 25 发。使用标准丙酮重结晶的 RDX 同药量进行标定。

③ 操作:凡是涂有防锈油的撞击装置先用汽油清洗,然后再用丙酮清洗两次。将清洗的导向套放在钢底座内,然后用镊子夹着下击柱放入导向套内,再把称量过的试样(50±1)mg 倒在下击柱的面上,试样弄平后,将上击柱轻轻地放在试样上,然后用手轻轻地旋转上击柱,使试样均匀铺在击柱端面上。按此操作装好 25 个撞击装置。

④ 测试:将落锤的落高调整到适宜的高度,整个装置放在钢基座上,关上防护门,操作者站在导轨侧面,用手拉动绳索或断电,使重锤下落。凡是有声效应、光效应、分解、冒烟等现象均认为爆炸。

⑤ 实验完毕,用丙酮清洗实验用过的撞击装置。试样未发生爆炸的撞击装置可继续使用,试样发生爆炸的撞击装置,凡有明显烧灼痕迹或有裂纹者,一般不能继续使用。

⑥ 按 GJB 772A-97 所规定的方法处理数据。

3.26.5 思考题

1. 查阅相关资料,考虑影响炸药感度的因素有哪些。
2. 撞击感度测试过程中需要注意哪些问题。

3.27 实验 27 动态应力测试

3.27.1 实验目的

1. 理解动态应力测试的基本原理;
2. 掌握动态应力测试的方法。

3.27.2 实验原理

炸药成型加工、储存、使用等环境中均会受到撞击、振动等冲击载荷。CAST 落锤仪恰恰可以模拟炸药在冲击载荷下的应力响应,可以通过落锤质量和落高控制刺激量,实现对炸药模拟应力的加载,利用测试系统对响应的应力进行测试,因此,这是一种常用的实验手段。

动态应力测试仪器是一套插卡型通用动态测试分析系统,由数据采集系统、计算机和应用软件组成,整套系统可以完成温度、压力、应力、加速度等多种数据采集、数据存储及滤波、时域、频域等各种分析和测试任务。

在应力测试过程中,在撞击作用下炸药内部会产生应力,应力的分布于炸药晶体缺陷、位置、炸药装药密度不均匀性、装药缺陷等有密切的关系。应力传感器的平均应力计算按照下式计算。

$$\sigma_{cp} = F/S$$

式中：σ_{cp} 为炸药端面附近平均应力，F 为力传感器测得的冲击力，S 为炸药装药的截面面积。

本实验利用压电传感器与动态分析测试系统相连，借助 CAST 落锤仪的落锤，测试不同样品的机械力学性质。控制落锤质量为 5 kg，落高为 25 cm。图 3-38 给出了测试的 RDX 的应力-时间曲线。

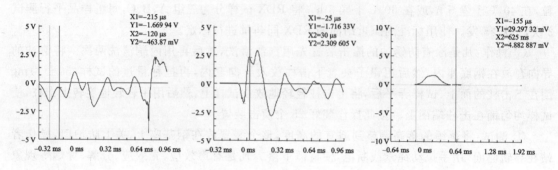

图 3-38 不同晶体特性的 RDX 的应力-时间曲线

3.27.3 实验药品与仪器

实验药品：样品、丙酮或者乙醇。

实验仪器：CAST 落锤仪、导向套、击柱、底座、镊子、药勺、天平、示波器。

3.27.4 实验步骤

① 实验条件：落锤质量为 (5±0.005) kg，药品质量为 (50±1) mg。测定温度为 15～26 ℃，湿度为 20%～22%。

② 样品处理：具有不同结晶特性的 RDX 试样应在 40 ℃ 干燥 5 h，或在 60 ℃ 干燥 3 h。将 RDX 试样分为三组 A、B、C，每组平行测试 2 次，1 次 3 发。

③ 操作：凡是涂有防锈油的撞击装置先用汽油清洗，然后再用丙酮清洗两次。将清洗的导向套放在钢底座内，然后用镊子夹着下击柱放入导向套内，再把称量过的试样 (50±1) mg 倒在下击柱的面上，将上击柱轻轻地放在试样上，然后用手轻轻地旋转上击柱，使试样均匀铺在击柱端面上。按此操作装好 3 个撞击装置。

④ 测试：打开计算机和软件，将落锤的落高调整到 25 cm 落高，整个装置放在钢基座上，关上防护门，击柱与传感器相连接；操作者站在导轨侧面，用手拉动绳索或断电，使重锤下落，记录应力-时间变化。

⑤ 实验完毕，用丙酮清洗实验用过的撞击装置。

⑥ 分析样品应力变化情况。

3.27.5 思考题

1. 应力变化与炸药哪些特性有关？

3.28 实验28 粒径分布测试

3.28.1 实验目的

1. 理解粒径分布控制的原理；
2. 掌握粒径分布测试的方法。

3.28.2 实验原理

CILAS 1064 型高精度粒度分析仪测试粒度和粒径分布是基于光的衍射和传播现象。

当单色光源（激光源）以衍射方式照射颗粒时，可获得无穷大的光亮度，这种衍射方式给出了光的散射强度 I 是衍射角 α 的函数。颗粒尺寸决定了构成这种衍射方式的同心环间的相互距离，如图 3-39 所示。

这种衍射方式与光的波长 λ、焦距 f 成正比，与颗粒直径 d 成反比，即衍射方式与 $1.22\lambda f/d$ 成正比。要以衍射方式确定颗粒尺寸，须使用 Fraunhofer 理论，即满足：所测晶体颗粒是球形的且没有孔隙；颗粒直径 d 至少须大于波长的 3~5 倍；两个颗粒之间的

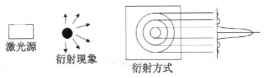

图 3-39 光衍射现象及衍射方式

距离至少须大于颗粒之间的 3~5 倍，否则，两颗粒之间的距离将被测量为颗粒尺寸；为消除色斑的影响，颗粒位置必须是随机的。在这种情况下，颗粒可被认为是孤立的，样品的每个颗粒分别散射光线，并给出各自的衍射方式以 $I_j^v(\alpha)$ 表示，如图 3-40 所示。

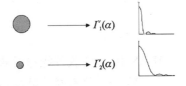

图 3-40 不同直径的颗粒衍射方式示意图

通过每个基本颗粒的衍射方式给出不同直径的一些颗粒的衍射方式。整体光强度可以下式计算：

$$I(\alpha) = \sum_{j=1}^{j=n} P_j I_j^v(\alpha) \qquad (3.28-1)$$

式中：P_j 为直径为 d_j 的颗粒的数目；$I_j^v(\alpha)$ 为直径为 d_j 的一个颗粒在角度为 α 时单位体积的衍射强度；j 为颗粒直径指标类别。

光强度计算举例示意图如图 3-41 所示。

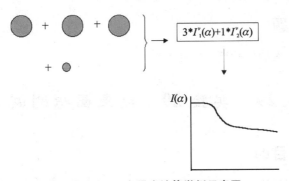

图 3-41 光强度计算举例示意图

颗粒粒度分布的测定原理:直径为 d_j 的相同粒径的颗粒衍射强度按照下式计算:

$$I_i(\alpha) = A_j(d_j)V_j\left[\frac{J_1(kd_j\sin\alpha)}{kd_j\sin\alpha}\right]^2 \qquad (3.28-2)$$

式中:α 为衍射角;J_1 为贝塞尔函数;k 为 $2/\alpha$;$A_j(d_j)$ 为比例常数;V_j 为 N_j 个颗粒的体积;N_j 为直径为 d_j 的颗粒数目;d_j 为 j 颗粒直径。

直径为 d_j 的不同粒径的颗粒的衍射强度按照下式计算:

$$I(\alpha) = \sum_{j=1}^{j=n}\frac{V_j}{V}I_j^v(\alpha) \qquad (3.28-3)$$

式中:j 为颗粒直径类别;V 为样品总体积;V_j 为直径为 d_j 的样品体积;$I(\alpha)$ 为是已知的,与传感器测量的信号有关;$I_j^v(\alpha)$ 为直径为 d_j 的一个颗粒在 α 角度时单位体积的光强度,理论上由贝塞尔函数决定。

颗粒粒径由 P_j 系列得到:

$$P_j = \frac{V_f}{V} \qquad (3.28-4)$$

$$I(\alpha) = \sum_{j=1}^{j=n}P_jI_j^v(\alpha) \qquad (3.28-5)$$

CILAS 1064 型高精度粒度分析仪测定范围 0.04～500 μm。大颗粒晶体粒度、粒度分布的测定原理应遵循 CILAS1180 型高精度粒度分析仪的测定原理,在此不再详述。

本实验内容采用水为分散剂,测试3种具有不同结晶特性的 RDX 样品的粒度和粒径分布。

3.28.3 实验药品与仪器

实验药品:3种具有不同结晶特性的 RDX 样品、水、表面活性剂。
实验仪器:CILAS 1064 型高精度粒度分析仪、药勺。

3.28.4 实验步骤

开启仪器、计算机和控制软件 gwin32,打开进水阀,按照 CILAS 1064 的软件操作设置实验参数,按照操作规程进行粒度和粒径分布测试,分别测试空白实验和3种不同结晶特性的 RDX 产品粒径和粒径分布。需要注意的是 RDX 浓度为 150 时比较适宜进行测试。

测试结束后,关闭软件、计算机和仪器,注意清除管道中的残存水。
分析实验结果。

3.28.5 思考题

1. 影响晶体粒径分布的影响因素有哪些?

3.29 实验29 比表面积测试

3.29.1 实验目的

1. 理解比表面积测试原理;

2. 掌握全自动比表面积测试仪的使用方法;
3. 认识比表面积对于含氮化合物性能的影响。

3.29.2 实验原理

含能化合物晶体的比表面积与粒度大小、粒径分布、外形、球形化程度和表面粗糙度等因素有关,是重要的结晶特性之一,而比表面积和孔径分布也是影响含能化合物晶体的感度和加工性能的重要参数。例如,在 RDX 基或 HMX 基混合炸药中,在保证安全和加工性能的前提下,人们总是希望使用最少的包覆剂,以避免炸药的能量损失。包覆剂的最小需要量在很大程度上取决于单质炸药的比表面积,即在不改变包覆剂用量的条件下,改善比表面积特性可以改善火炸药产品的力学性能、加工性能和安全性能。因此,研究含能化合物的比表面积对含能化合物结晶工艺的改进及其应用具有重要意义。

NOVA 全自动比表面积测试仪测试方法是低温氮吸附容量法,该方法的理论依据是 Langmuir 方程和 BET 方程。Langmuir 吸附模型的假定条件为:吸附是单分子层的,即一个吸附位置只吸附一个分子;被吸附分子间没有相互作用力;吸附剂表面是均匀的。

在一定温度和压力下,吸附剂-吸附质系统达到吸附平衡时,吸附速率和脱附速率相等,即达到了动态吸附平衡,吸附剂表面被吸附的位置可表示为

$$\theta = \frac{K_1 P}{1 + K_1 P} \quad (3.29-1)$$

若以 V 表示气体分压为 P 下的吸附量;V_m 表示所有吸附位置被占满时的饱和吸附量;K_1 为朗格缪尔常数,则

$$\theta = \frac{V}{V_m} \quad (3.29-2)$$

由式(3.29-1)和式(3.29-2)可演变为

$$\frac{P}{V} = \frac{P}{V_m} + \frac{1}{K_1 V_m} \quad (3.29-3)$$

以 P/V 为纵坐标,P 为横坐标作图,可得一条直线,从该直线斜率 $1/V_m$ 可以求得形成单分子层的吸附量。但是,在很多情况下吸附剂表面都是多分子层吸附,由此必须引入 BET 方程,计算出多分子层的饱和吸附量 V_m。

BET 模型假定条件:吸附剂表面可扩展到多分子层吸附;被吸附组分之间无相互作用力,而吸附层之间的分子力为范德华力;吸附剂表面均匀;第一层吸附热为物理吸附热,第二层为液化热;总吸附量为各层吸附量的总和,每一层都符合 Langmuir 方程。

在以上假设基础上推导出的 BET 方程为

$$\frac{P}{V(P_0 - P)} = \frac{1}{V_m C} + \frac{(C-1)}{V_m C} \times \frac{P}{P_0} \quad (3.29-4)$$

式中:V 为达到吸附平衡时的平衡吸附量;V_m 为第一层单分子层的饱和吸附量;P 为吸附质的平衡分压;P_0 为吸附温度下吸附质的饱和蒸气压;C 为与吸附热有关的常数。

BET 常数 C 是有关第一吸附层上的吸附能,因而 C 值表示吸附剂与吸附质之间相互作用的程度。

3.29.2.1 多点 BET 法

由 BET 方程(3.29-4)做出 $1/[V(P_0/P-1)]$ 对 P/P_0 的一条直线。对大多数固体而言,

一般采用 N_2 作为吸附质,这样这条直线被限制在吸附等温线的有限区域内,即通常 P/P_0 的范围为 0.05~0.35 之间。对微孔材料而言,这一范围还将左移至 P/P_0 更低的区域内。

在相对压力合适的范围内,标准的多点 BET 方程至少需要 3 个数据点。单层吸附质的质量 V_m 可从 BET 直线中的斜率 S 和截距 i 中得到。

$$S = \frac{C-1}{V_m C} \tag{3.29-5}$$

$$i = \frac{1}{V_m C} \tag{3.29-6}$$

因此,结合式(3.29-5)和式(3.29-6)可以得到单层吸附质的质量 V_m。

$$V_m = \frac{1}{s+i} \tag{3.29-7}$$

另外,利用 BET 法可用来计算表面积,这就需要了解吸附质的分子截面积 A_{cs}。样品的总面积 S_t 可由下式表示:

$$S_t = \frac{V_m N A_{cs}}{M} \tag{3.29-8}$$

式中:N 为阿伏加德罗常数(6.023×10^{23} 个分子/mol);M 为吸附质的分子量。

在测量表面积时,最常使用的气体为 N_2。因为在许多固体表面,由 N_2 得出的常数 C 介于 50~250 之间,不仅避免了仅在某点进行吸附,而且 N_2 也不像双原子分子气体。人们认为常数 C 受吸附质截面积的影响,由 N_2 得出的常数 C 可以从其液态性质中计算出截面积。在 77 K 时以六边形紧密排列的 N_2 单分子层为例,其截面积 A_{cs} 为 16.2 $Å^2$。样品的比表面积可根据下面方程中总表面积 S_t 和样品质量 V 计算得到

$$S = S_t/V \tag{3.29-9}$$

3.29.2.2 单点 BET 法

在常规测量表面积时,可以简化其步骤。即在吸附等温线上的 BET 曲线的线性范围内选择一个点来计算。当吸附质为 N_2 时,假设常数 C 值足够大,并确保在 BET 方程中截距为零。此时,BET 方程(3.29-4)可简化为

$$V_m = V(1-P/P_0) \tag{3.29-10}$$

测量在某一相对压力(最好是接近 $P/P_0=0.3$)时吸附的 N_2 量,联合方程(3.29-10)以及理想气体方程,即可计算出单层吸附量 V_m。

$$V_m = \frac{PVM}{RT}(1-P/P_0) \tag{3.29-11}$$

总的表面积可由方程(3.29-8)得到,即

$$S_t = \frac{PVMA_{cs}}{RT}(1-P/P_0) \tag{3.29-12}$$

3.29.2.3 多点、单点 BET 比较

相对于多点法而言,采用单点法测量表面积时引入的相对误差是 BET 中常数 C 以及相对压力的函数。在单点法中,误差的大小可从以下两方面比较之后确定,即分别由 BET 方程(3.29-8)以及单点法方程(3.29-10)得到单层分散质量 V_m:

$$V_m = V\left(\frac{P_0}{P}-1\right)\left[\frac{1}{C}+\frac{C-1}{C}\left(\frac{P}{P_0}\right)\right] \tag{3.29-13}$$

改写单点法方程(3.29-10),即
$$V' = V[(P_0/P) - 1]P/P_0 \qquad (3.29-14)$$
那么,在单点法中固有的相对误差为
$$\frac{V_m - V'_m}{V_m} = \frac{1 - P/P_0}{1 + [P/P_0(C-1)]} \qquad (3.29-15)$$

由方程(3.29-15)可以看出:对一给定的 C 值,随着相对压力的增加,相对误差则减小。因而,在单点表面积测量中,相对压力应在 BET 曲线线性范围内尽可能取最大值。除了微孔样品,一般 P/P_0 为 0.3 为宜。在对微孔样品的单点表面积测量中,相对压力应在 BET 曲线线性范围内尽可能取得最大值。

表 3-2 中列出了当 P/P_0 为 0.3 时由下式计算得到的不同 C 值时的相对误差。当常数 C 为 100 时,相对误差为 2%。
$$C = (s/i) + 1 \qquad (3.29-16)$$

在使用单点法测量表面积前,常数 C 可从多点 BET 曲线中估算到。s 和 i 分别是 BET 曲线的斜率和截距。单点法可用于具有相同组分的材料上。若常数 C 已知,为了提高准确率,可由方程(3.29-16)对单点法的结果进行修正。

表 3-2 单点/多点比较

常数 C	相对误差
1	0.70
10	0.19
50	0.04
100	0.02
1 000	0.002
无穷大	0

3.29.3 实验药品与仪器

实验药品:具有不同结晶特性的 RDX,3 组。
实验仪器:NOVA 全自动比表面积分析仪。

3.29.4 实验步骤

3.29.4.1 样品预处理

将样品装入已称重的样品管,样品的量根据样品材料的比表面积预期值是不同的,预期的样品比表面积越大,所需的样品量越少。对大多数催化剂,称样量应在 (0.20±0.02)g 左右。

以粉末样品为例,样品脱气,需要执行以下过程,以避免样品因抽真空扬到管颈并阻塞脱气站中的滤网,甚至污染阀门系统造成漏气。

样品预处理过程步骤如下:
① 将空样品管连同其填充棒一起称重。
② 将样品装入样品管后,插回填充棒,在样品管颈口处填塞玻璃毛。
③ 根据样品的性质,采用加热脱气或者不加热脱气。
④ 脱气时不加热,脱气时间会较长。总体而言,脱气温度太低会导致样品制备时间过长,因而会使表面积和孔容比实际值小。完全脱气的时间的选择应以脱附完吸附在样品表面的必要的水汽和气体为准,可做一系列的试验来确定脱附时间,即在不同的脱附时间下能否得到同样的测试结果。

3.29.4.2 比表面积测试步骤

① 打开氮气阀,压力表的读数应为 0.06~0.08 MPa。

② 打开泵阀,气泵上有一观察窗口,可以观察到里面的油量,应高于窗口的一半,否则需加油。

③ 开机。

④ 真空脱气:准确称量一根空管,添加样品,将样品管装到加热包中。接着进行脱气,单击主菜单中的 Degas,然后设置脱气温度,打开加热包开关进行加热,脱气时间最少 4 h。完全脱气后,关闭加热包开关,再次进入主菜单,选择 Degas。样品管冷却至室温,卸下样品管,再次称重,从而得到干燥并脱气完全的样品重量。

⑤ 脱气完毕后,将样品管内插入填充棒,取出杜瓦瓶,将样品管固定在分析室内,如果用的是直壁管,则直接在杜瓦瓶内加入液氮,盖上盖子,放在样品管的下方;如果用的是球管,需先将盖子套在球管上,然后在杜瓦瓶内加入液氮,放在样品管的下方。

⑥ 分析设置——站口。

单击 Operation,进入站口界面。

➤ Sample

样品 ID——在此输入样品的编号。

样品质量(Weight)——在此输入样品的质量。

样品管选择框(Sample Cell)——单击此键后,用户盘中所有已校准的管子编号都将出现在下拉框中。选择测量所需合适的管子编号。

➤ Points

数据点的选择与所需的测量类型相关。在软件中使用的数据点标识是用来表明该点是吸附点、脱附点或二者皆是(比如等温线的最高点)。这样,所选的任意数据点必须至少有一个"A"标识(吸附)或一个"D"标识(脱附)

◇ 表面积——多点 BET 法

需要测量多点 BET 数值,在 Spread Points 中的左框输入 P/P_0 的下限值及右框中输入 P/P_0 的上限值。然后在 Cnt(点数)框中输入 P/P_0 的总点数。通常,多点 BET 表面积测量点数为 5~7 个点,相对压力在 0.05~0.30 MPa。最后单击 All 按钮选亮所有的数据点,勾上 M (多点 BET)标识,再单击 Apply to selected 按钮即可。

◇ 中孔/微孔特征测量

中孔表征测量需要测量整条等温线,即 P/P_0 从 0.025~0.99 MPa 的吸附等温线以及 P/P_0 从 0.99~0.1 MPa 的脱附等温线。从吸、脱附等温线上可以得到样品的比表面积、孔隙分布、平均孔径以及总孔容。选择整条等温线的数据点与上述讨论的点的选择步骤相似。首先单击点选择框选定 BET 点,接着选定等温线中的吸附点,即在点选择框中选亮 Adsorption,同样脱附等温线的数据点也可以采用 Spread Points。最后在点选择框中选亮 Desorption,并利用 Spread 功能选定 P/P_0 点。

⑦ 单击 Start,进行分析。

⑧ 分析结束后,将杜瓦瓶取出,将液氮倒入储罐内,之后回收样品,清洗样品管。

3.29.5 思考题

1. 比表面积测试过程中的主要影响因素有哪些?
2. 加热脱气对于测试结果有哪些影响?

3.30 实验30 晶体表观密度测试

3.30.1 实验目的

1. 理解表观密度测试原理；
2. 掌握 ULTRAPYCNOMETER 1000 真密度测试仪的使用方法；
3. 认识含能化合物的密度对于其性能的影响。

3.30.2 实验原理

含能化合物的应用价值取决于其物理化学性质和爆炸性能，其密度与爆速、爆压成正比，因此含能化合物的密度是一重要指标。

ULTRAPYCNOMETER 1000 真密度测试仪工作的基本原理是利用阿基米德流体定律和波义耳定律测定体积，然后通过已经测量的固体颗粒的质量，进行真密度值的计算。

向样品池中充入氮气，此时体系内的压强为 P_a。整个系统可以用以下公式表示：

$$P_a V_c = nRT_a \tag{3.30-1}$$

式中：n 为 V_c 中气体分子的个数；R 为气体常量；T_a 为周围环境的温度。

当样品放入到样品池后，其体积为 V_p，等式(3.30-1)可以写为

$$P_a(V_c - V_p) = nRT \tag{3.30-2}$$

当压力大于周围的压力，等式写为

$$P_2(V_c - V_p) = n_2 RT \tag{3.30-3}$$

P_2 表示高于周围环境的压力，n_2 表示样品池内所有的气体的分子个数。当通向 V_A 样品池的螺旋管打开之后，V_A 与 V_c 相通，压力会下降到 P_3，即

$$P_3(V_c - V_p + V_A) = n_2 RT_a + n_A RT_a \tag{3.30-4}$$

令 $P_a V_A = n_A RT_a$ 则

$$P_3(V_c - V_p + V_A) = n_2 RT_a + P_a V_A \tag{3.30-5}$$

由式(3.30-3)和式(3.30-5)可得

$$P_3(V_c - V_p + V_A) = P_2(V_c - V_p) + P_a V_A \tag{3.30-6}$$

从而导出

$$V_p = C_c + \frac{V_c}{1-(P_2-P_a)/(P_3-P_a)} \tag{3.30-7}$$

当 P_a 读取 0 的时候，式(3.30-7)可以写成

$$V_p = V_c + \frac{V_A}{1 - P_2/P_3} \tag{3.30-8}$$

即可由下式算出含能化合物晶体的真密度：

$$\rho = \frac{M}{V_p} \tag{3.30-9}$$

3.30.3 实验药品与仪器

实验药品：具有不同结晶特性的 RDX 产品，3 组。
实验仪器：ULTRAPYCNOMETER 1000 真密度测试仪。

3.30.4 实验步骤

按照 ULTRAPYCNOMETER 1000 真密度测试仪测试 RDX 样品的真密度。

① 测定压力恒定为 68.95 kPa(10 psi),分别在 38 ℃、30 ℃、20 ℃、17 ℃、12 ℃时测定样品表观密度的变化情况,选择适宜的测定 RDX 表观密度的温度范围。

② 测定温度恒定为 15 ℃,分别在 41.37 kPa、55.16 kPa、68.95kPa、82.74 kPa、96.53 kPa、110.32 kPa(即 6 psi、8 psi、10 psi、12 psi、14 psi、16 psi)压力下测定 RDX 样品表观密度的变化情况,选择适宜测定 RDX 表观密度的压力条件。

选择实验①或者实验②按照仪器操作规程中的操作步骤进行实验,理解实验原理,掌握实验方法。

3.30.5 思考题

1. 温度和压力对于晶体表观密度的测定有哪些影响?
2. 测试晶体的表观密度还有哪些方法?基本原理是什么?

3.31 实验31 绝热量热测试

3.31.1 实验目的

1. 理解绝热量热加热法测试的原理;
2. 掌握含能材料的安定性、安全性评价方法;
3. 了解影响含能材料安全性的主要影响因素。

3.31.2 实验原理

炸药是一类特殊的物质,是一种亚稳性物质,强自行活化的物质,在一定条件下反应可能发生失控。一旦在非预期情况下,放热反应发生失控,将会给生命和财产带来巨大损失。反应失控的本质是热危险性,热危险性通常主要表现为"反应失控"(runaway reaction)或叫"自加速反应"(self-accelerating reaction)、日本则叫"暴走反应"。对于含能材料,热危险性不仅存在于反应过程中,而且也存在于储存、运输过程中。反应失控的根本原因在于反应热的失去控制。掌握反应物质与过程的热性质、控制热(通过温度)的释放与导出,始终是研究反应失控问题的主要方面。

热危险性评价方法有差热分析法(DTA)、热重法(TG)、真空安定性测试法(VST)、绝热加速量热法(ARC)、差示扫描量热法(DSC)、微热量热法等。

绝热加速量热仪(ARC)测试时通过保持样品球与夹套温度精确相等实现绝热条件,在绝热条件下,通过终端计算机记录样品放热反应过程的温度(压力)与时间、升温速率(压力)与温度的关系,绘制 ARC 曲线。从 ARC 曲线中可以得到初始放热温度、每时刻的温升速率以及最大升温速率,据此判断热不稳定现象;通过压力曲线读出任何温度下的压力情况和某一时刻的压力情况,判断体系中的压力危险性。

本实验采用 ARC 评价单质炸药的热危险性。其测试原理是 Semenov 绝热反应理论。

图 3-42 给出了热释放速率随温度变化的曲线（Semenov 图）。

图 3-42 中曲线 a 是绝热条件下样品反应放热速率随温度的变化，斜线 b 是样品容器热量损失速率随温度的变化。A 和 b 两条线交于 A、B 两点。反应开始系统温度低于 A 点温度，样品放热速率大于容器失热速率，系统升温，之后在 A 点平衡；系统温度处于 A 与 B 之间时，容器失热速率大于样品放热速率，系统降温，在 A 点平衡；当系统温度大于 B 点温度时，反应失控。图中 b_1、b_2、b_3 是样品容器在环境温度为 L、M、N 时热量损失随温度的变化。当环境温度升到 M 点时，A、B 两个温度在 C 点会合，C 点的温度

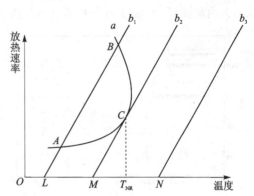

图 3-42 热释放速率随温度变化曲线

T_{NR} 称为热失控（临界）温度或者不回归温度，M 点的温度称为自加速分解温度（T_{SADT}），其定义为：实际包装品中的自反应性化学物质在 7 日内发生自加速分解的最低环境温度；T_{NR} 和 T_{SADT} 的温度差称为临界温度差。因此，从图 3-42 中可以得到最大安全储存温度和合适的操作温度，这是一个非常重要的安全性数据。因为在实际中 T_{SADT}（1 000K），一般 E 为 20 kcal/mol，因此，T_{SADT} 与 T_{NR} 两者的关系为

$$T_{SADT} = T_{NR} - \frac{R(T_{NR} + 273.15)^2}{E} \quad (3.31-1)$$

式(3.31-1)可以说明，反应热失控临界温度只取决于反应特性（活化能）和冷却介质的温度。

Wilberforce 根据绝热反应系统的温升速率、最大温升速率时间和不可逆温度方程，从最大温升速率时间-温度曲线直接求出 T_{NR}，从而得到 T_{SADT} 值。

另外，可以通过绝热加速反应得到在某反应温度 T 情况下，绝热体系达到最大反应速率时对应的时间，即反应诱导期 TMR，该参数指从任何温度到最大放热速率所需的时间，利用该参数可以设置最优报警时间，以利于采取相应的补救措施或强制疏散，从而避免爆炸等灾难性事故的发生。

以动力学参数为基础，最大温升速率时间 TMR 为

$$T_{MR} = \frac{RT_{mr}^2}{Ae^{-E/RT}C^nE} \quad (3.31-2)$$

式中：T_{MR} 为反应诱导期，即绝热体系达到最大反应速率时对应的时间；T 为某一温度条件，T_{mr} 为指最大升温速率对应的温度值；C 为常数；E 为活化能值；A 为指前因子。

从式(3.31-2)可以看出，E 值的微小变化都会给计算结果带来很大的误差，计算值并不精确。但是在 ARC 测试给出的温升速率-温度曲线中，确定最大升温速率后，每个温度到最大温升速率都有一个特定的时间，因此，可以直接从 ARC 曲线图中直接读取。

因此，利用 ARC 实验所获取的数据可以用于预测与生产、储存与运输含能材料有关的热量和压力危险性，以采取适当的预防措施。

图 3-43（实验截图）以 DTBP 为例给出了其测试的 ARC 曲线。图 3-44（实验截图）给出了 DTBP 放热阶段温度速率和压力速率随温度的曲线。图 3-45（实验截图）给出了 DTBP T_{MR} 原始数据随时间的曲线。

从图 3-43 可以看出,温度曲线台阶平滑、清晰,与压力曲线的对应性较好,由于 ARC 的压力为内部测压,而温度是在外部 Bomb 壁上测温,所以压力比温度指示放热要更加灵敏。

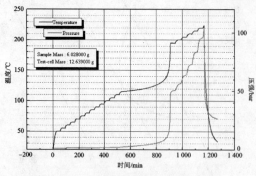

图 3-43　DTBP 实测温度和压力曲线

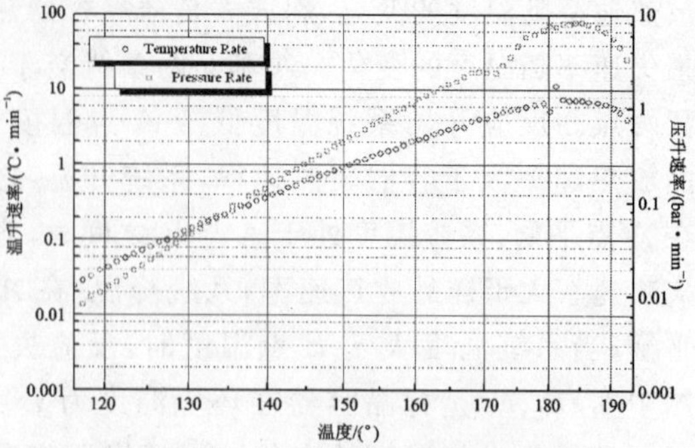

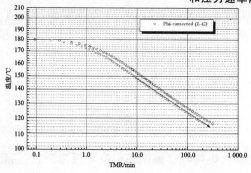

图 3-44　DTBP 放热阶段温度速率和压力速率随温度变化的曲线

图 3-45　DTBP T_{MR} 原始数据随时间变化的曲线

本实验采用绝热加速量热仪(ARC)对具有不同结晶特性的 RDX 产品进行绝热放热量测试,评价不同批次 RDX 产品的热稳定性和热危险性。

3.31.3　实验药品与仪器

实验药品:具有不同结晶特性的 RDX 产品,3 组。

实验仪器:绝热加速量热仪(ARC)(英国 THT 公司)、ARC 小球、Tc-Hc276-MCQ 螺套、天平。

3.31.4　实验步骤

① 准确称量干净裸球质量 m_1,与样品球连接螺母和密封垫圈的总质量 m_2,记录。

② 在样品球中装入适量样品,样品质量<0.5 g,记录装取样品后的样品球质量 m_3。

③ 打开 ARC 设备电源、计算机、EuroARC 软件;打开样品室,将样品球装入 ARC 样品室内,并用扳手拧紧螺母;检查系统气密性;系统密闭,则将热电偶放入样品球夹套中,将上部炉子抬下,关闭 ARC 样品室的门,关闭 ARC 设备的门,准备试验。

④ 设置 ARC 实验参数,保存参数文件,命名实时记录文件;单击 Start,开始实验。

⑤ 试验结束后,按下运行 EuroARC 程序中的 Stop 键,保存放热数据,冷却量热仪。

⑥ 分析放热数据,给出热危险性评价。

需要注意的是,实验前需要进行仪器的校准和空白试验,实验步骤与上述一致。

3.31.5 思考题

1. 谈谈绝热加速量热法对含能材料热危险性的评价方法的优缺点。

3.32 实验 32 差热分析

3.32.1 实验目的

1. 理解差热分析实验的基本原理;
2. 掌握差热分析方法和数据处理方法;
3. 了解差热分析技术在含能材料领域的应用。

3.32.2 实验原理

按照第五届国际热分析会议提出的热分析定义为:在程序控温下,测量物质的物理性质与温度关系的一类技术。热分析技术包括热重法(TG)、等压质量变化测定、逸出气检测(EGD)、逸出气分析(EGA)、放射热分析、热微粒分析、升温曲线测定、差热分析(DTA)、差示扫描量热法(DSC)、热膨胀法、热机械分析(TMA)、动态热机械法、热发声法、热传声法、热光学法、热电学法、热磁学法等,其中常用的有 TG、DTA、DSC 等。

DTA 是在程序控制温度下测量物质和参比物质之间的温度差与温度(或时间)关系的一种技术。描述这种关系的曲线称为差热曲线或 DTA 曲线。由于试样和参比物之间的温度差主要取决于试样的温度变化,因此就其本质来说,差热分析是一种主要与焓变测定有关并借此了解物质有关性质的技术。差热分析是材料热分析方法中最简便易行、也是应用最广泛的方法之一。

炸药的热分解与其爆炸和燃烧过程有密切的关系,炸药热分解的研究一直是人们认识和使用炸药的重要途径。对于一种新型的炸药或炸药组分,如果没有全面的热分析数据,配方中是绝对不能使用的。通过热分解的研究,可以得到炸药的许多物化数据,如分解温度、相转变温度、比热容、导热系数、转变热、蒸气压、动力学参数以及与配方中各组分的相容性等,为以后的配方、燃烧模型和爆炸模型的研究提供数据。

单一化合物炸药难以满足现代战争对炸药的要求,现在多采用混合炸药,例如高聚物粘结炸药(PBX)作为各种弹药的装药。PBX 以爆炸性质良好的硝胺类炸药(RDX 和 HMX)作为主体炸药,再配以其他组分,如高聚物(粘结剂)、添加剂(改进产品的其他性质)等,组成多元的混合体系。

但是,在实际使用中,当炸药和这些添加剂共混后,经常出现混合物的热分解速率比单一炸药速率快的现象,也即混合物比单一炸药具有较大的危险性。因而,研究炸药与各种添加剂构成的混合物热分解,即热安定性是个重要的实际课题。这就是炸药的相容性应用研究的问题。炸药的相容性指的是炸药(单体或混合炸药)和其他添加剂共混、接触时所构成的混合物的热分解速率特性。由于混合物的热分解速率一般都与单一炸药有所不同,所以以变化的程度来判别混合物的相容性。如果和原来的炸药对比,混合物的热分解速率加快明显,就认为这个混合物的组成不相容;速率加大程度低或者相对不变的可认为是相容的,这种判别标准也是不精确、模糊的,根据测定方法而变化,带有很大的经验性。

数据处理方法常用的有 Ozawa 法和 Kissinger 法。

3.32.2.1 Ozawa 法

Ozawa 法如下式:

$$\lg \beta = \lg\left(\frac{AE}{RG(\alpha)}\right) - 2.315 - 0.4567\frac{E}{RT} \quad (3.32-1)$$

式中:β 为升温速率,$K \cdot min^{-1}$;A 为指前因子,s^{-1};E 为反应活化能,$J \cdot mol^{-1}$;R 为气体常数,$8.314 J \cdot mol^{-1} \cdot K^{-1}$;$\alpha$ 为反应程度;$G(\alpha)$ 为转化率积分方程;T 为温度,K。

由于不同升温速率 β 下各热谱峰顶温度 T_{max} 处的反应程度 α 值近似相等,因此在 $0 \sim \alpha_m$ 范围内值 $\lg\left(\frac{AE}{RG(\alpha)}\right)$ 都是相等的,因此 $\lg \beta$ 与 $\frac{1}{T_{max}}$ 呈线性关系,斜率为 $-0.4567\frac{E}{R}$,则由斜率可以求得 E 值。

3.32.2.2 Kissinger 法

Kissinger 法如下式:

$$\ln\left(\frac{\beta}{T_{max}^2}\right) = \ln\left(\frac{RA}{E}\right) - \frac{E}{R} \times \frac{1}{T_{max}} \quad (3.32-2)$$

这样,在不同程序升温速率 β 下测定一组差热曲线,得到相应的一组 T_{max},以 $\ln\left(\frac{\beta}{T_{max}^2}\right)$ 对 $\frac{1}{T_{max}}$ 作图应是一条直线。从该直线的斜率和截距可以计算活化能 E 和指前因子 A。

再由 Arrhenius 定律,如下式:

$$k = Ae^{-\frac{E}{RT}} \quad (3.32-3)$$

可以得到一定温度 T 下的反应速率常数 k。

根据 GJB772A—97,加热速率趋于零时的外推始点温度按下式计算:

$$T_{p_i} = T_{p_0} + b\beta_i + c\beta_i^2 + d\beta_i^3 \quad (3.32-4)$$

式中:T_{p_i} 为 DTA 曲线上的外推始点温度,K;T_{p_0} 为加热速率趋于零时 DAT 曲线上的外推始点温度,K;a,b,c,d 为常数;β_i 为升温速率,K/min。

3.32.2.3 相容性

根据 GJB772A—97 方法来判定试样的相容性,其评价相容性的推荐等级如表 3-3 所列。

表 3-3 DTA 的相容性评价标准

等级	ΔT	活化能的改变率	相容性评价标准
1	$\Delta T \leqslant 2 K$	$\Delta E/E_a \leqslant 20\%$	相容性好
2	$\Delta T \leqslant 2 K$	$\Delta E/E_a > 20\%$	相容性较好
3	$\Delta T > 2 K$	$\Delta E/E_a \leqslant 20\%$	相容性较差
4	$\Delta T > 2 K$	$\Delta E/E_a > 20\%$ 或 $\Delta T > 5 K$	相容性差

试样表观活化能的改变率和 $\beta = 5 K/min$ 时,单独体系相对于混合体系分解峰温的该变量 ΔT_5 分别按下式计算。

$$\Delta E_5 = E_a - E_b \quad (3.32-5)$$

式中:$\Delta E/E_a$ 为单独体系相对于混合体系表观活化能的改变率;E_a 为单独体系表观活化能,kJ/mol;E_b 为混合体系表观活化能,kJ/mol。

$$\Delta T_5 = T_{5D} - T_{5H} \quad (3.32-6)$$

式中:ΔT_5 为单独体系相对于混合体系分解峰温的改变量,K;T_{5D} 为单独体系的分解峰温,K;T_{5H} 为混合体系的分解峰温,K。

3.32.3 实验药品与仪器

实验药品:RDX 样品、HTPB、F2311。

实验仪器:岛津 DTG-60、坩埚。

3.32.4 实验步骤

实验内容:RDX 样品的热分解实验,以及 RDX 与 HTPB、F2311 的相容性判别。

① 准备样品。$w_{RDX}:w_{HTPB}=50:50$,$w_{RDX}:w_{F2311}=50:50$。样品测试的总质量控制在 2.0~3.0 mg 之间。混合物需要用研钵研磨使其混合均匀。

② 实验条件如下:

气氛条件:空气和氮气气氛;

升温速率:2.5 K/min,5 K/min,10 K/min,20 K/min;

温度范围:升温速率 2.5 K/min,5 K/min 和 10 K/min 时温度范围为 30~300 ℃;升温速率 20 K/min 时温度范围为 30~600 ℃。

③ 开启 DTG-60、计算机和软件。将参比坩埚和测试的空坩埚同时放在传感器上,降下炉盖,待体系稳定后,归零质量。

④ 升起炉盖,取出测试坩埚,加入适量测试样品,将坩埚用镊子重新放回传感器,降下炉盖,待体系稳定后,读数样品质量。

⑤ 如果样品质量不在要求的范围内,重复④,加入或者减少坩埚内的样品量,直至样品质量在测试范围内为止。

⑥ 在软件中设置实验参数,如起始温度、终止温度、升温速率等,单击 START,开始实验。

⑦ 实验结束后,等待炉温降至 70 ℃ 以下,开启炉盖,取出测试坩埚。

⑧ 按照步骤③~⑦测试不同升温速率和不同样品的差热分析数据。

⑨ 按照 Ozawa 法和 Kissinger 法处理动力学数据,求出 RDX 的活化能和指前因子、反应速率常数 k。

⑩ 根据 GJB772A—97 方法判别 RDX 与 HTPB、F2311 的相容性。

3.32.5 思考题

1. 影响 RDX 热分解行为的因素有哪些?
2. RDX 应用过程中需要注意什么?

3.33 实验33 微热量热技术分析二元混合炸药组分相容性

3.33.1 实验目的

1. 理解微热量热法测试含能材料相容性原理；
2. 掌握微热量热法测试含能材料相容性的方法。

3.33.2 实验原理

由实验32可知，炸药的相容性指的是炸药（单体或混合炸药）和其他添加剂共混、接触时所构成的混合物的热分解速率特性。由于混合物的热分解速率一般都与单一炸药有不同，所以以变化的程度来判别混合物的相容性。如果和原来的炸药对比，混合物的热分解速率加快明显，就认为这个混合物的组成不相容；速率加大程度低或者相对不变的可认为是相容的，这种判别标准也是不精确、模糊的，根据测定方法而变化，带有很大的经验性。

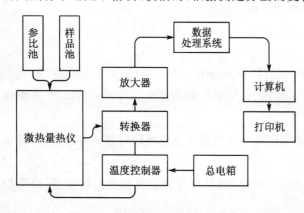

图3-46 C80型微热量热仪工作原理

C80型微热量热仪是使用卡尔维原理的量热仪，测试热容器与环境间的热交换量，即热流曲线，其热量值以热功率来表示。仪器的工作原理如图3-46所示。

仪器按照规定程序升温并恒定于测试温度。以 α-Al_2O_3 为基准物质测试仪器基线，基线平稳后，在一个样品池内放入药剂、材料或者两者1∶1的混合物，分别测试它们的热流曲线，每个样品测试时间为40 h。

如果需要测试加湿条件下的药剂相容性，需要预先在样品池内加入一定量的饱和 KNO_3 溶液，使整个样品池内相对湿度大于90%，再重复测定基线、药剂、材料以及1∶1药剂与材料混合物的热流曲线，每个样品的测试时间为120 h。

相容性判定如下：

① 规定理论热流曲线为药剂热流曲线与材料热流曲线绝对值叠加所得的新热流曲线。

② 实际热流曲线为实测的材料混合物的热流曲线，当实际热流曲线低于理论热流曲线时，判定该体系为相容；当实际热流曲线高于理论热流曲线，且又低于理论热流曲线1.5倍时，判定该体系为轻微反应；当实际热流曲线高于理论热流曲线1.5倍时，判定该体系为不相容。

含能材料的热分解反应相容性测试是非常最重要的方面，直接影响产品的生产、加工、使用、储存等过程。因此，相容性的测试研究具有非常重要的现实意义。

差热分析测试方法样品用量很小，小于5 mg，因此常常导致样品混合不均匀，测试结果出现偏差；实际储存条件下，空气中有水分存在，传统测试方法往往忽略了湿度的影响；而微热量热法测试恰恰可以弥补上述缺陷,因此测试结果更准确,更可靠。

3.33.3 实验药品与仪器

实验药品:RDX 样品、HTPB、F2311。

实验仪器:法国塞特拉姆公司的 C80 微热量热仪、半高池、天平。

3.33.4 实验步骤

① 实验条件:样品量 300 mg,升温速率 2 ℃/min,起始温度 50 ℃,终止温度 300 ℃;如果温度平衡时温度变化小于 0.02 ℃/min,则可以开始测试,测试时间为 40 h。

② 以 α - Al_2O_3 为基准物质测试仪器基线,直至基线平稳。

③ 分别按照标准测试 RDX 样品、HTPB、F2311 的热流曲线。

④ 分别按照标准测试,RDX 样品:HTPB=50:50,RDX 样品:F2311=50:50 两组样品的热流曲线。

⑤ 按照判定规则,判别 RDX 与 HTPB、F2311 的相容性。

⑥ 测试加湿条件下 RDX 与 HTPB、F2311 的相容性。

3.33.5 思考题

1. 加湿条件对 HEDC 相容性有哪些影响?并尝试解释。

3.34 实验 34 在线红外光谱技术研究醋酐水解反应机理

3.34.1 实验目的

1. 理解酰胺水解反应的基本原理;
2. 理解在线红外技术的基本原理;
3. 掌握在线红外光谱仪的基本操作。

3.34.2 实验原理

在线红外光谱技术即是在红外光谱采集的基础上,加上了时间的坐标轴,及时采集及时记录,得到三维图谱,通过波谱的分析,可以观察有机化学反应中反应物、中间体、不稳定中间体、产物的浓度变化,监测反应过程,判断反应起点、终点,跟踪物料累积情况,提高操作人员和反应过程的安全性;用于研究反应动力学,评估温度对反应速率的影响;深入了解反应路线,加速工艺开发。在线红外技术具备光纤探头,可以直接插入溶液中进行测量,不需要取样稀释进行测试。

本实验为综合设计实验,其目的是利用简单的醋酐水解反应理解在线红外光谱技术在合成反应机理研究中的应用,认识在线红外技术在含能材料领域机理研究、工艺开发、动力学研究等方面的应用。

醋酐水解反应如下式,反应过程中羰基的化学环境有了变化,那么羰基的吸收波谱峰也会发生位移,根据在线红外的三维图谱,分析醋酐水解反应机理。

$$\text{(H}_3\text{C-CO)}_2\text{O} + \text{H}_2\text{O} \longrightarrow 2\text{H}_3\text{C-COOH} \qquad (3.34-1)$$

3.34.3 实验药品与仪器

实验药品：醋酐、水、氮气、液氮。
实验仪器：梅特勒 ReactIR iC10 在线红外波谱仪、100 mL 三口烧瓶、搅拌器、量筒。

3.34.4 实验步骤

① 按下 ReactIR iC10 在线红外波谱仪主机背面电源开关，预热三小时以上。连接好气路，在实验开始前半小时使用高纯 N_2 吹扫，气体流量 4.7 L/min，长期保持。实验前半小时，需用加料漏斗注入液氮，冷却监测器。在将液氮注入主机内的过程中，液氮会有个喷溅的过程，待液氮喷溅完后，需继续注入液氮，直到它从加料漏斗缝隙中均匀漏出为止。

② 打开计算机和软件。在软件中的 Start(开始)页面选择 Configure Instrument，按实际选择配置硬件之后，单击 Next(下一步)。

③ 将探头插入三口烧瓶中，并固定好探头的位置，并确保探头暴露在空气中，在软件首页面工具栏中的 Contrast Test 一栏中选择 Contrast 选项，选择好相关硬件配置后，单击 Start 按钮，分别转动探头和光导管的 3 个旋钮，调节到 Peak Height≥2 000 和 Contrast≥30，保证光路调节窗口的指示栏灯是绿的。如果调节很难满足要求，需要使用脱酯棉球或者使用合适的溶剂清洗或者浸泡探头。

④ 单击 Collect Background("收集背景")按钮，等待指示栏结束，此时背景谱图变绿，单击 Next("下一步")；在 Start("开始")页面选择 New Spectra Library，单击 Sample Using Wizard 键，根据提示收集水、醋酐、醋酸的红外谱图。

⑤ 仪器调试完毕后，将 20 mL 醋酐置于 100 mL 的三口瓶中，具塞。

⑥ 在 Start 页面上单击 New Experiment("新建实验")按钮。定义实验名称，选择保存文件夹。在三口瓶中加入 5 mL 水，搅拌，按页面左上角 Start Experiment 按钮来开始收集数据，设置采集时间为 60 min。

⑦ 保存图谱。醋酐水解过程三维谱图如图 3-47 所示。反应趋势图如图 3-48 所示。

⑧ 根据图谱分析醋酐水解反应历程。

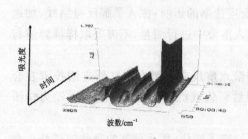

图 3-47 醋酐水解反应三维图

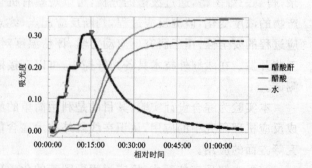

图 3-48 反应趋势图

3.34.5 思考题

根据红外波谱三维图谱,分析反应历程,给出相应的反应趋势图谱,推断和验证醋酐水解反应机理。

3.35 实验 35 近红外光谱技术建立硝酸-水二元体系组分定量分析方法

3.35.1 实验目的

1. 理解近红外光谱定量分析基本原理;
2. 掌握近红外光谱建立定量分析模型的方法。

3.35.2 实验原理

近红外光谱(NIR)信息主要来源于分子中 C—H、N—H、O—H、S—H 等含氢基团的倍频和合频振动吸收。与中红外(MIR)一样,所有的有机物在 NIR 区均具有相应的特征吸收光谱信息,光谱吸收强度与组分含量间呈一定的数学关系(通常遵循朗伯-比尔定律),由于 NIR 光谱区信息分布较为复杂,这种数学关系区别于标准曲线,通常被称为数学模型。通过收集一定数量和具有代表性的标准样品(组成校正集),测定出其 NIR 光谱图,使用专门的化学计量学软件,可在 NIR 光谱图与组分含量间建立起相应的数学模型。近红外建模所使用的标准样品是经传统分析方法测定或计算出了指标成分含量或其他性质数据的实际样品,而非纯的标准品。数学模型是实现定量分析的基础。数学模型的建立过程如图 3-49 所示。

采用 Antaris II 傅里叶近红外分析仪建立定量分析模型的过程可以按照如下步骤进行:定量分析问题的描述;选择适当的采样方法;创建新的模型文件;给模型定义一个名称;选择一种建模算法;选择光程类型;定义待测组分;进行可行性测试;采集标准样品光谱;光谱预处理;选择光程范围;设置其他参数;保存模型;计算模型;验证模型;模型修正。

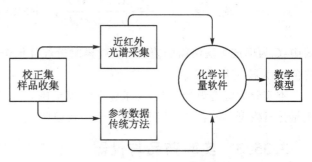

图 3-49 近红外定量数学模型的建立过程

数学模型一旦建立并经过验证和确认,就可以非常方便地用于样品常规分析,将未经任何处理的样品置于仪器专用的样品杯中,软件会控制仪器自动采集内置背景和样品光谱,并自动通过分析模型计算出各指标成分含量,并汇总于检测报告中,如图 3-50 所示。一般一个样品的分析时间不超过 30 秒。由于 NIR 光谱图中除包含物质化学组成性质之外,样品的一些物理性质也会影响 NIR 光谱信息,这样一方面增加了建模困难,使得建模时需要使用更多的标准样品和相对复杂的数学算法,另一方面,也使得除化学性质之外的一些物理性质如密度、粘度、晶型等也可以通过近红外进行测定。

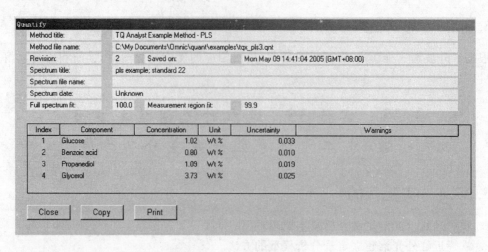

图 3-50　样品分析报告

实验过程中的所有光谱数据处理均在 TQ Analyst 7.1 光谱分析化学计量学软件中进行。建模所用算法选用常用的 PLS(偏最小二乘)，其中表征近红外定量模型质量的几个关键指标有校正相关系数 R_c、交叉验证相关系数 R_{cv}、校正均方差 RMSEC、交叉验证(cross-validation，指每次取出一个样品，用其余样品建模，对被取出的一个样品进行预测，预测值标为 $\hat{C}_{i,cv}$，循环直至所有样品均被预测一次)均方差 RMSECV，计算公式为

$$R_c = \sqrt{1 - \frac{\sum(\hat{C}_{i,c} - C_i)^2}{\sum(C_i - \overline{C})^2}}, \quad \text{RMSEC} = \sqrt{\frac{\sum(\hat{C}_{i,c} - C_i)^2}{n-1}}$$

$$R_{c,cv} = \sqrt{1 - \frac{\sum(\hat{C}_{i,cv} - C_i)^2}{\sum(C_i - \overline{C})^2}}, \quad \text{RMSECV} = \sqrt{\frac{\sum(\hat{C}_{i,cv} - C_i)^2}{n-1}}$$

式中：C_i 为标准方法测得的值；$\hat{C}_{i,c}$ 为建模时近红外拟合值；$\hat{C}_{i,cv}$ 为建模时近红外预测值；$\overline{C}$ 为平均值；n 为校正集样品数。

本实验为综合设计实验，要求建立浓度范围在 55%～65% 的硝酸-水二元体系中硝酸的定量分析模型，并给出样品测试分析结果及误差。

3.35.3　实验药品与仪器

实验药品：浓硝酸、水、氢氧化钠、邻苯二甲酸氢钾、硫酸、酚酞、甲基橙。

实验仪器：Antaris Ⅱ 傅里叶近红外分析仪(美国 ThermoFisher 公司分子光谱部)，Antaris 光纤采样系统、透射光采样系统以及积分球采样模块，RESULT 3.0 操作软件，TQ Analyst 7.1 光谱分析化学计量学软件。

50 组 25 mL 具塞锥形瓶、滴瓶、溶剂瓶、碱式滴定管、酸式滴定管、量筒、安剖球。

3.35.4　实验步骤

实验条件：近红外光谱光纤采集、透射光采集扫描次数均设置 64 次，分辨率 8 cm^{-1}，光谱范围 12 000～4 000 cm^{-1}。

① 配制标准品集50组,硝酸浓度范围55%～65%。

按照标准GB/T 337.1—2002滴定浓硝酸浓度。具体步骤:邻苯二甲酸氢钾滴定配制的氢氧化钠溶液,建立氢氧化钠标准溶液;氢氧化钠滴定配制的硫酸标准溶液;氢氧化钠标准溶液和硫酸标准溶液滴定硝酸溶液。

② 分别采用光纤采集、透射光采集系统采集50组硝酸-水体系的近红外光谱集。

③ 采用化学计量学软件建立硝酸-水体系的近红外定量分析模型,并评价模型。

④ 样品集样品硝酸浓度分析,给出测试误差。

3.35.5 思考题

1. 如何评价近红外光谱定量分析模型?影响定量分析模型好坏的因素有哪些?

3.36 实验36 采用反应量热技术评价醋酐水解放热反应工艺安全性

3.36.1 实验目的

1. 理解反应量热测量的基本原理;
2. 掌握RC1e反应量热器进行等温和绝热反应的基本操作规程。

3.36.2 实验原理

炸药的反应安全性在制备过程中至关重要,如炸药制造过程中最基本最重要的硝化反应的热化学数据与动力学数据是确定工艺优化与反应安全性的最基本数据,这些数据包括反应热、起始放热温度、传热系数、反应速度、反应活化能与反应级数、稀释热等。在我国炸药生产中出现重大事故的直接原因是在反应过程中的反应失控,其本质是热危险性。导致反应失控的原因可能有反应温度、压力、加料速度和方式、搅拌、冷却等,而其根本原因是对反应热失去控制,因此掌握反应物质与过程的热性质、控制热的释放与导出就显得尤为重要。

瑞士Mettler-Toledo公司研制的全自动实验室反应量热RC1e系统可以模拟工艺生产,测量反应过程中的热流,自动确定反应工程有关数据,如炸药制备中的温度、压力、加料方式、操作条件、混合过程、反应热能等重要过程变量参数。该系统可以用于研究反应安全性与反应条件之间的关系,对反应危险性进行评估。该系统采用耐腐蚀材质,设有应急措施,充分考虑了反应过程的安全性。

全自动实验室反应量热系统由反应釜装置、恒温装置、电子控制装置和PC软件四部分构成。RC1e反应量热系统测试反应热是根据热流法量热原理来设计的,其基础是物质平衡和热流平衡。RC1e对实际参数测量和控制,精确测量放热反应中的放热量、溶解固体需要的热量,得到整个过程的热量和质量平衡,以这些得到的基本数据计算冷却能力和反应动力学,建立反应模型,进行危险性分析。

热流法量热原理如下所述。

3.36.2.1 通过反应釜的热流

反应量热器用双层夹套的釜为反应器。反应釜的夹套温度记为T_j,反应物的温度记为

T_r,由此可以计算通过反应釜壁的热流。反应釜装置如图 3-51 所示。

$$Q_{\text{flow}} = U \cdot A \cdot (T_r - T_j) \quad (3.36-1)$$

式中:Q_{flow} 为通过反应釜壁的热流,$J/s=W$;U 为反应釜壁的总热传递系数,$W/m^2 \cdot K$;A 为热交换面积(润湿面积),m^2;T_r 为反应物的温度,℃;T_j 为反应釜夹套温度,℃。

在反应釜进行非稳态和非等温操作时,必须把反应釜壁的显著热容考虑在内。从硅油流进反应釜壁的热流有部分被用来加热/冷却釜壁而未用于加热反应物质。用数学模型来计算反应釜壁内的温度分布,这个模型给出夹套温度 T_a。考虑到反应釜壁的动态性能,在在线评估程序中,校正后的夹套温度 T_a 代替 T_j,因此:

$$Q_{\text{flow}} = U \cdot A \cdot (T_r - T_a) \quad (3.36-2)$$

式中:T_a 为校正后的夹套温度,℃。

温度差值 $(T_r - T_a)$ 是热从反应釜壁传递到反应物的动力。热流 Q_f 与温度差值成正比。比例因子 $U \cdot A$ 由热量校准确定。

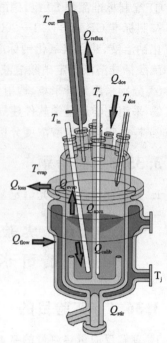

图 3-51 反应釜装置

反应釜的热流平衡:流入 = 积累 + 流出热量

$$(Q_r + Q_c + Q_{\text{stir}}) = (Q_a + Q_i) + (Q_f + Q_{\text{dos}} + Q_{\text{loss}} + \cdots) \quad (3.36-3)$$

$$Q_r = U \times A \times (T_r - T_a) + m_r \times C_{\text{pr}} \times \frac{dT_r}{dt} \quad (3.36-4)$$

$$Q_a = m_r \times C_{\text{pr}} \times \frac{dT_r}{dt} \quad (3.36-5)$$

$$Q_i = C_{p,\text{inserts}} \times \frac{dT_r}{dt} \quad (3.36-6)$$

$$Q_{\text{dos}} = \frac{dm}{dt} C_{p,\text{dos}} (T_r - T_{\text{dos}}) \quad (3.36-7)$$

$$Q_{\text{accu}} = dT_r/dt \times (m_r \times C_{p,r} + m_j \times C_{p,j}) \quad (3.36-8)$$

$$Q_{\text{reflux}} = dm_{\text{cool}}/dt \times C_{p,\text{cool}} \times (T_{\text{out}} - T_{\text{in}}) \quad (3.36-9)$$

式中:Q_r 为化学或物理反应量热产生的热量,是反应同时进行化学反应和蒸发、结晶、溶解、混合等相变引起的反应介质中各种热量影响的总和;Q_c 为校准功率;Q_{stir} 为由搅拌浆带进来的热量;Q_a 为反应物的储存热量(累积);Q_i 为通过插入件储存的热量(累积);Q_f 为通过反应釜壁的热流;Q_{dos} 为由于加料带入的热量,使物流从 T_{dos} 到 T_r 所需的功率;Q_{loss} 为通过所安装反应釜盖的热流,$Q_{\text{loss}} = \alpha \times (T_r - T_{\text{amb}})$;$m_r$ 为反应物质量,kg;$C_{p,r}$ 为反应物的比热,$J/(kg \cdot K)$;C_{pinsert} 为所有插件的热容,从淹没深度的两个固定点计算得出,$J/(kg \cdot K)$;$C_{p,\text{dos}}$ 为加料的比热,$J/(kg \cdot K)$;dT_r/dt 为反应物温度的即时变化;dm/dt 为加料的质量流量,kg/s。

3.36.2.2 校 准

一个电校准加热器对反应釜施加一个已知的热量产生速率 Q_c,假设无反应发生,施加的校准功率必定由反应釜壁散发,由此确定 $U \cdot A$ 因子。

实验中,在每个超过 9 min 的校准中,$U \cdot A$ 被重新计算,计算公式如下式。

$$U \times A = \frac{Q_c(t_0+9)}{\Delta T(t_0) - \Delta T(t_0+9)} \quad (3.36-10)$$

式中:$Q_c(t_0+9)$ 为校准开始后 9 min 的校准功率;$\Delta T(t_0+9)$ 为校准开始后 9 min 的 $(T_r - T_a)$ 值;$\Delta T(t_0)$ 为校准开始时的 $(T_r - T_a)$ 值。

3.36.2.3 热交换面积

热交换面积依赖于反应釜的构造和加入料的水平。如果搅动反应物形成漩涡,则在未增加有效体积的情况下增加了热交换面积,因此需要记录这个虚体积,以正确评估实验。在计算机上手工输入变动后的数值。在 RC1 程序中,起作用的交换面积为将反应釜分为曲线形底部和圆筒形管体计算而得(见图 3-52)。计算公式如下:

$$A = A_{min} + 4 \times \frac{(V_v - V_{min})}{d \times 1000} \quad (3.36-11)$$

式中:A 为热交换面积,m^2;A_{min} 为反应釜非圆筒形部分的最小热交换面积,m^2;V_v 为虚拟体积,L;V_{min} 为反应釜非圆筒形部分的最小体积,L;d 为反应釜圆筒形部分的直径,m。

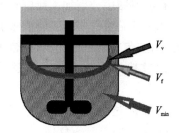

图 3-52 热交换面积计算示意图

计算所得的面积 A 受限于最大交换面积 A_{max},因为这考虑了硅油流过的夹套并不完全达到所安装的反应釜盖。另外,实际进行实验时所需要的最小液体体积要比 V_{min} 大,因为校准加热器必须至少淹没在反应物下 5 cm 处。

3.36.2.4 T_r 的导数 (dT_r/dt)

为得到反应物温度 T_r 的稳定导数值,对最近的 17 个数值(32 s)作回归抛物线,导数的测定在中间。这使 dT_r/dt 的数值在实验中延迟 16 s。在评估程序中,存储 dT_r/dt 回移 16 s,以与其他测量值同步。

醋酐水解反应具有一定的热失控性,实验需要通过 RC1e 全自动反应量热系统测试醋酐水解反应热力学数据,评价反应过程的热安全性。

实验为综合设计实验。学生需要根据仪器使用说明书自行设计实验工作流,评价醋酐水解反应的安全性。

3.36.3 实验药品与仪器

实验药品:醋酐、水、硫酸。
实验仪器:RC1e 全自动反应量热仪、量筒。

3.36.4 实验步骤

① 实验前的准备工作如下:
在接通 RC1e 和 RD10 电源前,需要检查所有相关的硬件是否按照过程图表安装;把物料瓶放在天平上,接通天平电源,去皮重。

接通 RC1e、RTCal、RD10 仪器箱电源;接通温度调节单元的冷源(低温恒温装置),启动外部冷却循环装置;打开计算机和 WinRC 操作软件,选择 Experiment/Check consistency 选项或者单击工具栏"√",检查实验设置有无重复和矛盾之处;调节起始阶段的参数 T_j 和 R 适合后续的指令。

② 实验过程如下:

打开 WinRC 操作软件。选择 File/New,输入新文件的名字并选择存储路径后,出现两个窗口:"过程图表"和"过程程序"。根据实验原理,先进行"过程图表"的设置,再进行"过程程序"的设置。

在物料瓶中分别加入醋酐和水。

单击开始进行实验。软件根据状态对"操作"项进行颜色编码:白色表示未进行,绿色表示运行中,灰色表示已经完成,红色表示终止,黄色表示暂停。

③ 实验结束后,洗净反应釜、插入件和传感器,关掉 RC1e、RD10 和天平电源,关闭冷源,关闭软件。

④ 实验过程中遵守相关安全措施。

⑤ 采用数据分析软件,获得醋酐水解反应热力学数据,建立反应动力学模型,计算得到醋酐水解反应动力学参数如反应级数、活化能、指前因子,最终获得醋酐水解反应的安全界限图。

实验参数如下:

初始设置,$T_j=50$ ℃,$R=130$ r/min。将 T_r 尽快升温至 50 ℃,手动加入 2 mL 95%～97%的硫酸,催化剂参数 $\rho=1\,830$ kg/m³,$C_p=1.473$ kJ/(kg·K)。

工作流如下:

设置起始温度为 50 ℃,快速计算 $U·A$ 和 $C_{p,r}$。加入反应物料,开始反应,5 min 内自动加料 51 g 醋酐(0.5 mol)。

确定 $U·A$ 和 $C_{p,r}$。

起始温度 50 ℃,T_r:−3 ℃。反应结束后,冷却 T_r 至 25 ℃。$T_j=25$ ℃,$R=100$ rpm。

试验工作流设计过程如图 3-53 所示。

3.36.5 思考题

1. 含氮化合物硝化过程中,如何评价反应的安全性?试设计一硝化反应,进行反应量热测试。

2. 设计不同温度和不同加料速度下苯甲酸甲酯碱性水解反应放热量测试实验过程。

(1) T_r 模式为 60 ℃,pH=11,等待 20 min 后,在 20 min 内加入 0.5 mol(68 g)苯甲酸甲酯,加料速率 204 g/h,直到反应完全结束(2 h)。

(2) T_r 模式为 80 ℃,在 20 min 内加入 0.5 mol(68 g)苯甲酸甲酯,加料速率 204 g/h,等待 1 h。

(3) T_r 模式为 80 ℃,在 10 min 内加入 0.5 mol(68 g)苯甲酸甲酯,加料速率 408 g/h,等待 1 h。

(4) T_r 模式为室温。

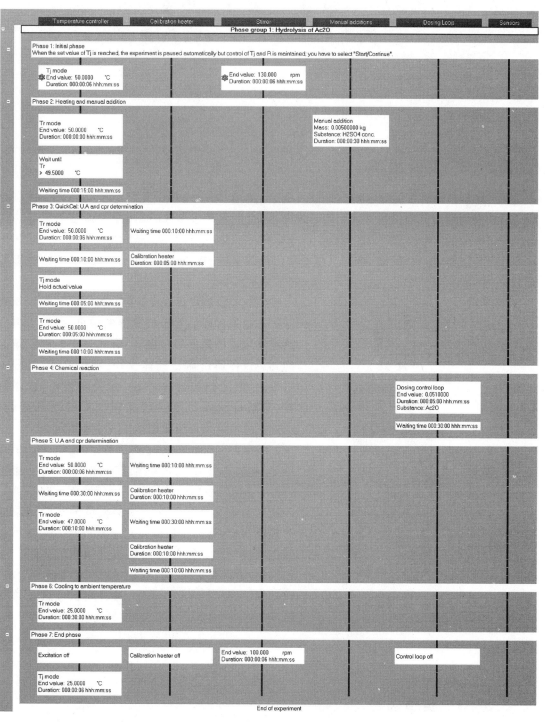

图 3-53　试验工作流设计

3.37 实验37 采用微热量热法测试醋酐水解反应的放热量

3.37.1 实验目的

1. 理解微热量热法测试反应热的原理；
2. 掌握微热量热法测试反应热的方法。

3.37.2 实验原理

安全性是高能量密度化合物（HEDC）制造、使用、储运过程中重要的研究内容。在研究 HEDC 的安全性时需要检测其微小的热效应，从而指导工艺参数的选择。C80 型微热量热仪设计的基础是卡尔维原理，可用于测量 HEDC 的生成热、中和热、混合热、水解热、结晶热等化学热效应和溶解、溶化、凝固、蒸发等物理变化热效应中的微小热量，评价 HEDC 应用过程的安全性。

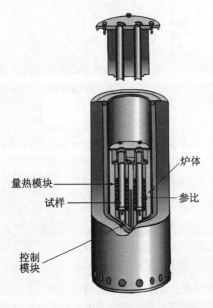

图 3-54 C80 型微热量热仪组成图

C80 型微热量热仪由炉体、量热模块、控制模块等部分组成。样品置于检测器的中央，被四百多只热电偶组成的热偶堆包围，所有的热交换都能被探测到。仪器通过耐压池体设计、密封设计、温度上限设定、温度扫描速率控制、强制冷装置、错误报警、强制自动停机等手段保证仪器使用安全性。C80 型微热量热仪组成图如图 3-54 所示。

该微热量热仪为传导式量热计，在量热计中有一个从量热容器到环境受控制的热交换，通过 496 对热电偶组成的热流量探测器来测试热容器与环境间的热交换量。这个热交换量的实验记录即为热流曲线，其热量值以热功率来表示。热功率与热电势成正比。微热量热仪不直接测量体系产生的热量 Q，而是记录研究过程每瞬间产生的热功率。热功率 W 是时间 t 的函数，对时间积分就是热量值 Q。

$$W = f(t)$$
$$Q = \int_{t_1}^{t_2} W \mathrm{d}t$$

3.37.3 实验药品与仪器

实验药品：醋酐、水、硫酸。
实验仪器：法国塞特拉姆公司的 C80 微热量热仪、反应池 12.5 mL 带搅拌装置。

3.37.4 实验步骤

① 按照电源柜、控制柜的顺序打开仪器电源,开机。
② 打开 Data Acquisition 操作软件,记录实验样品名称,描述实验反应过程,选择仪器参数。
③ 设计工作流如下:
NO.1 zone:0.5 h 内由室温升温至 40 ℃,稳定 15 min;
NO.2 zone:40 ℃ 保温 60 min,这段时间记录醋酐水解反应放热量;
NO.3 zone:0.5 h 内降温至室温。
④ 选择反应池,反应池池底加入 3 mL 水,反应池隔膜上层加入 3 mL 醋酐。需要注意的是参比池与样品池池底均放入同样体积的水,均在反应池中间放置隔膜。
⑤ 将装好药品的参比池和样品池放入炉子中,盖好炉盖。
⑥ 单击 Start 启动试验;待经过第一个 zone 后,稳定 15 min 后,将参比池和样品池同时捅破隔膜,并搅拌,记录反应的热流曲线。
⑦ 试验结束后取出参比池和样品池,清洗,盖好炉盖,清理试验台,结束试验。
⑧ 采用 Proceding 数据处理软件对试验结果进行分析处理,给出反应的放热量。

3.37.5 思考题

1. 查阅相关文献,对比 RC1e 全自动反应量热仪和 C80 微热量热仪,简述两种量热仪器的异同点。

3.38 实验38 采用分子动力学方法研究 HNIW 热分解

3.38.1 实验目的

1. 掌握分子模型建立的方法;
2. 掌握分子动力学研究 HNIW 热分解行为的方法;
3. 认识 Material Studio 软件。

3.38.2 实验原理

分子动力学方法是一种模拟实验方法,可以得到原子的运动轨迹,因此可以用来模拟含能化合物的热分解行为。

随着计算机的发展,涌现出很多模拟计算软件。本实验内容为采用 Material Studio 分子模拟软件搭建 ε-HNIW 的晶体模型,采用分子动力学方法模拟 ε-HNIW 在 3 000 K 和 4 500 K 温度下的热分解行为。

实验为综合性设计实验,学生可以设置具体实验方案,论证后实施。

3.38.3 实验软件

Material Studio 软件,模拟方法是分子动力学方法。

计算细节：Compass 力场，NVT-MD 模拟，控温方法是 Andersen，范德华和静电作用分别采用 atom-based 和 Ewald 方法。

3.38.4 实验内容

① 根据文献，搭建 ε-HNIW 晶胞。
② 建立 3×3×3 的 ε-HNIW 超晶胞结构。
③ 分子动力学"弛豫"ε-HNIW 超晶胞结构，平衡温度和能量，要求波动误差小于 5%，平衡时间 1 ps。
④ 设定温度，对弛豫结构进行分子动力学模拟。模拟时间可以设置为 10 ps，30 ps，50 ps。
⑤ 分析结果。

3.38.5 思考题

1. 对比 ε-HNIW 的模拟实验结果与差热分析的实验结果，简述是否有关联。

第4章 仪器设备简介和操作规程

4.1 实验室大型仪器设备使用管理条例

① 为了加强含氮化物制备与表征实验室的仪器设备管理,提高仪器设备的运行效率,更好地为教学、科研服务,特制订本条例。

② 实验室所有大型仪器设备与设施责任到人,其使用要严格遵守验收、登记制度,对某些特殊用途的电器设备使用前需进行技安改造。

③ 实验室的所有仪器设备实行实验室管理,开放使用。室外人员使用实验室管理的仪器设备时,应提前与实验室负责人协商、预约。

④ 实验室的仪器设备由对应专职或兼职实验员管理。作为仪器设备管理人员,一要熟悉实验室所有仪器设备的性能及操作规程及注意事项,二要懂得各仪器设备一般故障的排除,三要熟知实验室所有仪器设备的校验及维护常识。

⑤ 所有仪器设备的操作手册及技术资料原件应一律建档保存。各种仪器设备必须有操作使用规程,便于使用者操作。使用者在使用前必须首先了解仪器设备的性能与操作程序,经实验室仪器管理员考核验证后,方可上机操作;上机操作一定要严格遵守各仪器设备的操作规程,不按操作规程操作,将视为违章作业,一切后果自负。

⑥ 所有仪器设备操作人员必须严格执行仪器设备运行记录制度,记录仪器运行状况、开关机时间。凡不及时记录者,一经发现,停止使用资格。

⑦ 任何使用者,在开机前,首先检查仪器设备清洁卫生,仪器设备是否有损坏,接通电源后,检查是否运转正常,发现仪器设备有异常时,应立即向仪器设备管理员报告,严禁擅自处理、拆卸、调整仪器设备主要部件,凡自行拆卸者一经发现将给予严重处罚。用后切断电源、水源,各种按钮回到原位,并做好清洁工作、锁好门窗。

⑧ 各仪器设备要根据其保养、维护要求,进行及时或定期的干燥处理、充电、维护、校验。保持仪器清洁,仪器的放置要远离强酸、强碱等腐蚀性物品,远离水源、火源、气源等不安全源。

4.2 ULTRAPYCNOMETER 1000 型全自动真密度仪

4.2.1 仪器简介

美国康塔公司的 ULTRAPYCNOMETER 1000 型全自动真密度仪主要是进行表观密度的测量,利用阿基米德流体定律和波义耳定律测定体积,然后通过已经测量的固体颗粒的质量,进行表观密度值的计算。这种流体可以是一种能够穿透除了最小的孔径外的所有物质的填充气体,从而保证精确度,因此氦气可以作为这种气体,其具有很小的原子尺寸可以穿透直径为 0.25 nm 的裂缝和孔径。其他的气体,如氮气也可以应用。

仪器参数如下：

试样室体积：10 mL（小）、50 mL（中）、135 mL（大）。

校准小球体积：7.069 9 mL（小）、28.958 3 mL（中）、56.559 2 mL（大）。

精确度：0.03%（小）、0.03%（中）、0.02%（大）。

重复性：0.015%（小）、0.015%（中）、0.01%（大）。

分辨率：0.000 1 g/mL。

气体：高纯氦或高纯氮。

该仪器测试基本原理符合 ISO04590—2002 所述的"体积膨胀法"，但是设计的依据是 ASTMD6226-98。仪器测试流程图如图 4-1 所示。打开流动控制针形阀，气体进入试样室，向试样室中充入氮气，此时体系内的压强为 P_a。整个系统可以用以下公式表示：

$$P_a V_c = n_1 R T_a \tag{4.2-1}$$

式中：n_1 为 V_c 中气体分子的个数；R 为气体常量；T_a 为周围环境的温度。

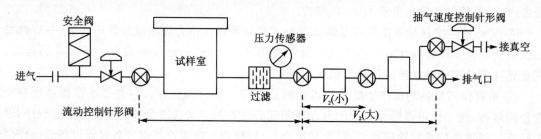

图 4-1　ULTRAPYCNOMETER 1000 型全自动真密度仪测试流程图

当体积为 V_p 的样品放入到试样室后，等式(4-1)可以写为

$$P_a (V_c - V_p) = n_1 R T_a \tag{4.2-2}$$

当压力大于周围的压力，等式写为

$$P_2 (V_c - V_p) = n_2 R T_a \tag{4.2-3}$$

式中：P_2 为高于周围环境的压力；n_2 为样品池内所有的气体的分子个数。

当通向附加池 V_2（体积为 V_A）的螺旋管打开之后，V_A 与 V_c 相通，压力会下降到 P_3，即

$$P_3 (V_c - V_p + V_A) = n_2 R T_a + n_A R T_a \tag{4.2-4}$$

$$P_a V_A = n_A R T_a \tag{4.2-5}$$

$$P_3 (V_c - V_p + V_A) = n_2 R T_a + P_a V_A \tag{4.2-6}$$

由式(4.2-3)和式(4.2-6)可得

$$P_3 (V_c - V_p + V_A) = P_2 (V_c - V_p) + P_a V_A \tag{4.2-7}$$

从而导出：

$$V_p = V_c + V_A / [1 - (P_2 - P_a)/(P_3 - P_a)] \tag{4.2-8}$$

压力传感器在环境压力时调节为 0，即 $P_a = 0$，式(4.2-8)可以写成

$$V_p = V_c + \frac{V_A}{1 - P_2/P_3} \tag{4.2-9}$$

即可由 $\rho = M/V_p$ 算出炸药晶体的表观密度。

而空隙率是指晶体内空穴体积占晶体总体积的百分率，可用下式计算：

$$X = \frac{D_0 - D_1}{D_0} \times 100\% \qquad (4.2-10)$$

式中：D_0 为样品的晶体密度，g/cm；D_1 为样品的表观密度，g/cm；X 为晶体空隙率，%。

测定空隙率实际就是测定晶体的表观密度。

4.2.2 操作规程

① 检查仪器是否正常，O 圈是否完好，氮气是否充足，钢瓶是否漏气。
② 打开计算机以及真密度仪，通氮气，调整氮气压力至 0.6～0.8 MPa。
③ 取出检测池内的量杯，称量空杯质量。
④ 装样，装样量为杯子体积的 1/2～2/3，称量样品质量，并记录。
⑤ 将杯平缓放入检测池，使杯孔对应检测池的滑槽，拧紧样品池盖。
⑥ 进入手动操作页面，按 1 进行测量。
⑦ 按 1 选择大池(large cell)。
⑧ 输入样品质量，按 Enter。
⑨ 输入样品编号，按 Enter。
⑩ 选择运行方式：1 单次运行(single)，2 多次测量(multi)。
⑪ 选择运行的次数，一般 30 次为宜，精确测量可选更多次。
⑫ 选择运行几次时取平均值，一般选择 3 次取一次平均值进行计算。
⑬ 选择精度要求，标准偏差自定义为 0.01%。
⑭ 选择运行结束后是否自动打印，1:yes，2:No。
⑮ 选择是否吹氮气，1:吹，2:否，为测量精确一般选择 1。
⑯ 选择吹气次数，5～10 次即够。
⑰ 按 Enter 开始吹扫，仪器开始自动吹扫，接着自动进行测量。
⑱ 运行结束后，将数据传输线与计算机连接好。
⑲ 打开软件，单击 Operation，出现表格，填写相应日期和样品编号以及操作者。
⑳ 按下仪器手动面板上 Up 键，单击数据传送，数据自动进行采集并自动保存。
㉑ 打印实验结果。
㉒ 关闭仪器，关上氮气阀，排放管中遗留氮气。
㉓ 回收样品并清洗、干燥样品杯，放回样品池。
㉔ 清理实验台，操作者认真填写仪器使用记录。

4.3 NOVA 1000e 快速全自动比表面和孔隙度分析仪

4.3.1 仪器简介

美国康塔公司的 NOVA 1000e 快速全自动比表面积和孔隙度分析仪可以快速、高效地获得材料比表面积、孔径分布、孔型等信息。其理论依据是 Langmuir 方程和 BET 方程。仪器如图 4-2 所示。

仪器参数：孔径范围为 3.5～5 000 Å；比表面积低至 0.01 m²/g；最小孔体积为 2.2×10⁻⁶ mL；

温度为室温—450 ℃,准确度±0.5 ℃;可同时分析 4 个样品并预处理 4 个样品;具有包括液位传感器的液氮液位伺服控制系统,死体积小;脱气站具有真空和流动两种标准脱气方式;最小可分辨相对压力(P/P_0)为 $2×10^{-5}$(N_2);压力传感器准确性为 $0.001×$全量程读数;压力传感器分辨率为 0.16 Pa。

BET 方程为

$$\frac{1}{W(P_0/P-1)} = \frac{1}{W_m C} + \frac{C-1}{W_m C}\left(\frac{P}{P_0}\right) \quad (4.3-1)$$

图 4-2 NOVA 系列的快速全自动比表面积和孔隙度分析仪

式中:W 为在相对压力 P/P_0 时的吸附气体的质量;W_m 为吸附质形成表面单层吸附的质量。

BET 常数 C 与第一吸附层上的吸附能有关,因而 C 值表示吸附剂与吸附质之间相互作用的程度。

在相对压力合适的范围内,标准的多点 BET 方程至少需要 3 个数据点。单层吸附质的质量 W_m 可从 BET 直线中的斜率 s 和截距 i 中得到。

$$s = \frac{C-1}{W_m C}, \quad i = \frac{1}{W_m C} \quad (4.3-2)$$

因此,由式(4.2-12)可以得到单层吸附质的质量 W_m。

$$W_m = \frac{1}{s+i} \quad (4.3-3)$$

另外,利用 BET 法可用来计算表面积。这就需要了解吸附质的分子截面积 A_{cs}。样品的总面积 S_t 可由下式表示:

$$S_t = \frac{W_m N A_{cs}}{M} \quad (4.3-4)$$

式中:N 为阿伏加德罗常数($6.023×10^{23}$ 个分子/mol);M 为吸附质的分子量。

人们认为,常数 C 受吸附质截面积的影响,由 N_2 得出的常数 C 可以从其液态性质中计算出截面积。在 77 K 时以六边形紧密排列的 N_2 单分子层为例,其截面积 A_{cs} 为 16.2 Å^2。样品的比表面积可根据式(4.3-4)中总表面积 S_t 和样品质量 W 的比值计算得到:

$$S = S_t/W \quad (4.3-5)$$

4.3.2 操作规程

① 打开氮气阀,压力表的读数应在 0.06~0.08 MPa。

② 打开泵阀,气泵上有一观察窗口,可以观察到里面的油量,其应高于窗口的一半,否则需加油。

③ 开机。

④ 真空脱气:准确称量一根空管,添加样品,将样品管装到加热包中。接着进行脱气,单击主菜单中的 Degas,然后设置脱气温度,打开加热包开关进行加热,脱气时间最少 4 h。完全脱气后,关闭加热包开关,再次进入主菜单,选择 Degas。样品管冷却至室温,卸下样品管,再次称重,从而得到干燥并脱气完全的样品重量。

⑤ 脱气完毕后,将样品管内插入填充棒,取出杜瓦瓶,将样品管固定在分析室内,如果用的是直壁管,则直接在杜瓦瓶内加入液氮,盖上盖子,放在样品管的下方;如果用的是球管,需先将盖子套在球管上,然后杜瓦瓶内加入液氮,放在样品管的下方。

⑥ 分析设置——站口,单击 Operation,进入站口界面。

➢ Sample

样品 ID——在此输入样品的编号。

样品质量(Weight)——在此输入样品的质量。

样品管选择框(Sample Cell)——单击此键后,用户盘中所有已校准的管子编号都将出现在下拉框中。选择测量所需的合适的管子编号。

➢ Points

数据点的选择与所需的测量类型相关。在软件中使用的数据点标识是用来表明该点是吸附点、脱附点或二者皆是(比如等温线的最高点)。这样的话,所选的任意数据点必须至少有一个"A"标识(吸附)或一个"D"标识(脱附)

◇ 表面积——多点 BET 法

需要测量多点 BET 数值,在 Spread Points 中,在左框中输入 P/P0 的下限值和在右框中输入 P/P0 的上限值。然后在 Cnt(点数)框中输入 P/P0 的总点数。通常,多点 BET 表面积测量点数为 5~7 个,相对压力在 0.05~0.30 MPa 之间。最后单击 All 按钮选亮所有的数据点,勾上 M(多点 BET)标识,再单击 Apply to Selected 按钮即可。

◇ 中孔/微孔特征测量

中孔表征测量需要测量整条等温线,即 P/P0 大致从 0.025~0.99 MPa 的吸附等温线以及 P/P0 从 0.99~0.1 MPa 的脱附等温线。从吸脱附等温线上可以得到样品的比表面积、孔隙分布、平均孔径以及总孔容。选择整条等温线的数据点与上述讨论点的选择步骤相似。首先单击点选择框选定 BET 点;接着选定等温线中的吸附点,即在点选择框中选亮 Adsorption,同样脱附等温线的数据点也可以采用 Spread Points;最后在点选择框中选亮 Desorption,并利用 Spread 功能选定 P/P0 点。

⑦ 单击 Start 按钮,进行分析。

⑧ 分析结束后,将杜瓦瓶取出,将液氮到入储罐内,之后回收样品,清洗样品管。

4.4 动态应力测试仪

4.4.1 仪器简介

动态应力分析测试系统是一套插卡型通用动态测试分析系统,由数据采集系统、计算机和应用软件组成,整套系统可以完成温度、压力、应力、加速度等多种数据采集、数据存储及滤波、时域、频域等各种分析和测试任务。实验利用压电传感器与动态分析测试系统相连,测试不同含能化合物晶体样品的机械力学性质。实验框图如图 4-3 所示。

图 4-3 实验框图

4.4.2 操作规程

① 接好电源,放大器以及传感器、传感线,与测试装置相连接。
② 打开计算机,单击应用程序,打开主菜单,设置参数,选择通道。
③ 在导向套的两个滑柱之间装药(50±1) mg,每个样需重复测试3次。
④ 将导向套固定于测试装置中,检查仪器状态以及连线。
⑤ 单击数据采集。
⑥ 进行样品应力测试,采集数据。
⑦ 保存文件,进行数据处理。
⑧ 重复按③~⑦步操作。
⑨ 数据采集结束,关闭应用程序、计算机,以及电源,将感应器的触头保护好,收集传感线。
⑩ 将装置整理好,清洗导向套以及滑柱。
⑪ 检查仪器正常,离开现场。

4.5 氢气瓶

4.5.1 仪器简介

氢气为易燃压缩气体,与空气混合能形成爆炸性混合物,遇点火源能引起燃烧爆炸。氢气瓶涂深绿色油漆,使用最高温度60 ℃。国产40 L,工作压力为15 MPa的氢气瓶最高使用压力为18 MPa。氢气瓶应储存于阴凉、通风的库房,防止阳光直射,库温不宜超过30 ℃,远离火种、热源,空气中氢气含量必须低于1%,与氧气、压缩空气、卤素(氟、氯、溴)、氧化剂等分开存放。室内氢气瓶与盛有易燃、易爆、可燃物质及氧化性气体的容器和气瓶的间距不应小于8 m;与明火或普通电气设备的间距不应小于10 m;与空调装置、空气压缩机和通风设备等吸风口的间距不应小于20 m;与其他可燃性气体储存地点的间距不应小于20 m。

氢气瓶切忌混储混运。库房应采用防爆型电器,配备相应品种和数量的消防器材。禁止使用易产生火花的机械设备和工具。搬运和使用时轻装轻卸,禁止敲击、碰撞。

4.5.2 操作规程

① 气瓶需放在专用的地点,远离热源,并放在专用的防倒架上。
② 搬运气瓶时要轻拿轻放,避免碰撞,严禁敲击。
③ 使用前必须安装氢气减压器,并检查无氢气泄漏后方可使用。
④ 使用时先将气瓶顶部的总阀延逆时针方向旋转2~3周,减压器的总表显示气瓶内的压力。减压阀顺时针旋转为开,逆时针旋转为关。调节减压阀,分表显示压力即为使用压力。
⑤ 使用完毕后,先逆时针方向松开减压阀,再延顺时针方向关闭气瓶的总阀门。
⑥ 气瓶内的压力低于0.5 MPa时,停止使用,更换新瓶。

4.6 CILAS 1064 型高精度粒度分析仪

4.6.1 仪器简介

激光粒度分析仪从问世到现在已经有 40 多年的历史。相对于传统的粒度测量仪器（如沉降仪、筛分、显微镜等），CILAS 1064 型高精度粒度分析仪具有测量速度快、重复性好、动态范围大、操作方便等优点。激光粒度分析仪本质上是光学仪器，其光学结构对仪器性能有决定性的影响。

测量原理是利用颗粒对光的散射（衍射）现象测量颗粒大小。如图 4-4 所示。光传播过程中遇到颗粒，会偏离原来的传播方向：颗粒越小，偏离量越大；颗粒越大，偏离量越小。对于散射现象可以用 Mie 散射理论解释；对于颗粒大于 2 倍波长时，只考虑小角散射，可以用简单的 Fraunhoff 衍射理论近似描述。

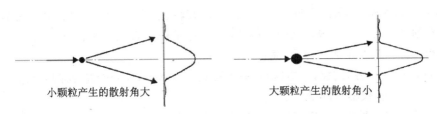

图 4-4 粒度测量基本原理

图 4-5 给出了激光粒度分析仪的测量过程。可以看成发射、测量窗口和接收器三部分。发射部分由光源和光束处理器组成；测量窗口是让被测样品在完全分散的悬浮状态下通过测量区；接收器是光学结构的关键，由傅里叶透镜和光电探测阵列组成，辅助探头 45°角放置，用以扩大仪器对散射光的接受角，有效拓宽测量范围而无需增大仪器体积。仪器使所有光学部件都固定在光具座上，光具座又与底座间采用柔性结构连接。该结构保证激光器、透镜、样品池、探测器等部件始终保持协调一致的稳固状态，因此粒度测量十分准确，再现性特别好。在数据采集期间，仪器无须经常校正系统或更换透镜。

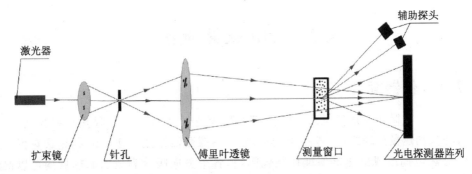

图 4-5 测量过程

CILAS 1064 激光粒度仪采用两个激光器来拓宽测量范围，使测试范围达到 0.04～500 μm，极适合于中小颗粒的粒度分析。仪器技术参数：① 干法测量范围 0.1～500 μm；② 湿法测量范围 0.04~500 μm；③ 干法分散为文丘里管,湿法分散为 2 蠕动泵/超声波/搅拌器；④ 重复性<1％,准确率<3％；⑤ 激光数为 2。

4.6.2 操作规程

① 打开电源。
② 打开进水阀。
③ 检查接料管,将其置于废料筒中。
④ 单击 gwin32 图标。
⑤ 打开粒度仪界面后,单击"清洗"图标，对测试室进行清洗,冲洗设备,系统默认 4 遍。
⑥ 清洗结束后,单击测量 Measurement 菜单,选取测试标准,填写测试样品名称、样品编号以及一些溶剂体系参数等。
⑦ 单击"背景测量"(Background Measurement)进行空白样品测量。测量背景值,多次测量只需要测量一次,在测量背景值过程中,浓度窗口自动打开。
⑧ 做完空白实验后,关闭浓度窗口,手动启动旋转、超声及蠕动。打开实时监控装置,加入表面活性剂及样品。可以视样品的分散情况,决定是否加入表面活性剂。加入量显示浓度在 120~150 之间时,停止加入样品,关掉浓度窗口。
⑨ 浓度合适后,关闭监控,单击绿色图标 Sample Measurement 进行样品测量。
⑩ 测量完毕后,仪器自动清洗。
⑪ 测试结束后,自动弹出测试结果。打印报告或导出数据。
⑫ 全部测试结束后,单击放水阀放水,停止搅拌、超声及蠕动。
⑬ 关进水阀,电源。冬季需排干胶管中的残存水以防冻结。
⑭ 收拾实验台,结束实验。

导出数据步骤如下：
① 实验结束后,需要马上 Export 结果成 ＊＊.mes 文件。
② 将 ＊＊.mes 文件用 Excel 打开,之后保存到 AMexport 文件中,替换原来内容。
③ 打开 PSA1064report2,得到测试数据,必须另存为测试样品文件名,不允许覆盖原有文件。

4.7 C80 微热量热仪

4.7.1 仪器简介

C80 Calvet 式微热量热仪是由法国 SETARAM 公司开发的新一代热分析仪器。由隔热层、温度控制、均热量热块组件、样品池、卡尔维导热探测器组成。在 C80 微热量热仪中,反应池被 600 对热电偶组成的热电偶堆环绕包围,从各个方向吸收和放出的热量均可以测量到。C80 具有的三维传感器使其灵敏度不会受到样品量大小、形状、种类、样品放置、样品与传感器之间的接触、吹扫气体种类及其流速的影响。样品和参照物放置在材质、大小、形状完全相同的高导热性能反应池中,实验环境完全相同,则参照物可以用以抵减系统误差、随机误差。同时 C80 微热量热仪采用大量热体,量热体质量远大于样品质量体积,因此与样品连接的外部环境温度及热量的微小变化对量热体温度的影响可以忽略不计。量热仪的温度稳定性可以达到±0.0001,可以非常稳定的恒定小速率程序升降温。

C80微热量热仪能够模拟几乎所有的实验环境过程。等温模式可以实现恒温量热;扫描量热模式可以实现温度程序量热;反应量热可以模拟反应环境测量液液、固液、固固、比热测量、液体、固体、粉末、溶液的热量。其可表征混合物组分间的相互作用、相容性、液体比热、催化剂的吸附/解吸等。

C80微热量热仪并非直接测量体系产生的热量值,而是纪录实验过程中每一瞬间产生的热功率。该热功率被记录为一条连续曲线,并且热功率是时间的函数。

$$W = f(t)$$

该热功率对时间 t 积分就是过程产生的热量 Q。

$$Q = \int_1^2 W \mathrm{d}t$$

仪器规格参数:温度范围 RT~300 ℃;控温方式为焦耳效应校准,软件自动更正;升温速率为 0.001~2 ℃/min;量热分辨率为 0.10 μW;平均噪声为 0.10 μW;时间常数为 150 s;恒温稳定性为±0.001 ℃;温度精度≤0.01 ℃;量热稳定性优于 1‰;冷却方式为风扇冷却,计算机自动控制;气氛为空气、氧气(还原)、惰性或活性气体;反应池容量为 12.5 mL、8.5 mL(高压)。

C80 微热量热仪如图 4-6 所示。

图 4-6　C80 微热量热仪

4.7.2　操作规程

① 按照电源柜、控制柜的顺序打开仪器电源,开机。

② 根据实验目的和样品形态选择实验所用样品池:普通池、半高池、高压池、反应池,确定实验样品量。

③ 打开 Data Acquisition 操作软件，根据实验性质设计实验过程模型，设定试验过程参数，设计好后进行存盘。
④ 将装好药品的样品池和参比池放入炉子中，盖好炉盖。
⑤ 单击 Start 启动试验。
⑥ 等待试验结束。
⑦ 试验结束后取出样品池和参比池，进行清洗，盖好炉盖，清理试验台，结束试验。
⑧ 采用 Proceding 数据处理软件对试验结果进行分析处理。

4.8 聚焦光束反射测量仪-颗粒录影显微镜联用

4.8.1 仪器简介

聚焦光束反射测量仪（FBRM）和颗粒录影显微镜（PVM）联用能够在原位条件下、高浓度体系下在线追踪颗粒的粒径、粒数及形状的变化，无需取样、制样。

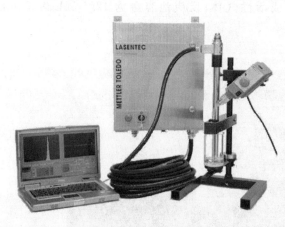

图4-7　FBRM 聚焦光束反射测量仪组成图

FBRM 是由主机、哈氏合金探头、装有 FBRM 软件的计算机、从探头至主机的光导电线、从主机至计算机的光纤电缆，以及用于离线校准用的带有标准搅拌器的固定烧杯支架、PVC 参考标样等部件组成。FBRM 设计安全合理，探头由气体驱动，在探头内部没有电子元器件，保证了仪器的安全可靠性。工作过程中探头可直接插入反应釜或管路中，直接接触颗粒体系，能够用于高温高压、易燃易爆等危险环境。该仪器的组成如图4-7所示。

PVM 颗粒录影显微镜由主机单元、哈氏合金（湿式端）探头、装有 PVM 软件的计算机、从探头至主机的光导电线、从主机至计算机的光纤电缆，以及用于离线校准用的带有标准搅拌器的固定烧杯支架、PVC 参考标样等部件组成。PVM 颗粒录影显微镜的探头由气体驱动，探头内部没有电子元器件，工作过程中探头直接插入反应釜或管路中，直接接触颗粒体系，结构设计安全合理，仪器安全可靠。该仪器的组成如图4-8所示。

PVM 颗粒录影显微镜与 FBRM 聚焦光束反射测量仪配套使用，FBRM 聚焦光束反射测量仪能够给出炸药结晶过程中粒度变化情况，PVM 颗粒录影显微镜能提供炸药结晶过程的实时在线图像信息。该仪器能自动连续摄取和储存一个个单个图像，在原位环境中就可观测和分析炸药颗粒间的相互作用关系。炸药结晶过程的粒径与粒形的相辅相成，可深入进行观测炸药结晶过程中的微观晶体变化，进而分析研究和优化结晶工艺过程。

实验过程中为了达到有效测量，关键是探头位置的选择，理想探头位置如图4-9所示。

第 4 章 仪器设备简介和操作规程

图 4-8 PVM 颗粒录影显微镜组成图

理想探头位置必须保障探头在流动状态的向上部分,探头窗口迎向流的角度为 30°～60°,颗粒能够到达窗口,也可以防止窗口表面结垢;探头位置距离搅拌桨 50～10 mm,从而避免死区、涡流。

数据分析窗口如图 4-10 所示。

在图 4-10 中,A:趋势窗口;B:数据处理格;C:工具条;D:工具栏;E:分布视图;F:工具栏;G:统计视图;H:PVM 视图。

在趋势窗口 A 右击选择 Show Toolbar、Show Legend、Show Details、Show Tooltips 并结合 B 和 C 可以更好地分析趋势。在分布视图 E 中右击选择 Show Toolbar、Show Legend、Show Details、Show Tooltips 并结合 B、C 和 F 可以更好地分析趋势。在统计视图 G 可以添加、修改和删除统计数据。在

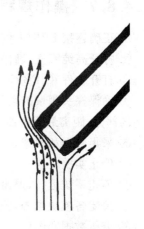

图 4-9 理想探头位置

PVM 视图 H 可以帮助解释 FBRM 数据,增强理解颗粒形状、粒径、表面质量和固相等信息。

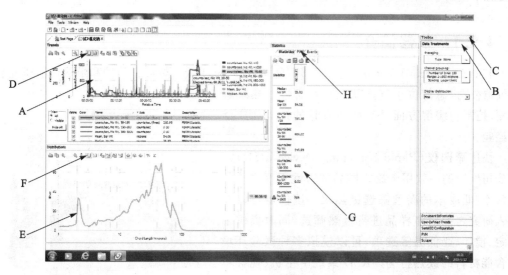

图 4-10 数据处理窗口

仪器规格参数如下：

① FBRM：颗粒测量范围为 0.5~1 000 μm；线性测量标度为 2 m/s；温度范围为-20~150 ℃；最大压力为 1 MPa；探头尺寸为 19 mm×406 mm；探头材质为哈氏合金 C22；反应釜大小为 500 ml~5 L；光线电缆长度为 10 m；空气动力推动扫描，扫描校准标度为 2 m/s，气体消耗量为 0.065 m³/min。

② PVM：8 倍变焦探头；TM(一片式)窗口；视野观测范围为 1 075 mm×875 mm；观测颗粒尺寸范围为 2~1 000 μm；观测精度为 2 μm；探头尺寸为 400 mm×19 mm；探头尾部尺寸为 163 mm×69 mm；光导管长度为 5 m；探头顶端的操作温度范围为-80~110 ℃；探头头部的操作温度范围为 5~42 ℃；探头顶端的操作压力范围为 0~1 MPa；探头材料为哈氏合金 C22；可与 FBRM 聚焦光束反射测量仪配合使用。

4.8.2 操作规程

① 正确连接 FBRM 和 PVM。
② 打开高纯氮气，确保氮气压力为 9 MPa，减压阀压力为 0.44 MPa。
③ 打开软件 iC FBRMTM 和 PVM，设置实验参数。
④ 确保探头测量的是经过探头前端窗口的任意物体。将探头放在管路系统中流动状态向上的部分，距离最后弯曲或扰动 3~5 个管径处；探头窗口迎向流的角度为 30°~60°。
⑤ 采集数据和图像。
⑥ 停止实验。
⑦ 停止系统运行，退出 FBRM 和 PVM。
⑧ 关闭各模块电源，关气。
⑨ 分析数据和图像。

4.9 快速筛选仪

4.9.1 仪器简介

Thermal Hazard Technology(THT 公司)是一家活跃于热灾害防护和量热仪器研究领域的仪器公司，总部位于英国其在对危害性放热现象检测、控制和缓解方面具有相当卓越的技术和广泛的经验。

快速筛选仪(Rapid Screening Device, RSD)是该公司生产的一款用于放热样品危害性程度评价的高效率、低成本的新型筛选量热仪。该仪器可以在深入研究之前对多样品进行量热筛选，同时提供了滴定、搅拌、亚低温等选项，可以模拟多种试验环境下含能材料的放热行为。RSD 系统由主机、搅拌单元、进样单元、耗材包组成。其外观如图 4-11 所示。

图 4-11 RSD 快速筛选仪

RSD 具有等温和扫描两种量热方式,可提供含能材料放热和压力等随时间变化的数据,进而可以得到反应失控条件和含能材料的起始分解温度和放热量,来量化反应失控危险和含能材料在热分解过程中由压力导致的热危害。相对于 DTG、DSC 等热分析设备的样品测试量在 1～5 mg 之间,RSD 样品的测试量最高可以达到 10 g,同时可以测试 5 组样品,测试数据更加准确,能够正确评价体系的危险性。

RSD 样品池和仪器内部结构如图 4-12 所示。利用该设备,可以在单质炸药合成和应用研究过程中,指导合成研究,筛选工艺条件;通过能量和压力释放规律,指导炸药的应用研究。

图 4-12　RSD 不同类型样品池和仪器内部结构

RSD 的工作原理是将被测试样品放置在耐高温和高压的容器内,允许最多同时放置 5 个样品和 1 个质量相等的参比样品,其最大优势是可以同时检查样品在热分解过程中的压力变化,来量化危险品在热分解过程中由压力导致的热危害。其工作原理图如图 4-13 所示。

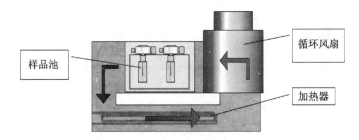

图 4-13　RSD 工作原理

仪器设备参数:

温度范围:低温至 400 ℃;压力范围:0～6 MPa;样品大小:0～10 g 或 0～10 mL;扫描速率:0～10 ℃/min;温度分辨率:0.01 ℃;压力分辨率:1 kPa;探测灵敏度:小于 10 J/g;操作模式:等温或扫描;样品数量共 6 个,1 个参比样品,可以选择 1～5 个样品同时进行温度和压力测试。

4.9.2　操作规程

(1) 操作步骤

① 根据待测样品物化性质选择合适的样品池类型,包括玻璃管、耐高压球、管状容器等。

② 将待测样品编号,分别称量所需质量放入样品池内。

③ 将带编号的样品池、参比池以及测量空气热流温度的温度传感器按照既定位置放入炉膛内,并将温度传感器和压力传感器按照编号连接好。

④ 放置完毕后,关闭 RSD 顶盖,准备实验。

⑤ 运行 RSD-RAP。双击 RSD Control,打开初始页面。根据编号填写样品信息,设定操作模式、扫描速率、起始和终止温度等实验参数,并保存文件。

⑥ 单击 RUN,等待约 15 s 后,打开运行界面。实验过程中,该界面可监视控制仪器状态和记录温度、压力数据。

⑦ 实验结束后,单击 Stop 按钮,拆洗样品池。

(2) 注意事项

① 开始实验前,必须确保每个通道的样品信息无误,以及检查每个通道的连接正确,无错位、接触不良等情况。

② 安装样品池时,保证各样品池之间及样品池与温度传感器之间不接触。

③ 对于危险性较高的含能材料,实验前应查阅其相关放热性质,并控制其试验量。

④ 注意温度测试范围,最高温度不得超过 400 ℃。

⑤ 实验过程中,必须保证冷却装置正常运行,确保发生故障时能及时进行冷却处理。

⑥ 应定时更换压力管里的硅油,清扫仪器内灰尘,以保证测试所得数据的准确性。

⑦ 软件中的测试数据要及时备份,以防系统故障时数据丢失。

⑧ RSD 无须校准。

4.10 绝热加速量热仪

4.10.1 仪器简介

绝热加速量热(Accelerating Rate Calorimeter,ARC)技术是 1970 年首先由美国 DOW 化学公司开发。绝热加速量热仪(ARC)是基于绝热的原理设计的一种热分析仪,它将试样维持在绝热的条件下,能够非常近似地模拟药剂储存的真实条件,灵敏度高,能够检测微弱的放热反应,精确地测得反应过程的温度变化及升温速率,为研究化学动力学参数及速率方程和工艺安全、工艺开发提供基础数据;量化热、压力危险性;对事故原因进行调查。ARC 内部结构见图 4-14。

绝热加速量热仪的工作原理:球形样品室安装在镀镍铜夹套内,悬于绝热炉顶部中间位置,球形样品球上连接有压力传感器和用于测量试样温度的热电偶。镀镍铜夹套包括上部、周边和底部三个区域,顶部有两个水平放置的加热器,周边沿炉体均匀分布 4 个加热器,三个区域各嵌有一个 N 型(镍硅)热电偶用于控制各自区域的温度。固定在顶部和底部夹套内表面的两个热电偶,分别位于顶部和底部两个加热器的 1/4 间距处,另一热电偶直接夹持在球形样品容器的外表面,用于测试样品温度。控制系统通过保持小球与夹套温度精确相等来实现绝热环境,从而研究样品在绝热环境下的自加热情况。绝热炉底部有一个辐射加热器,可以将样品加热到所设置的起始温度。所有的热电偶都以误差小于 0.01 ℃ 的冰点作为基准。样品球通过压力管与压力测试系统相连,实时监测系统道的压力变化。系统测试前要先进行标定以消除温度漂移的影响。

在绝热条件下,通过终端计算机记录样品放热反应过程的温度(压力)与时间、升温速率(压力)与温度的关系,绘制 ARC 曲线。

ARC 有加热—等待—搜寻(H-W-S)和等温(ISO)两种加热模式。H-W-S 加热过程(见图 4-15)为:样品首先被加热到预定的起始温度,等待直到样品与绝热炉体间达到热平衡,然后进入搜索模式,如果没有探测到放热,仪器以设定的幅度升温,开始进入另一轮的加热—等待—搜寻模式,直至温升速率高于初始设置的测试灵敏度(通常为 0.02 ℃/min),然后仪器自动进入放热模式,保持绝热状态直至反应结束,同时记录反应过程的温度和压力的变化。

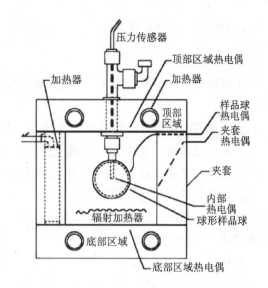

图 4-14　ARC 内部结构图

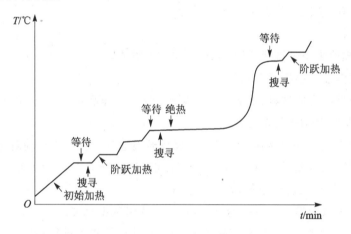

图 4-15　ARC 的 H-W-S 运行模式

如果要研究不稳定物质储存时间问题就需要进行等温操作。

实验结果得到 ARC 曲线,从初始放热温度、最大升温速率、最大温升速率时间(T_{MR})、不可逆温度 T_{NR} 等判断热不稳定现象,根据推导的自加热分解温度(T_{SADT})评价热危险性;通过压力曲线判断体系中的压力危险性。

最大温升速率时间(T_{MR}):指从任何温度到最大放热速率所需的时间。

自加热分解温度(T_{SADT})定义:实际包装品中的自反应性化学物质在 7 日内发生自加速分解的最低环境温度。

不可逆温度 T_{NR}:根据 Semenov 热平衡示意图,在特定的冷却情况下,当防热曲线和散热曲线相切时,散热曲线与温度轴的交点所对应的环境温度即为 T_{SADT},切点对应的温度为反应不可控的最低温度,称为不可逆温度 T_{NR}。

利用 ARC 实验所获取的数据可以用于预测与生产、储存与运输含能材料有关的热量和压力危险性,以采取适当的预防措施。

4.10.2 操作规程

(1) 操作步骤

① 选取一个空球质量为 M_1 的干净样品球,然后称量样品球、连接螺母和密封垫圈的总质量 M_2。

② 在样品球中装入适量的样品,称量装样品后的样品球质量 M_3。

③ 将样品球装入量热仪中,并检查系统的气密性。

④ 检查系统密闭后,将热电偶放入样品球夹套中,将上部炉子抬下。

⑤ 关闭量热仪的门,准备实验。

⑥ 运行 esARC 软件操作程序,设置实验参数,如起始温度、终止温度、等待时间、灵敏度等,保存参数文件,命名实时记录文件。

⑦ 标定压力传感器初始压力到 101 kPa,标定半量程压力至 15.285 MPa。

⑧ 按下 esARC 程序中的 Start Test 键,开始实验。

⑨ 实验结束后,按下 esARC 程序中的 Stop Test 键,保存放热数据,冷却量热装置。

⑩ 取出样品球,清洗相关连接件,关闭软件。

(2) 注意事项

① 实验前,提前半小时打开 ARC 电源开关和计算机。

② 测试最高温度不能超过 500 ℃。

③ 对于爆炸性的含能材料,测试时一定要特别小心,样品量要合适,以避免样品池爆炸。另外,爆炸威力越大,选取的样品球质量越大。

④ 实验过程中,空压机必须始终开启,以保证升温速率过快时可自动对量热仪冷却。

⑤ 使用注射器将少量硅油注入压力接口处或者压力管线内(每 10 次实验做一次即可),随后将压力管线与量热仪密封拧紧,确保不漏气。

⑥ 软件中的测试数据要及时备份,以防系统故障时数据丢失。

⑦ 用 U 盘复制数据的时候,最好先将 U 盘在其他计算机上进行格式化,以防计算机病毒对系统及 ARC 软件的影响。

⑧ 经常保持仪器的清洁、防震,实验中如果发生爆炸,可使用吸尘器清理量热仪内部;然后重新做一次校准实验,并用 DTBP 标准实验确保 ARC 能继续正常运行。

⑨ 每隔 2 个月对 ARC 进行一次校准实验(主要是针对热电偶);每隔 3 个月对压力传感器校准一次;如果条件允许,可每隔 2 年对 ARC 所有热电偶和压力传感器进行一次"追溯校准",THT 公司提供该项服务。

4.11 氢解压力釜

4.11.1 仪器简介

氢解压力釜用于 HNIW 合成制备过程中的氢解反应,包括一次氢解反应和二次氢解反应,其本质是高压釜。结构包括传动装置、传热装置和搅拌装置、釜体(上盖、筒体、釜底)、工艺接管等。在实验前,需要检查釜内、釜外是否存在易燃、易爆物品,检查阀门、釜内是否干净,并检查装置的气密性。图 4-16 给出了氢解压力釜的工作原理图。

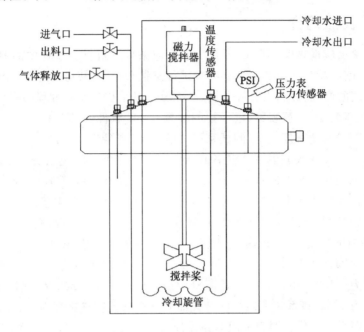

图 4-16 氢解压力釜工作原理图

4.11.2 操作规程

① 检查反应釜的进料口、放料阀、搅拌是否密封、滑润。
② 检查真空系统,加热、冷却系统是否正常。
③ 空载,充入氢气至大于工作压力,用肥皂水检查反应釜的各个阀门、接口是否漏气。
④ 氢气检测不漏后,将水加入反应釜至反应釜盖以下,抽真空,然后充氢气。三次操作后充入氢气至大于工作压力,用氢气检测表检查反应釜各个法兰、阀门等。
⑤ 确保无氢气泄漏,方可进行氢解操作。
⑥ 反应结束后,首先由排空口卸掉釜内氢气,再充入氮气,反复三次,方可打开反应釜。
⑦ 氢解实验室要有良好的通风,避免机械碰撞,禁止接打手机。
⑧ 如有氢气泄漏,立即关闭氢气阀门,停止反应。

注意事项:
① 操作人员必须戴棉手套,穿无钉鞋,不能带手机、MP3、打火机等容易引起爆炸、自燃的物品进入氢化工作区。
② 反应釜泄压时,胶管最好通往室外或者通风橱。
③ 暂不用的反应釜,加入 70%体积干净的无水乙醇浸泡,不用拧紧。

4.12 全自动反应量热仪

4.12.1 仪器简介

全自动实验室反应量热仪(RC1e)可在化学反应条件下对反应过程中的温度、压力、加料方式、操作条件、混合过程、反应热等重要参数进行测量和控制,获得反应条件与安全性之间的关系。该系统采用耐腐蚀材质,设有应急措施,充分考虑了化学反应过程的安全性。

RC1e 由反应釜装置、恒温装置、电子控制装置和 PC 软件四部分构成。系统操作过程由计算机控制,具有安全应急程序设计,测试系统灵敏度高,测温范围−50~230 ℃;当 $T<100$ ℃时,釜温分辨率 0.2 mK,釜夹套温度分辨率 10 mK;当 $T>100$ ℃时,釜温分辨率 1 mK,釜夹套温度分辨率 10 mK,准确性为±0.5 K(−20~100 ℃),±1 K(100~200 ℃),±2 K(>200 ℃);重复性为±0.1 K;控制模式为等温(夹套温度控温模式——T_j 模式、反应釜内温度控温模式——T_r 模式)、梯度式(线性升、降温,即蒸馏控制模式——$T_j - T_r$ 正温度差模式、结晶控制模式——$T_j - T_r$ 负温度差模式)和绝热(T_j 随反应变化)三种。反应釜能耐受一定压力:1.5 L 反应釜最大耐压 6 MPa;1.0 L 反应釜最大耐压 0.6 MPa。搅拌速率为 30~2 500 rpm。反应釜中热流测量范围为−750~750 W,回流冷凝管中最大热流测量值 200 W;热流校准≤25 W;总传热因子准确度为 1%。该系统用冷热两种硅油混合控制反应釜夹套温度,控制温度精确,所有电子测量和控制系统的传感器都采用双路设计,任何两路电子信号不一致,系统都会报警并采取停机、底部自动放料等相应措施,保证系统安全。RC1e 能连续测定重要的极限值,能定义相应的紧急程序,能选择合适基线进行反应热计算,能自动适应不同的温度上升和下降速度进行比热测量,总传热因子可在线测量。该系统的主机系统内有三套独立的控制系统,设计合理、安全、先进实用,其组成如图 4−17 所示。

图 4−17 全自动反应量热仪 RC1e 仪器组成图

加热/冷却、搅拌、加料、pH 值控制、压力控制、蒸馏/回流、结晶/溶解等反应操作均可以经过软件控制自动运行。除了实际过程参数的测量和控制,RC1e 可以精确测定放热反应中放出的热量以及溶解固体等需要的热量,同时,还测定供给反应釜和冷凝器以及由它们耗散的热量随时间变化、反应釜壁周围的热传递数据在内的反应物比热容。通过这样的方式得到基本数据,可计算冷却能力和反应动力学,建立反应模型,进行危险性分析。

4.12.2 操作规程

(1) 实验前的检查

在接通 RC1e 和 RD10 电源前,检查所有相关的硬件是否按照过程图表安装;把物料瓶放在天平上,接通天平电源,去皮重;选择 Experiment/Check consistency 或单击工具栏,检查实验设置有无重复或矛盾之处。遵守相关安全措施。

（2）连接实验装置

启动外部冷却循环装置，接通 RC1e 和 RC1e 仪器箱电源；如果有需要，也要接通 UCB 或者 RD10 的电源；接通天平、泵、转换器等外部设备电源；启动计算机，打开 iControl RC1e。

iControl RC1e 软件主界面包括以下内容：

Start Experiment、Design Experiment、New Chemical、Used Chemicals、Manage Equipment、Calibrate Sensors 等。在进行许可证激活、RC1e 传感器校正和仪器保修时，会在右上角出现"Pending"字样。在"起始页"（Start Page）底端有最近的大部分文档。实验状况可以通过相关指数看出。

D：Design（"设计"）实验指的是还未执行的新方法或者新实验；

A：Analyze（"分析"）代表的是不在线、已完成的实验；

R：Run（"运行"）表示实验正在进行。

如图 4-18 所示。

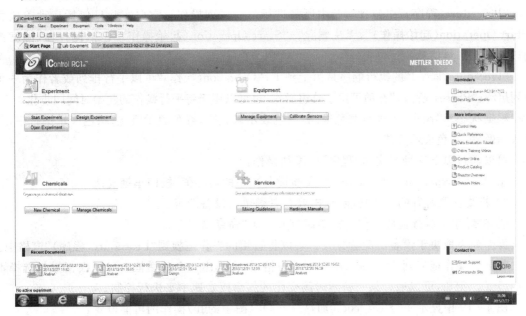

图 4-18　程序设计界面（1）

（3）设计实验参数和过程

1）单击 Design Experiment（"设计实验"），打开对话框

① 输入实验名称，也可以稍后对实验进行重命名。

② 选择模板种类：Blank Experiment（"空白实验"）——没有预定设备的实验；Based on a template（"基于模板"）——可以从设备设置模板和实验模板中进行选择，然后保存。

2）实验设置

① 定义反应釜。

双击反应釜配置定义或者修改设置项目。

依据设置窗口，选择插入的所有设备，根据实际设置状况，选择所有项目。

例如，反应釜：AP01-2-RTC；外罩：AP01/SV01；搅拌器：玻璃螺旋桨，向下搅拌；温度传感器：温度传感器、玻璃；校准加热器：25W 校准加热器、玻璃。

② 定义附加设备。

将鼠标光标移到选项卡上,展开。通过拖放鼠标,向 Equipment Setup("设备设置")中插入 Equipment Setup Item("设备设置项")。需要注意的是,要向 Equipment Setup("设备设置")中插入 RC1e 和 RD10 装置,就必须先在 Equipment Database("设备数据库")中进行定义。

不能使用未定义的设备。在 Equipment Setup("设备设置")中没有列出的传感器,将没有记录数据。

(4) 开始实验

单击▶按钮,开始实验。

"启动"后即可通过重写 Prepare Equipment("准备设备")中的设定值来直接控制设备,包括转速、T_r、T_j,进样量控制等。双击要控制的设备或右击执行高级命令。

单击 Next("下一步")进行实验。

(5) 程　序

"Procedure(程序)"中包含实验中所需进行的一系列操作。空白实验只包括启动阶段和"Start Operation(起始操作)",无法删除。"Start Operation(起始操作)"包括搅拌器、温度控制以及首次加料信息。

"Procedure(程序)"的执行顺序是由上到下;"Operation(操作)"可以平行排列或者作为一个系列启动;"Phases(阶段)"选项可用于分组操作,也可以用于将平行操作的起始时间同步化。

根据状态对"操作"项进行颜色编码:白色表示未进行;红色表示终止;绿色表示运行中;黄色表示暂停;灰色表示完成。

可以通过以下三种方式向"程序"中添加操作:

① 重写"Experiment Equipment(实验设备)"中的最终值,按回车键确认。
② 若要获取所有的操作功能,双击或者右键单击设备即可。
③ 在列表中执行拖放操作。需要时打开一个"命令窗口"。

操作列表取决于设备的配置方式。可以将选用的操作拖拽到"Procedure(程序)"窗格中。

将某个操作拖拽到"Procedure(程序)"窗格后,会弹出一个对话框。可以根据操作选择不同的模式。例如,可以通过某一持续时间变化的斜率或者速率来进行控制。

图 4-19 中显示了"Heat/cool(加热/冷却)"(图中的⑪)操作的可能设置:

"Select mode(选择模式)"(图中的⑫)——通过 Tr(实际反应物料的温度)、Tj(夹套的温度)和 Tr-Tj(蒸馏/结晶模式)进行温度控制。

"Select task(选择任务)"——选择任务、最终值、持续时间、速率。

输入温度"控制"的各个值。

"Advanced options(高级选项)"——用来改变操作的安全限值。

单击 OK 按钮,把"Operation(操作)"添加到"Procedure(程序)"中。

如需详细说明,请查看"帮助"文件。

(6) 趋　势

实验结束会出现下图 4-20 所示界面。

单击鼠标,选择一个趋势。已选的趋势以粗体形式显示。单击背景区域,可以取消选定的一个趋势。

① 移动/放置读出标志线,将显示某一图例中列出的所有变量值。

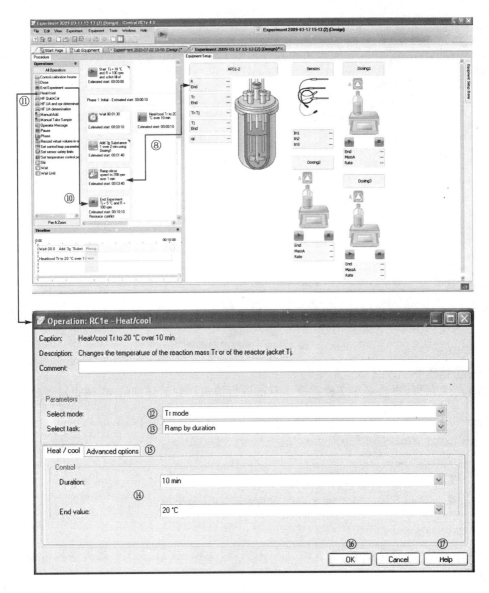

图 4-19　程序设计界面(2)

② 给图例和图表添加曲线。在下面的拓展区域,可以改变趋势颜色、宽度、样式和轴线。

③ 手动改变轴线属性。

④ 放大、取消上次放大设置、重设放大设置、放大时间窗口、按比例自动放大 Y 轴。移动雷达区段中的蓝框,可以选择一个时间窗口。

⑤ 用于雷达区段、扩展后图例段(底部)和图例段(右部)的显示/隐藏按钮。

⑥ 选择一个趋势,拖拽框架,使二者合为一体。

⑦ 将图表数据导出到选定位置。

⑧ 将光标移到标记的位置可以显示注释。右击,可以显示/隐藏标签。

注意:右击背景区域可进行注解。

含氮化合物制备与表征实验

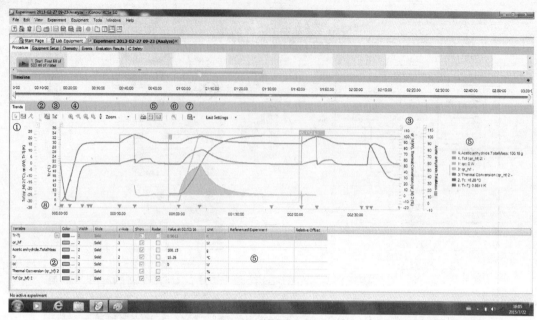

图4-20 反应趋势界面

(7) 评估结果

图4-21回顾、更改基本实验数据。双击进行编辑。如需详细信息,请查看帮助文件。

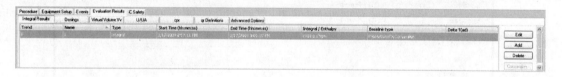

图4-21 基本实验数据回顾界面

(8) 实验结束

实验结束后,洗净反应釜、插入附件和传感器,关掉 RC1e、RD10 和天平的电源,关闭冷源,关闭软件。

4.13 百克量单元试验装置

4.13.1 仪器简介

百克量单元试验装置是专用设备,由反应釜、回流精馏冷凝系统、过滤系统、加热系统、冷却系统、计量系统、控制系统、分析分离系统 8 部分组成,主要用于单质炸药百克量级工艺条件的优化研究,探索炸药制备过程中的浓度、温度、压力等参数的变化对反应历程、动力学和热力学的影响。试验装置外观和控制系统见图 4-22。

百克量单元试验装置反应釜为夹套釜,反应釜工作体积 20 L,最大耐压 2 MPa,反应温度范围 -50~250 ℃,搅拌方式可选锚式、桨式、框式,搅拌转速为 0~1 000 r/min,变频可调,反

图4-22 百克量单元试验装置和控制系统

应釜为防爆型。回流精馏冷凝系统采用填料塔,塔板数可调。过滤系统由正压过滤装置、负压过滤装置、离心过滤装置三部分组成,可自由切换,最大过滤体积为20 L。以上材质耐浓硝酸、浓硫酸、甲酸、乙酸等酸性物质腐蚀和强碱、氟腐蚀。

加热系统的加热介质采用水或高温油,二者之间可自由切换。冷却系统的冷却介质采用水、冰盐水、乙醇和液氨,四者之间可自由切换。加热/冷却速率为0~20 ℃/min可调,控温精度为±0.1 ℃。材质耐盐水腐蚀。

计量系统的固体进料速度为0~500 g/min可调,计量精度为0.1 g;液体进料速度为0~1 000 mL/min,计量精度为0.1 mL;气体进料速率为0~1 000 mL/min,精度为1 mL。计量系统具有防爆措施,可与釜、塔等设备配套使用。与液体直接接触部分材质为聚四氟乙烯。

控制系统具有自动和手动两套控制系统,控制参数包括搅拌速度、压力、加热速率、冷却速率、加料计量、出料量等参数。控制系统具有防爆措施。

分析分离系统工作压力为0~40 MPa;压力波动<0.05 MPa;温度稳定性为±1‰;温度准确度为±1‰;检测波长范围为190~740 nm;最大工作压力为30 MPa;流体采用CO_2和改性剂;流量范围为0.1~9.99 mL/min。

4.13.2 操作规程

使用前按照仪器使用说明书检查水压信号、加热机液位、低温冷却液循环泵的酒精液位、反应釜手动放料阀、辅助系统的手动阀、电压表值、控制参数设置、搅拌桨轴的冷却水阀门、反应釜上的阀门、制冷机上电后人工开启温控表的电源是否正常。

使用前的准备和检查工作完成后,系统达到要求,进行如下操作:

① 打开电源。
② 打开计算机,单击McgsRn软件,打开操作界面。
③ 工作方式选择。

检修工作方式选择:此工作方式为第一优先级,位于现场防爆操作箱上。当选择开关位于"检修"位置时,可以对现场的蠕动泵和阀门等执行机构进行屏蔽锁定,以便于维修;将工作方式选择开关扳到"远程"位置,可以进行远程操作。

现场工作方式选择:此工作方式为第二优先级,位于现场的防爆操作箱和操作台上。要进行此方式工作,要将操作台上或防爆操作箱的选择开关置于"就地"位置。此工作方式只限于控制反应釜的搅拌桨和蠕动泵。

远程工作方式选择：首先要将动力柜和现场防爆操作箱上的选择开关置于"远程"位置，再将操作台上的选择开关扳到"远程"位置。

④ 设置系统报警管理参数。

⑤ 设置工艺参数：转速、搅拌速度、搅拌桨、釜温、冷却温度等。同时需要注意：现场自来水阀需要处于开启的状态。

⑥ 如果遇到紧急情况，请按下操作板上红色的急停按钮。

实验装置的维护与保养需要注意以下几个方面：

① 不得有硬材质的物体与设备表面磕碰。

② 设备在长期不用的情况下，应每月进行一次空车运转，保持设备的性能。

③ 每次改变工艺之后，应检查设备的密封性是否完好。

④ 定期检查桨叶连接是否可靠。

4.14 POPE 两英寸刮膜式多组分物质分离设备

4.14.1 设备简介

美国 Pope 公司研制开发的 POPE 2INCH WFS 型刮膜式多组分物质分离设备是一种高效的固-液、液-液的分离仪器，设计先进，分离时间短，分析效率高，物质分解少，可以有效地保留物质中的热敏性活性成分，使产品更好地保留自身的特性。设备外观如图 4-23 所示。

该设备与传统的柱式蒸馏设备、降膜式蒸馏设备、旋转蒸发器和其他分离设备相比较，进料液通过一个平缓的过程进入被加热的圆筒形真空室，内有可转动 Smith 式 45°对角斜槽刮板，刮板的转动使进料液体在蒸馏器内壁上形成可控的薄膜，将易挥发的成分从不易挥发的成分中分离出来。这样，进料液体暴露给加热壁的时间仅几秒钟，这是由于带缝隙的刮板设计迫使液体向下运动，并且滞留时间、薄膜厚度和流动特性都受到严格的控制，从而避免了辊筒式系统(roller-type system)中固有的缺乏控制和因液体甩溅而污染的缺点。刮板转速可精确控制，转动越快，液体物料停留时间越长，薄膜厚度越小，反之亦然，这些控制对分离效果和效率起着至关重要的影响。因此，该设备具有短暂的进料液体滞留时间、高真空性能的充分降温、最佳的混合效率，以及最佳的物质和热传导的优势，从而达到最小的产品降解和最高的产品质量的目的。

因此，该设备可以用于炸药合成工艺研究中物质的分离，从而正确认识合成机理、副反应类型以及副产物品种对合成反应过程本质安全性和炸药应用性能的影响。

设备工作过程：进料液体在真空状态下进入蒸馏器中，利用刮板的转动在内壁上被迅速展开成薄膜，向下运动与蒸发表面充分接触，加热壁(橘红色部分)和高真空(黄色部分)驱使较易挥发的成分(蒸馏物 Distillate)聚集到距离很近的内置冷凝器表面，同时不易挥发的成分(剩余物 Residue)继续顺着蒸馏柱内壁向下运动，并被收集，而分离出来的蒸馏物通过单独的卸料口流出。根据应用，所需的产品会是蒸馏物，或是剩余物。可压缩的低分子量的成分收集在上流部分的为真空系统配备的冷阱中。为了达到高溶剂负荷，还可配备一个外置冷凝器，它可以直接安装在蒸馏器的下流部分。设备工作过程如图 4-24 所示。

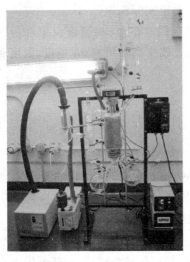

图 4-23 设备外观

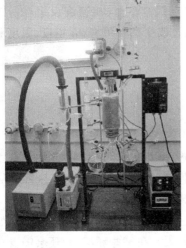

图 4-24 设备工作过程

POPE 2INCH WFS 型部分设备参数：带有无级变速机械驱动装置、标准玻璃蒸馏器、玻璃内置冷凝器、带刻度的带塞子的进料瓶、机械式旋转真空泵；带有 45°斜槽的刮板组件，特氟隆材质；电加热，带高温设定，温度可达 375 ℃；数字温度控制器，具备参数自动调节功能；具备设定值和工作温度显示功能；带柱填料、刮板固定器 316 L；系统内压力可达 6.67 Pa。

4.14.2 操作规程

（1）实验准备

① 检查蒸馏器上所有的连接点，比如 O 形圈接头和其他所有自行完成的连接处，确定这些地方都真空密封良好。

② 蒸馏非常黏稠的物料，应对进料瓶加热促进流动，可采用硅树脂橡胶加热器，电加热带一般可以实现蒸馏器下游暴露在外的部分进行加热。

③ 如果需要在高温下蒸馏，进料瓶中的物料也应先加热，目的是接触到蒸馏器身的加热壁时减少热冲击，这样也可以减少蒸馏器壁上所需的热能。物料与蒸馏器身内的温差不要超过 150 ℃。

④ 如果打算工作温度在 250 ℃以上，请将特氟隆刮板更换为碳制刮板。

（2）启动设备操作步骤

① 将液体物料灌入进料瓶中。

② 在玻璃冷阱中注入冷却剂，如灌入液氮或者干冰（配合甲醇或丙酮使用），或者提前 50 min 打开置于冷阱中的沉浸式冷却器（如未配备此装置，可向 Pope Scientific 公司咨询）。

③ 逐渐打开冷凝器的水，一般适中压力即可。

④ 启动真空系统，为了保护真空感应器，须先打开真空表，再打开真空泵。

⑤ 打开蒸馏器身的加热系统并逐步升至所需温度。允许的最高温度取决于进料物质和采用的刮板类型（特氟隆刮板的推荐最高温度是 250 ℃）玻璃的推荐最高工作温度是 490 ℃，具有腐蚀性的物料会降低此最高温度。

⑥ 完成在进料瓶内的脱气后（可通过观察进料瓶中是否还有很多气泡冒出和观察真空表显示的压力值是否稳定来判断脱气是否完成），打开进料瓶上的计量阀，让物料流入，调解至所

需流速。根据记录带刻度的进料脱气瓶中物料减少的时间测定实际流速。

⑦ 在少量液体物料进入蒸发室后,即刻启动蒸馏器电动机,将电动机速度设定在所需位置。刮板在干燥的蒸馏器内壁上的转动应最小化。可以通过改变进料流速、真空度、温度和驱动器速度来改变蒸馏率。

(3) 蒸馏器关机的步骤

① 关闭蒸馏器的驱动器。

② 关闭进料脱气瓶上的计量阀。

③ 关闭内置和外置冷凝器的冷却水。

④ 关闭蒸馏器身的加热系统和进料脱气瓶的加热系统(如果有的话)。注意:如果蒸馏器的关机是为了取出产品并在进料瓶中重新加入同样的物料进行下一次操作,把温度降到一个安全的水平则是更好的做法,这样在启动时可以更快地达到工作温度。

⑤ 关闭真空泵。泵关闭后真空度会慢慢变小,需要慢慢打开一个阀门泄掉真空,比如控制真空度的黑色旋阀、冷阱底部和进料瓶塞子上的玻璃旋塞阀。在某些环境中,还会需要在系统中装填惰性气体。

⑥ 取出剩余物和蒸馏物,在进料瓶中重新加入物料。

⑦ 清洗蒸馏器。

4.15 ReactIR IC10 型在线反应红外分析仪

4.15.1 仪器简介

ReactIR IC10 型在线反应红外分析仪是瑞士梅特勒-托利多公司生产的能在实际反应条件下提供实时、动态反应组分浓度变化的"分子录像"的仪器设备,该技术彻底革新了化学家和工程师了解反应的方法。

ReactIR IC10 型在线反应红外仪器外观如图 4-25 所示。

ReactIR IC10 在线反应红外仪器采集的是中红外光谱区域,信息丰富,因此可以通过分析特定分子的红外指纹图谱在反应中随时间变化的函数,能够对反应起点、反应进程、不稳定中间体和反应终点进行实时监测,精确跟踪影响纯度和工艺安全的重要组分的浓度变化,根据组分浓度的变化推断反应机理和测定反应动力学,可以获得合成反应机理和路径的完整信息。通过对反应历程的深入了解,可以缩短反应放大研究的时间;通过组分浓度的变化提高反应安全性。

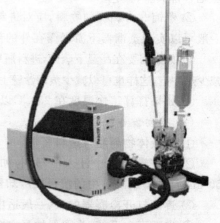

图 4-25 ReactIR IC10 型在线反应红外仪器外观

仪器工作原理如图 4-26 所示。

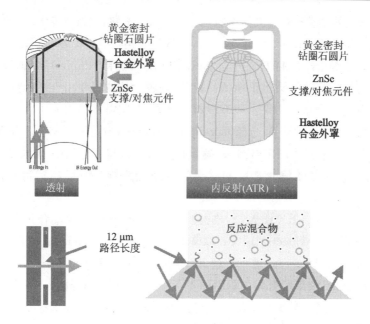

图 4-26 在线反应红外分析仪工作原理图

从图 4-26 可以看出，ReactIR IC10 在线反应红外分析仪测量方法是根据衰减全反射原理设计的，定量基础是朗伯-比尔定律，在探头内经过六次全反射，不受移动气泡、颜色、固体物干扰，通过接触测量。

ReactIR IC10 在线反应红外分析仪是由主机，光导管，探头及装有 ReactIR IC10 应用软件的计算机四个部件组成。仪器在工作时，仅探头部分接触反应体系，探头中的衰减全反射元件为钻石，探头的外壳为哈氏合金，均属耐腐蚀材质，可用于苛刻条件反应，设备安全程度高。

ReactIR IC10 型在线反应红外分析仪仪器规格：主机测试范围 $400 \sim 4\,800\ cm^{-1}$；分辨率为 $1\ cm^{-1}$；精确度为 $0.02\ cm^{-1}$；信噪比$\geqslant 10\,000$；红外检测器为 MCT 中红外探测器；探头密封圈材料为黄金；ATR 传感器材料为钻石；探头外壳材料为 C-276 哈氏合金；ATR 内反射次数$\geqslant 6$；工作温度范围为 $-80 \sim 200\ ℃$；工作压力范围为 $1.3 \times 10^{-3} \sim 0.7\ MPa$；传感器波长范围为 $4\,000 \sim 2\,200\ cm^{-1}$ 和 $1\,950 \sim 650\ cm^{-1}$。

4.15.2 操作规程

① 仪器预热。一般需预热 3 h 以上。如果连续几天做实验，仪器可不必关掉电源，否则就要关掉仪器电源。

② 吹扫。连接好气路，在实验开始 40 min 前使用干净的空气（CO_2 小于 1×10^{-6}，水蒸气小于 1×10^{-6}）或者高纯 N_2 吹扫，气体流量 4.7 L/min。

③ 冷却监测器。实验前半小时，须用加料漏斗注入液氮，冷却监测器。将液氮注入主机内的过程中，液氮会有喷溅，待液氮喷溅完后，需要继续注入液氮，直至液氮从加料漏斗缝隙中均匀漏出为止。

④ 调节光路。固定好探头的位置，在工具栏中的 Contrast Test 一栏中选择 Contrast 选

项,选择好相关硬件配置后,单击主界面右下角的 Start 按钮,出现对话框,分别转动探头和光导管的 3 个旋钮,调节 Contrast、Peak Height 信号值分别在 30 和 20 000 以上。

⑤ 检测探头是否干净。打开主界面 New library,选择 Sample Using Wizard 出现对话框。如果是一条直线,表明探头是干净的。否则,用脱脂棉或者使用合适的溶剂清洗或者浸泡探头,直到为一条直线为止。如果④调节很难满足要求,则需要清洗探头。

⑥ 准备实验。在 Start 页面选择 Configure Instrument,按实际选择配置硬件后,单击 Next 按钮。在实验反应器中固定好探头,确保探头只是暴露在空气中,单击 Next 按钮。按照步骤④调准探头,直到最佳信号强度和对比度保证光路调节窗口的指示栏灯是绿的,单击 Next 按钮。

打开主界面 Configure Instrument,单击 Collect Background 收集背景。

单击 Start 页面 New Spectra Library,单击 Sample Using Wizard 收集参考谱图。其中 Collect Sample 需填入谱图名称、谱图类型、谱图主要官能团等信息,单击 Collect Sample 收集参考谱图。实验前需要收集所有相关物料的参考图,以帮助数据分析。

⑦ 实验。经过步骤⑥准备好实验后,单击 Start 页面上的 New Experiment 按钮,定义实验名称、保存目录、试验时间、扫描的时间间隔(此时不必再扫描背景),选择是否使用以前的实验作为模板,单击 Next 按钮;添加与编辑 Phase,单击 Next 按钮,选择 Just Start the Experiment,选好后单击 Finish 按钮。

单击页面左上角的 Start 按钮,进入试验界面。界面有 4 个对话框,在每进行一步实验操作前都要预先在 Event 一栏事先写好要进行的操作,比如:"加入 xx 质量为 xx g",然后按回车键,软件开会自动扫描红外光谱图,一般采集 4~5 张以后可以进行下一步操作。在进行下一步操作前,单击"暂停"按钮,执行操作后,单击"开始"按钮,软件会自动扫描整个体系红外光谱图,直到整个实验结束。

⑧ 实验结束后软件自动保存所有数据。注意,卸除试验装置后,要立即擦拭探头,并检查探头是否干净(同步骤⑤)。

⑨ 打开 iC IR 软件进行数据分析。

4.16 超临界流体色谱仪

4.16.1 仪器简介

超临界色谱(SCF)是 20 世纪 80 年代快速发展起来的,由于超临界流体既具有接近气体的黏度和高扩散系数,又具有接近液体的高密度和强溶解能力,因此,SCF 具有气相色谱和液相色谱的优点,其可处理高沸点、不挥发试样,比液相色谱具有更高的柱效和分离效率。美国 THAR 公司的超临界色谱仪 Alias 840 由带虹吸管的钢瓶装二氧化碳、循环冷却器、FDM 10 超临界流体泵、自动进样器、柱温箱(室温-90 ℃)、检测器、ABPR-20 自动背压控制器和收集模块组成,CO_2 流速范围 0.5~10 mL/min。

其软件操作界面如图 4-27 所示。

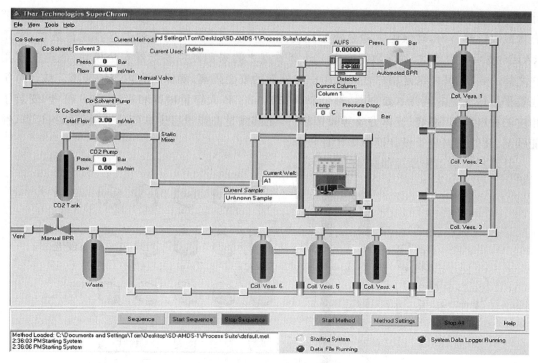

图 4-27 SCF 软件操作界面

4.16.2 操作规程

① SFC 系统的操作人员需要配戴防护眼镜。

② 更换新 CO_2 钢瓶时,认真检查 CO_2 钢瓶出口,有污物时用软布清洁干净;然后,瓶口不要对人,松开阀门,让 CO_2 从瓶内冲出几秒钟以清洁瓶口;关闭阀门,连接气路并检漏待用。

③ 检查冷却器中冷却剂的量,开启冷却器,等待温度到 3 ℃。

④ 溶剂(夹带剂、收集 Makeup)要过滤、脱气,用注射器抽出溶剂流路中的气泡待用。

⑤ 开启各模块电源和检测器灯,检查各模块的显示屏或指示灯没有错误。

⑥ 启动 Superchrom 软件(对于 PDA 要等 10 min 再启动软件),检查没有错误信息。

⑦ 样品要过滤,使用正确的样品瓶,样品盘要安放正确,防止损坏进样针。

⑧ 如安装或更换分析柱,要确认系统没有压力,装上柱后要进行检漏。

⑨ 开启 CO_2 的阀门 2~3 圈,开启 FDM 后的 CO_2 开关,检查确认尾气安全排到室外。

⑩ 对于收集选项,要先用流动相和 Makeup 溶剂清洁管路。

⑪ 实验结束后停止系统运行,退出 Superchrom。

⑫ 关闭各模块电源,关气。

4.17 计算机集群

4.17.1 设备简介

计算机集群是一种计算机系统,它通过计算机软件和硬件连接起来,高度紧密地协作完成计算工作。集群系统中的单个计算机称为节点。本实验室的计算机集群由主节点和服务器节点构成双机热备份,确保程序和系统数据稳定及安全;6 TB硬盘阵列保存各用户数据,采用RAID5技术备份数据,确保数据安全。计算节点之间采用硬件的集群安全模块,既能实现用户之间的共享,又能满足用户之间或用户与外界的安全隔离,确保研究内容不泄密。该计算机集群采用最先进的英特尔处理器,每个节点安装32 GB大容量内存和高速SAS硬盘,安装了相应的材料模拟、燃烧、流体力学等模拟软件,能够满足高能量密度炸药分子微观结构计算、性能预测、高能材料分子设计模拟等计算任务。

计算机集群工作原理如图4-28所示。

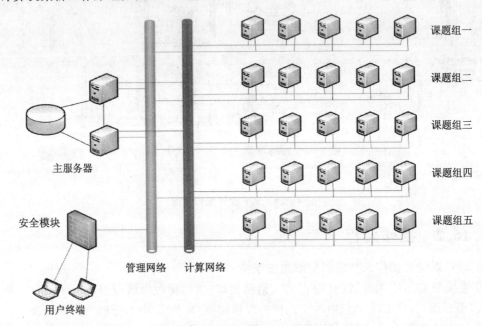

图4-28 计算机集群工作原理

4.17.2 操作规程

(1) 开机流程

① 保证交换机加电完成。

② 打开存储单元,等待3 min左右,存储完全进入系统。

③ 打开管理节点mu01,等待3 min左右,管理节点完全进入系统。

④ 开启2个高端节点和26台计算节点。

⑤ 机器开启后,打开切换器,按Fn+Home组合键调出切换器的菜单。

⑥ 上下箭头按键选择Server List菜单,如果进入后列表是空,表示没有可用的机器。

⑦ 按Ctrl+空格键让切换器扫描,然后再按Ctrl+空格键结束扫描。识别到服务器后,在相应服务器上按回车键即可进入服务器。

⑧ 对于26个刀片计算节点,切换到相应刀箱后,需要进入哪台机器则需按一下机器前控制板的kvm蓝色按钮。

⑨ 进入mu01节点,输入用户名和密码后,可以先用命令看一下其余机器是否启动tentakel-g all uptime。

(2) 关机流程

关机流程与开机流程反顺序进行即可。

① 关闭计算节点和2台高端服务节点。

② 在 mu01 节点上,用集群管理命令批量关机,tentakel-g all poweroff,此命令相当于在28台计算节点上执行 poweroff 命令。

③ 关闭管理节点。

④ 在 mu01 上直接运行 poweroff 命令。

⑤ 关闭存储节点。

⑥ 切换器切到存储 storage 上,登录存储,输入用户名和密码,在提示符上运行 poweroff 关机即可。

4.18 Material Studio 材料模拟软件

4.18.1 软件简介

随着量子力学、分子力学、统计力学等基础学科的不断发展,以及计算机处理能力的提高,理论计算在新材料的研发过程的作用越来越大,美国 Accelrys 公司研制的 Materials Studio 材料模拟软件就是从分子、原子、电子和介观水平解决化学和材料学中的很多重要问题。该软件采用先进的模拟计算思想和方法,如量子力学 QM、线形标度量子力学 Linear Scaling QM、分子力学 MM、分子动力学 MD、蒙特卡洛 MC、介观动力学 MesoDyn、耗散粒子动力学 DPD 和统计方法 QSAR 等多种先进算法,可模拟研究炸药分子力学与分子动力学、晶体生长、晶体结构、量子力学、界面作用、定量结构-性质关系。由于软件高度模块化,用户可以自由定制、购买自己的软件系统,以满足研究工作的不同需要。含能材料领域相关模块包含 MS. Visualizer、MS. Discover、MS. COMPASS、MS. Amorphous Cell、MS GULP、MS. Polymorph Predictor、MS. Morphology、MS. DMol^3、MS. CASTEP、MS. DPD、MS. MesoDyn、MS. Synthia、MS. QSAR 等。目前该软件已经发展到 7.0 版本。

每个模块的功能如下:

MS Visualizer 可搭建单质炸药分子、炸药晶体、界面、表面及高分子含能材料结构模型,可构建样式各异的纳米团簇、介观尺度的结构模型。

MS. Discover 是 Materials Studio 的分子力学计算引擎,可准确地预测最低能量构象,给出不同体系结构的分子动力学轨迹,为 Amorphous Cell 等产品提供了基础计算方法,提供强大的分析工具分析模拟结果,得到各类结构参数、热力学性质、力学性质、动力学量以及振动强度。

MS. COMPASS 是模拟凝聚态含能材料原子水平的从头算力场。可预测孤立体系或凝聚态体系中各种分子构象、振动及热物理性质,可研究诸如高能单质炸药表面、高能炸药共混等非常复杂的体系。

MS. Amorphous Cell 提供任意共混体系的建模方法,可对复杂的无定型体系建立有代表性的模型,设计新化合物和新配方,预测其主要性质。

MS GULP 是基于分子力场的晶格模拟程序,可优化单质炸药分子几何结构和过渡态,预测炸药离子极化率,计算分子动力学,研究氧化物的性质、炸药晶体点缺陷、表面性质、离子迁移,以及其他多孔材料的反应性和结构等。

MS. Polymorph Predictor 是一个算法集,可预测晶体的低能多晶型。

MS. Morphology 从炸药晶体的原子结构来模拟晶体形貌,可预测晶体外形,研发特殊效果的掺杂成分,控制溶剂和杂质的效应。

MS. Dmol^3 是密度泛函(DFT)量子力学程序,可模拟气相、溶液、表面和固态等性质,用于研究含能材料均相催化、多相催化、分子反应等过程,可预测溶解度、蒸气压、配分函数、溶解热、混合热等性质,可计算能带结构、态密度和高能单质炸药的多种性质。

MS. CASTEP 可研究晶体、表面和表面重构性质、表面化学、电子结构、高能炸药晶体的光学性质、点缺陷性质、晶体扩展缺陷、成分无序等。可显示体系的三维电荷密度及波函数、模拟 STM 图像、固体材料的红外光谱、计算电荷差分密度。

Gaussian Interface 可通过 Materials Studio 中 Gaussian2003 的用户界面链接到 Gaussian 03 服务器,可使用 Hartree-Fock(HF)和密度泛函理论(DFT)研究含能材料结构模型及分子能量学。使用 Gaussian 可预测含能材料结构、能量、热力学性质、NMR 和分子体系的振动光谱。

Nanotechnology Consortium 包括 QM/MM 和 Onetep 两个模块。QM/MM 把量子力学和分子力学有效结合起来,模拟计算炸药分子和性能,Onetep 可计算高达几千到上万个原子体系,模拟含能材料的粘合剂大分子体系。

MS. Synthia 可预测高分子定量结构和性质关系,预测含能均聚物和无规共聚物从迁移性质到力学性能的一系列性质。

MS. Blends 可预测溶剂和含能聚合物体系的可混合性,分析研究这些体系在制造过程中的稳定性。可从二元混合物的化学结构预测混合物的热力学性质,生成相图来确定稳定性区域,可缩减试验次数,研究性能稳定的配方。

MS. DPD 可模拟计算各式各样、形状各异的介观高分子体系,模拟流体粒子体系的相互作用,Lees-Edwards 周期边界可用来模拟体系的剪切应力,可得到界面张力和临界胶束浓度等。

MS. MesoDyn 用于研究跨越长时间过程的含能材料混合、表面溶剂和复杂传输等大体系。研究体系的微相分离、胶束和自组装过程,研究固定几何结构的剪应力和受限影响。

MS. QSAR 研究工艺参数和含能材料配方之间的连接关系,预测未知材料的活性,研究描述符和活性之间的差异性和相关性。

4.18.2 操作规程

① 按照计算机集群操作规程开机。打开客户端材料模拟软件,输入用户名和密码,进入材料模拟软件操作界面。

② 在 MS. Visualizer 视图界面根据研究需要设计材料模拟模型,工具栏上有相应的操作单元。

③ 根据研究需要,选择相应的操作模块 Modules,设置参数。

④ 在操作界面提交计算任务。

⑤ 计算完成后,在操作界面下载计算结果。
⑥ 分析计算结果。
⑦ 关闭软件。

4.19 近红外光谱定量分析模型的建立

4.19.1 近红外光谱仪器介绍

Antaris Ⅱ 傅里叶变换近红外光谱仪同时具有透射、反射、漫透射、光纤探头等检测模块,可以快速、精确地检测分析气态、液态、固态样品。所有模块均采用高灵敏度 InGaA 检测器,内置背景自动采集;积分球对漫反射光的收集效率高于95%,保证最高的检测灵敏度;计算机控制自动3位样品穿梭器(具备2个样品光路和一个内部背景光路);同时对药片或胶囊进行透射和漫反射分析,一次得到样品表面材料(如包衣)和内部组成信息;光纤探头在线检测时无需手动采集背景,避免干扰检测过程;USB 即插即用接口,避免网卡通信可能存在的物理地址和 IP 地址冲突。采用 Nicolet 专利的高光通量高速动态准直电磁式干涉仪;采用 CaF2 分束器,在近红外光谱有效区域内具有更高的能量分布。近红外光谱仪器外观如图4-29所示。

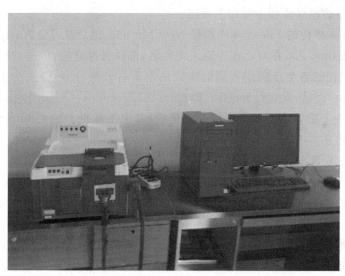

图4-29 近红外光谱仪

4.19.2 定量分析模型建立流程

建立组分定量分析模型前,需要确定样品中包含的组分数、需要测定的组分、每一种组分的含量范围、可能存在的干扰、样品基质对测定过程的影响,根据这些情况选择适当的采样技术和确定最佳实验条件。一般采样时光谱格式设置为 Absorbance(透射)或 Log(1/R)(漫反射),这样,光谱可与样品中组分的含量呈一定的线性关系。特殊情况可转换为其他单位。

确定采样技术后,需要采集标准样品的近红外光谱。所谓标准样品(Standards),是指为建立定量分析模型收集的具有足够代表性、并且已知化学成分含量的样品。标准样品的收集和准备非常重要。一般来讲,标准样品中的各种成分的含量范围和其他性质必须涵盖所有可能遇到的样品中各组分的含量范围,各种组分的含量之间要避免共线性现象(指两种组分含量间呈线性变化),且要尽可能分布均匀。标准样品的收集和准备可以根据自己的经验进行,对于组成复杂、无法控制其中各组分含量的样品,只能通过收集足够多的样品以尽量涵盖实际分析中可能遇到的各种类型。

TQ 中 Suggest Standards 向导提供了一个很好的辅助实验设计的功能。对于组成相对简单的化学品,可以使用 TQ 软件中的 Suggest Standards 向导进行设计,单击 Suggest Standards 按钮,会得到一个对应的对话框,按照 TQ 的提示信息逐步进行,即可以得到 TQ 建议的标准样品的分布。然后按其推荐的分布进行配置标准样品,并采集其光谱,当然实际配置的样品中各组分的含量不一定和 Suggest Standards 向导推荐的含量分布完全一致。如果使用一次 Suggest Standards 向导推荐的样品不够多,可以重复使用 Suggest Standards 向导,直至得到足够多的标准样品。

标准样品集设定完成后,可以使用 Evaluate Standards 向导进行评估;使用高级诊断菜单中的 Select Standards 项选择校正(Calibration)或验证(Validation)。

标准样品的光谱采集在 OMNIC 或 RESULT 软件中进行。

以标准样品集的近红外波谱图为基础,采用 TQ 软件进行组分定量分析模型的建立。

定量分析模型的建立流程主要如下所述。

从 TQ Analyst 软件的 File 菜单中选择 New Method,然后从 TQ Analyst 软件的 File 菜单中选择 Save Method As,在对话框中输入文件名,选择保存路径,单击 OK 按钮。

TQ 将建模过程的各个步骤用不同的窗口从左至右依次分开,分别为 Description、Pathlength、Components、Standards、Spectra、Regions、Corrections、Other、Report。因此,只要从左至右依次完成各个窗口中的各项参数的设置后,单击工具栏上的 Calibrate 按钮,即可完成分析模型的初步建立。

(1) 定义模型名称,选择建模算法

在 Description 中的 Method Title 栏中给模型定义一个名称,在 Method Description 栏中可以输入对模型的详细描述;在 Developer's Name 栏中可以输入模型建立者的名字。

TQ Analyst 提供的定量校正算法包含了最简单的比尔定律、经典的最小二乘法(CLS)、逐步多元线性回归法(SMLR)、偏最小二乘法(PLS)和主成分回归法(PCR)。每一种方法均有各自的优点和缺点。

(2) 光程设置

在 Pathlength 窗口中可以对光程类型进行设置。样品光谱测定时的光程或样品厚度对于定量分析非常重要,因为它和样品中的组分含量一样影响吸收强度。

TQ 的 Pathlength 窗口提供了多种方法可以用于对光程进行定义或校正处理。如恒定、已知、内反射($A=kbc$)、峰值比率($A/b=kc$)、多元信号修正(Multiplicative signal correction,MSC)、标准正则变换(Standard normal variate,SNV)等。

光程类型选项的选择通常也是取决于采样技术,例如使用比色皿或固定光程的样品池进行液体样品光谱采集时,光程一般为恒定(Constant)或已知(Known);而在进行粉末样品 NIR 漫反射光谱采集时,由于样品颗粒尺寸、均匀性等的影响,光程无法保持恒定,此时需要使用多元信号修正(MSC)或标准正则变换(SNV)来对光谱进行处理,以消除这些因素的干扰。

(3) 定义组分

定义待测组分即在 Component 窗口中按要求输入待测组分的名称、缩写、单位、小数点尾数即可,如图 4-30 所示。

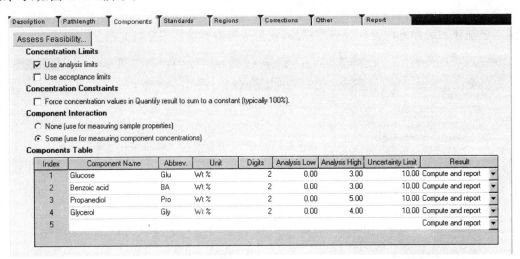

图 4-30 定义待测组分

浓度范围(Analysis Low、Analysis High)可以根据实际样品的分布输入,一般下限(Analysis Low)设为实际样品最低值的 95%,上限设为实际样品最高值的 105%。如果不输入,在模型计算时,TQ 会根据标准样品的含量分布自动计算出来。

在 Component 窗口中,还可以通过选择 Forces concentration values in Quantity result to sum to a constant 选项使各组分含量总和自动为常数。

(4) 方法可行性测试

设定好待测组分信息后,需要进行可行性测试以检查所使用的方法能否成功地进行定量分析。其原理是通过分别采集两个标准样品(其组分含量不能相同,但需要在所设定的浓度范围内,可以不需要知道其准确的含量值)的光谱,每个样品需要进行三次重复采集,TQ 会比较这两个样品三次重复实验得到的光谱并进行统计分析,以检查光谱中是否包含足够的可以与样品中组分含量相关的信息。

在 TQ 中,是通过使用 Component 窗口中的 Assess Feasibility 按钮来进行可行性测试的。

如果可行性测试结果显示光谱中没有包含足够的信息,则可能是由于所使用的光谱采集方式不正确或样品不均匀导致光谱重现性较差或信噪比较差所致,此时需要尝试其他的采样技术和改变实验参数。

(5) 标准样品光谱

标准样品的设定在 Standards 窗口中进行。

TQ 中 Standards 的作用有三种类型,即

① Calibration Standards 用于计算定量模型,TQ 根据其光谱信息与其对应的各组分已知含量值建立起定量模型。

② Validation Standards 用于验证定量模型,不参与定量模型的计算。

③ Correction Standards 用于修正定量模型。

用 Open Standards 引入光谱文件，然后根据实际标准样品集的组分含量相应地输入样品组分含量，如图 4-31 所示。如果不是第一次导入光谱，而是向已有的模型中添加新的光谱，可能会出现警告信息，显示新添加的光谱的参数与模型中已有的光谱参数不一致，此时，需要慎重考虑新添加的样品能否作为标准样品，或者是否需要重新采集其光谱。

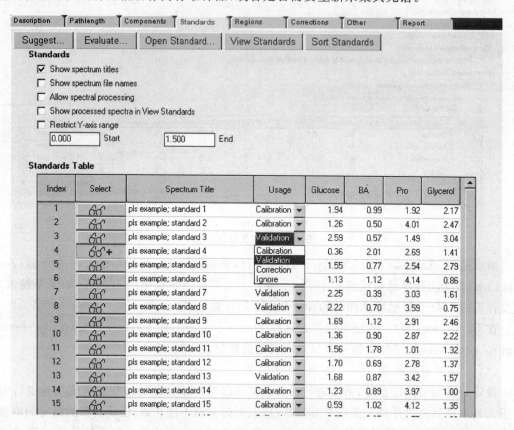

图 4-31 样品组分设置窗口

根据前面介绍的 TQ 中的标准样品类型选择相应的样品类型，即分别确定 Calibration、Validation 和 Correction。如果某个样品有错误，或者不愿意使用它，还可以将其设为 Ignore，也可以从 Edit 菜单中直接将其删除。

以上设置完成后，单击 View Standards 按钮查看光谱集。对于其他选项的设置如图 4-32 所示。

（6）光谱预处理

在近红外光谱分析中进行光谱预处理是有效和必要的。例如，在光程设置 Pathlength 窗口中，光程类型的选择就是减少光程不一致对光谱的影响，以利于建模时有用信息的提取，如采用漫反射采样技术时通常使用 MSC 或 SNV 方法。

近红外光谱测量过程中，经常出现光谱偏移或漂移现象。因此，可以根据需要在 Spectra 窗口对光谱进行导数、滤噪（平滑）和基线校正等预处理。导数处理是净化谱图较常用的方法，可根据需要进行一阶或二阶微分处理。导数处理既可以消除基线偏移，还可以起到一定的放

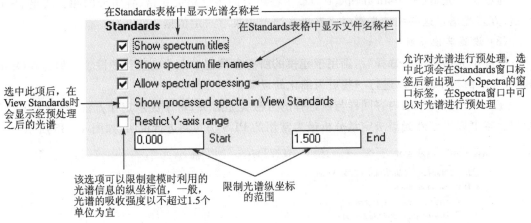

图 4-32 其他选项的设置

大和分离重叠信息的作用。但需要注意的是,在对光谱数据做微分处理时,由于噪声信号也被放大,因此通常在微分之前需要对光谱数据作平滑处理。导数处理效果图如图 4-33 所示。

平滑的作用是提高信噪比,减小随机噪声,从而也可以提高模型的稳健性。TQ 中有两种平滑方法可供使用,一种是经典的 Savitzky - Golay 滤波,它是一种多项式滤波方法;一种是 Norris Derivative 滤波,它只能用于一阶或二阶导数光谱,是红外光谱分析中一种很好的滤波方法。平滑处理效果图如图 4-34 所示。

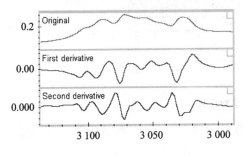

图 4-33 导数处理效果图

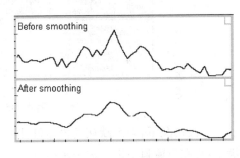

图 4-34 平滑处理效果图

另外,TQ 中还包含有多种基线校正方法。通常,在近红外光谱分析中,如果使用了一阶导数或二阶导数,则较少使用这些基线校正。

(7) 选择光谱范围

光谱范围的选择在 NIR 定量分析模型的建立中是最难的一步。至今为止,化学计量学领域还没有一个完美的算法来选择最佳的光谱范围。在实际工作中,凭借定量分析模型建立的经验和对所分析样品化学知识的了解对光谱范围的选择有重要的作用。

光谱范围的选择在 Regions 窗口中进行。需要注意的是,Regions 窗口中的内容与第一步所选择的方法有关,这里仅以 PLS 方法为例。

首先,如果按前面的步骤完成了方法选择、组分名称的定义、标准样品光谱和化学数据的导入,则可以使用 Suggest 向导让 TQ 来自动帮助选择光谱范围;也可以交互式的方式选择光谱范围;或添加或删除一段光谱范围。

通过统计光谱(Statistical Spectra)显示各组分的多重相关光谱、各组分的相关光谱、平均光谱、方差光谱。这些统计光谱对于选择光谱范围具有一定依据。

(8) 设置其他参数

完成了光谱范围的选择后,则用于建模的所有参数基本上均已进行了设置。但是在Other和Report窗口中还可以进行一些更为细化的设置。

在Other窗口中的内容同样与所选择的方法类型有关,对于比尔定律方法,则没有Other窗口。本书以近红外光谱法定量分析最为常用的PLS法为例进行说明,如图4-35所示。

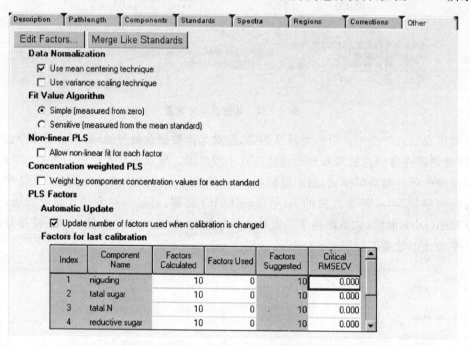

图4-35 Other窗口参数设置

一般情况下,采用默认设置即可(图4-35即为默认设置)。如果对默认设置的建模效不满意,再在该窗口中进行进一步的设置。

Report窗口中主要设置的是分析报告中要显示的内容,如图4-36所示。

(9) 保存模型

可以随时保存模型。TQ将一个模型保存成3个文件,如图4-37所示。

在文件的拷贝或备份过程中,如果仅仅只有第一个文件存在,则模型只能用于对未知样品进行分析,而不能对其进行任何修改。只有当3个文件同时存在时,才能完全对其进行控制,因此在模型转移和共享时,可以通过这种方式进行数据的保护。

(10) 计算模型

完成了上述各步骤后,即可进行模型的计算。计算的速度与所选的方法、标准样品的数量、计算机的性能有关。定量分析模型计算完成后,界面如图4-38所示,同时状态显示栏由红变绿,如果Standards窗口中包含验证(Validation)样品,则会计算出性能指数(Performance Index)。

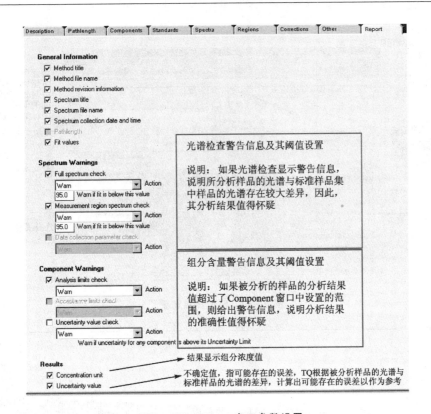

图 4-36　Report 窗口参数设置

图 4-37　模型文件

图 4-38 中的两个图形和表格中的数据点是一一对应的,只要在三者中的任意一个中选中一个样品点,在另外两个中即会选中对应的样品点。

"问题样品"(Outlier)的辨别和处理:问题样品是指拟合值与标准值间的误差较大,在相关图上偏离对角线较远的样品(图 4-38 校正结果的窗口)。对于"问题样品",需要慎重对待,首先可以返回到 Standards 窗口中,查看其标准值是否有误;如果确信标准值无误,则可以打开其光谱,看其质量及与其他样品的光谱差异;一旦确认该样品有问题,则可能需要重新采集其光谱或测定其标准值,不然只能将其 Usage 信息设为 Ignore 或者直接删除。

另外一个方法就是根据诊断(Diagnostics)菜单帮助鉴别问题样品。Spectrum Outlier 选项直接根据光谱的分布差异计算马氏距离的方法鉴别为问题样品,如图 4-39 所示。

图 4-39 为马氏距离分布图,其下面的提示信息中显示分布图中的后 6 个样品为"问题样品"。但是 Spectrum Outlier 选项无法鉴别标准值的准确性。

(11) 验证模型

验证模型的目的是确认所建立模型能够准确地预测实际的样品。

第一种方法:如果 Standards 窗口中包含有验证样品,则校正结果窗口中会计算出 Per-

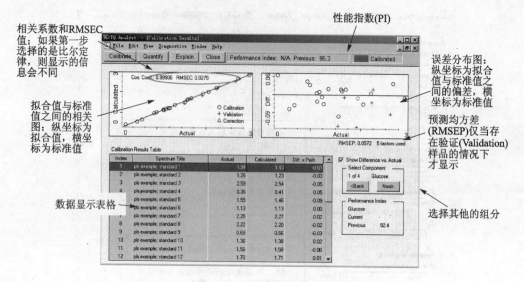

图 4-38 模型计算结果

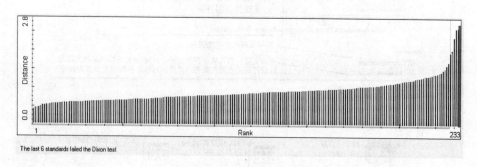

图 4-39 马氏距离分布图

formance Index 和 RMSEP,可以以这两个指标对模型进行评价。需要注意的是,验证样品同样需要具有足够代表性。

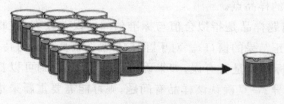

图 4-40 交叉验证原理示意图

第二种方法:如果标准样品的数量有限,在 Standards 窗口中不包含有验证样品,可以通过交叉验证(Cross-Validation)的方法来对模型进行验证,这是一种内部验证法,其原理如图 4-40 所示。即假定校正样品集中有 100 个样品,可以每次从中取出 1 个或多个样品作为临时验证样品,以其余的样品进行建模,然后对这 1 个或多个样品进行预测,如此循环,则会分别得到这 100 个样品的近红外光谱的交叉预测值,最后,以交叉预测值与标准值作相关图,同样类似的可以计算相关系数和交叉验证均方差(RMSECV)。

因此,通过交叉验证可以得到交叉验证均方差(RMSECV)和相关系数。

第三种方法:重新收集一批标准样品用作验证样品,按同样方法采集到光谱图,然后对其进行分析,将分析结果与标准值进行比较,从而对所建定量分析模型的预测效果进行评价。

定量分析模型中的可能误差来源如下：
◇ 标准样品自身的组分含量的标准测定方法的准确性和精度。
◇ 标准样品自身的组分含量标准值是否输入正确。
◇ 由于样品不均匀导致样品的光谱和组分含量标准值没有真正对应。
◇ 标准样品数量太少或含量和其他性质的分布不均匀，导致标准样品难以精确计算光谱信息与组分含量值之间的相关关系。
◇ 由于光谱采集方式不恰当、光谱噪声太大和人为误差造成光谱质量下降或引入误差。
◇ 光谱范围的选择不正确。
◇ 样品被污染，受到其他组分的干扰。

近红外光谱定量分析模型的建立是一个反复循环优化的过程，前面的各个步骤并没有绝对的顺序限制，只是前一个窗口中某些选项的选择可能会影响到后面的窗口中的选项和内容。

实际上，在定量模型的建立过程中，经常需要不断检查造成模型精度不令人满意的原因，并反复的进行分析和排除，直至验证结果满足一定的需求。

在模型的反复优化过程中，推荐使用 Performance Index(PI) 作为指标，该值越大，模型性能越好。

(12) 模型修正(Correction)

如果经过反复验证可以确信组分含量化学值绝对可靠，并且光谱的质量也确保可靠，但模型计算结果中拟合值与标准值仍然存在较大偏差，则可能是由于样品的光谱吸收度和组分含量间的关系偏离了比尔定律，即偏离了线性关系所致。需要说明的是，这种情况并不经常出现，因此下面的模型修正方法不要轻易使用。注意，这里的模型修正不是模型维护。

模型修正在 TQ 的 Correction 窗口中进行，也可使用 Suggest 向导完成，或在编辑窗口完成。模型修正情况如图 4-41 所示。

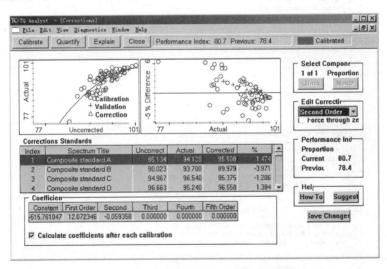

图 4-41 模型修正结果

(13) 对未知样品进行分析

按前述各步骤设置好各项参数，完成分析模型的建立后，可以采用模型对未知样品进行分析，有两种方法如下：

第一种方法：单击 Quantify，找到需要分析的样品光谱文件，则会得到该样品的分析报告，如图 4-42 所示。

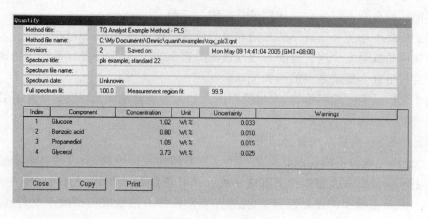

图 4-42　分析报告参数设置

第二种方法：如果要同时分析多个样品，可以使用诊断（Diagnostics）菜单中的 Multiple Quantify 项。单击该选项，同样弹出打开光谱文件对话框，在 Multiple Quantify 弹出的打开光谱对话框中可以选择多个光谱或一批光谱，选择好后按回车键，TQ 即会自动得到所选择的多个样品的分析报告，如图 4-43 所示。

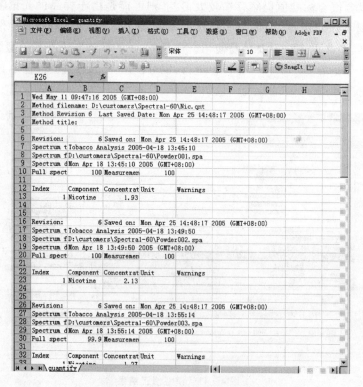

图 4-43　未知样品分析结果

通过以上步骤即可完成一个体系组分定量分析模型的建立。

附 录

附录 A 常用酸碱的浓度

表 A-1 常用酸碱的浓度

试剂名称	密度/(g·cm^{-3})	含量/%	浓度/(mol·L^{-1})
盐酸	1.18~1.19	36~38	11.6~12.4
硝酸	1.39~1.40	65.0~68.0	14.4~15.2
硫酸	1.83~1.84	95~98	17.8~18.4
磷酸	1.69	85	14.6
高氯酸	1.68	70.0~72.0	11.7~12.0
冰醋酸	1.05	99.8(优级纯) 99.0(分析纯、化学纯)	17.4
氢氟酸	1.13	40	22.5
氢溴酸	1.49	47.0	8.6
氨水	0.88~0.90	25.0~28.0	13.3~14.8

附录 B 常用缓冲溶液

表 B-1 常用缓冲溶液

缓冲溶液组成	pK	缓冲溶液 pH 值	配制方法
一氯乙酸-NaOH	2.86	2.8	200 g 一氯乙酸溶于 200 mL 水中,加 NaOH 40 g,溶解后稀释至 1 L
甲酸-NaOH	3.76	3.7	95 g 甲酸和 40g NaOH 溶于 500 mL 水中,稀释至 1 L
NH$_4$Ac-HAc	4.74	4.5	77 g NH$_4$Ac 溶于 200 mL 水中,加冰醋酸 10 mL,稀释至 1 L
NaAc-HAc	4.74	5.0	120 g 无水 NaAc 溶于水,加冰醋酸 20 mL,稀释至 1 L
(CH$_2$)$_6$N$_4$-HCl	5.15	5.4	40 g 六次甲基四胺溶于 200 mL 水中,加浓 HCl 10 mL,稀释至 1 L
NH$_4$Ac-HAc	4.74	6.0	600 g NH$_4$Ac 溶于水,加冰醋酸 220 mL,稀释至 1 L
NH$_4$Cl-NH$_3$	9.26	9.2	54 g NH$_4$Cl 溶于水,加浓 NH$_3$ 水 63 mL,稀释至 1 L
NH$_4$Cl-NH$_3$	9.26	9.5	45 g NH$_4$Cl 溶于水,加浓 NH$_3$ 水 126 mL,稀释至 1 L
NH$_4$Cl-NH$_3$	9.26	10.0	54 g NH$_4$Cl 溶于水,加浓 NH$_3$ 水 350 mL,稀释至 1 L

附录 C HPLC 固定相及其应用范围

表 C-1 HPLC 固定相及其应用范围

名称	别名	功能基团	正相	反相	离子对	应用
Silica		—OH	√			非极性和中等极性以及非离子性有机化合物
SAS	C1	—$(CH_3)_3$		√		在所有的烷基键合相中对非极性化合物保留最弱；典型的用于中等极性和多官能团化合物
Butyl	C4	—C_4H_9		√	√	分离肽和蛋白质，保留时间比 C8 和 C18 短
MOS	C8, Octyl	—C_8H_{17}		√	√	中等极性到强极性化合物，小肽和蛋白质，极性药物，甾族化合物和环境样品
ODS	C18	—$C_{18}H_{37}$		√	√	烷基键合相中对中等极性化合物保留最强。广泛用于药物、甾族化合物、脂肪酸和环境样品
CPS	CN, Cyano (propyl nitrile)	—$(CH_2)_3CN$	√	√		对极性化合物有独特的选择性，适合应用于正相分离。当用于反相系统时，其选择性与 C8 和 C18 不同。在药学领域和复杂混合物的分离中应用广泛
APS	NH_2 (Amino propyl)	—$(CH_2)_3NH_2$	√	√		反相中分析糖类和其他极性化合物。弱阴离子交换，阴离子和有机酸则应用缓冲剂和有机改性剂做流动相。正相中与硅胶的选择性不同，分析芳香族效果很好
Phenyl		—$(CH_2)C_6H_5$		√	√	芳香族化合物
Diol		—$(CH_2)_{20}CH_2(CH_2OH)_2$	√	√		反相时，分离肽和蛋白质。正相时，与硅选择性相似，但极性较弱
SCX	强阳离子交换	—$(CH_2)_2C_6H_4SO_3H^-$			√	有机碱
SAX	强阴离子交换	—$(CH_2)_3N+(CH_3)_3$			√	有机酸、核苷和核苷酸

附录 D 高效液相色谱故障及排除方法

表 D-1 高效液相色谱故障及排除方法

诊 状	可能的原因	解决方法
（一）保留时间变化	1. 柱温变化	柱恒温
	2. 等度与梯度间未能充分平衡	至少用 10 倍柱体积的流动相平衡柱
	3. 缓冲液容量不够	用大于 25 mmol/L 的缓冲液
	4. 柱污染	每天冲洗柱
	5. 柱内条件变化	稳定进样条件,调节流动相
	6. 柱快达到寿命	采用保护柱
（二）保留时间缩短	1. 流速增加	检查泵,重新设定流速
	2. 样品超载	降低样品量
	3. 键合相流失	流动相 pH 值保持在 3~7.5 检查柱的方向
	4. 流动相组成变化	防止流动相蒸发或沉淀
	5. 温度增加	柱恒温
（三）保留时间延长	1. 流速下降	管路泄漏,更换泵密封圈,排除泵内气泡
	2. 硅胶柱上活性点变化	用流动相改性剂,如加三乙胺,或采用碱至钝化柱
	3. 键合相流失	同（二）3
	4. 流动相组成变化	同（二）4
	5. 温度降低	同（二）5
（四）出现肩峰或分叉	1. 样品体积过大	用流动相配样,总的样品体积小于第一峰的 15%
	2. 样品溶剂过强	采用较弱的样品溶剂
	3. 柱塌陷或形成短路通道	更换色谱柱,采用较弱腐蚀性条件
	4. 柱内烧结不锈钢失效	更换烧结不锈钢,加在线过滤器,过滤样品
	5. 进样器损坏	更换进样器转子
（五）鬼峰	1. 进样阀残余峰	每次用后用强溶剂清洗阀,改进阀和样品的清洗
	2. 样品中未知物	处理样品
	3. 柱未平衡	重新平衡柱,用流动相作样品溶剂（尤其是离子对色谱）
	4. 三氟乙酸(TFA)氧化（肽谱）	每天新配,用抗氧化剂
	5. 水污染（反相）	通过变化平衡时间检查水质量,用 HPLC 级的水
（六）基线噪声	1. 气泡（尖锐峰）	流动相脱气,加柱后背压
	2. 污染（随机噪声）	清洗柱,净化样品,用 HPLC 级试剂
	3. 检测器灯连续噪声	更换氘灯
	4. 电干扰（偶然噪声）	采用稳压电源,检查干扰的来源（如水浴等）
	5. 检测器中有气泡	流动相脱气,加柱后背压

续表 D-1

诊 状	可能的原因	解决方法
（七）峰拖尾	1. 柱超载	降低样品量，增加柱直径采用较高容量的固定相
	2. 峰干扰	清洁样品，调整流动相
	3. 硅羟基作用	加三乙胺，用碱致钝化柱增加缓冲液或盐的浓度降低流动相 pH 值，钝化样品
	4. 同（四）4	同（四）4
	5. 同（四）3	5. 同（四）3
	6. 死体积或柱外体积过大	连接点降至最低，对所有连接点做合适调整，尽可能采用细内径的连接管
	7. 柱效下降	用较低腐蚀条件，更换柱，采用保护柱
（八）峰展宽	1. 进样体积过大	同（四）1
	2. 在进样阀中造成峰扩展	进样前后排出气泡以降低扩散
	3. 数据系统采样速率太慢	设定速率应是每峰大于 10 点
	4. 检测器时间常数过大	设定时间常数为感兴趣第一峰半宽的 10%
	5. 流动相黏度过高	增加柱温，采用低黏度流动相
	6. 检测池体积过大	用小体积池，卸下热交换器
	7. 保留时间过长	等度洗脱时增加溶剂含量也可用梯度洗脱
	8. 柱外体积过大	将连接管径和连接管长度降至最小
	9. 样品过载	进小浓度小体积样品

附录 E 高效液相色谱柱的清洗和再生方法

除非特殊说明，在所有情况下，所用溶剂的体积应该是色谱柱体积的 40~60 倍。应在清洗过程开始和结束时各测一次柱效和容量因子等，比较色谱柱性能的改善，以确定清洗的效果。确保色谱柱中没有样品和缓冲溶液，清洗前所用的溶剂应与最初清洗时所用的溶剂相溶。应确保实验测试时所用的流动相与色谱柱中最后的溶剂相溶。

1. 正相填料

溶剂的冲洗顺序如下：
① 用四氢呋喃冲洗。
② 用甲醇冲洗。
③ 用四氢呋喃冲洗。
④ 二氯甲烷冲洗。
⑤ 用无苯正己烷冲洗。

2. 反相填料

溶剂的冲洗顺序如下：

① 用 HPLC 级水冲洗，冲洗时进 4 等份的 200 μL 的二甲亚砜（DMSO）。
② 用甲醇冲洗。
③ 用氯仿冲洗。
④ 用甲醇冲洗。

3. 阴离子交换填料

溶剂的冲洗顺序如下：
① 用 HPLC 级水冲洗。
② 用甲醇冲洗。
③ 用氯仿冲洗。

4. 阳离子交换填料

溶剂的冲洗顺序如下：
① 用 HPLC 级水冲洗，在冲洗的过程中进 4 等份 200 μL 的 DMSO。
② 四氢呋喃冲洗。

5. 蛋白质凝胶过滤填料

去除蛋白质尺寸排阻介质中的污染物有两种清洗/再生的方法。
① 如果是弱保留蛋白质，则采用 30 mol/L pH3.0 磷酸盐缓冲液冲洗。
② 如果是强保留蛋白质，则采用 100％的水到 100％的乙腈梯度洗脱 60 min。

6. 多孔石墨化碳填料

多孔石墨化碳柱有四种再生的方法，选用哪一种方法依赖于被分析物和所用的溶剂。

（1）酸碱再生

适合于使用极性流动相分析离子类分析物。
① 将色谱柱倒装
② 用 50 mL 含 0.1％三氟乙酸的四氢呋喃/水（1∶1）溶液 1 mL/min 流速冲洗。
③ 用 50 mL 含 0.1％三乙胺或氢氧化钠的四氢呋喃/水（1∶1）溶液 1 mL/min 流速冲洗。
④ 用 50 mL 含 0.1％三氟乙酸的四氢呋喃/水（1∶1）溶液 1 mL/min 流速冲洗。
⑤ 用 95％甲醇水溶液冲洗重新平衡。
⑥ 将色谱柱改为正向。

（2）强有机溶剂再生

适合于水相分析极性或离子类分析物。
① 用 50 mL 丙酮以 1 mL/min 流速冲洗。
② 用 120 mL 二丁醚以 1 mL/min 流速冲洗。
③ 用 50 mL 丙酮以 1 mL/min 流速冲洗。
④ 用水冲洗至平衡。

（3）正相再生

适合于主要使用正相流动相的多孔石墨化碳柱。
① 用 50 mL 二氯甲烷以 1 mL/min 流速冲洗。
② 用 50 mL 甲醇以 1 mL/min 流速冲洗。
③ 用 50 mL 水以 1 mL/min 流速冲洗。

④ 用 50 mL 0.1 mol/L 盐酸以 1 mL/min 流速冲洗。
⑤ 用 50 mL 水以流速 1 mL/min 冲洗。
⑥ 用 50 mL 甲醇以 1 mL/min 流速冲洗。
⑦ 用 50 mL 二氯甲烷以 1 mL/min 流速冲洗。
用流动相冲洗至平衡。

(4) 三氟乙酸的去除

适合于流动相中含有三氟乙酸的多孔石墨化碳柱。

用加热到 75 ℃ 的乙腈冲洗，同时色谱柱也要保持在这一温度。

7. 带金属抗衡离子的聚合物填料

基质是带金属抗衡离子的聚合物色谱柱，有三种再生方法，每种方法详细列于下表。

表 E-1 再生方法

色谱柱类型	金属污染物	有机污染物	色谱柱清洗
氢离子型	用 25 ℃ 的 0.1 mol/L 的 H_2SO_4 溶液以 0.1 mL/min 的流速反向冲洗 4~16 h	用 25 ℃ 的 20∶80 的乙腈水溶液以 0.1 mL/min 的流速反向冲洗 4 h	用 65 ℃ 的 20∶80 的 ACN∶0.01NH_2SO_4 溶液以 0.1 mL/min 的流速反向冲洗 4 h
钙离子型	用 25 ℃ 的 0.1 mol/L，pH 6.3 的 $Ca(NO_3)_2$ 溶液以 0.1 mL/min 的流速反向冲洗 4~16 h	用 25 ℃ 的 20∶80 的乙腈水溶液以 0.1 mL/min 的流速反向冲洗 4 h	用 25 ℃ 的 20∶80 的乙腈水溶液以 0.1 mL/min 的流速反向冲洗 4 h
钠离子型	用 85 ℃ 的 0.1 mol/L 的 $NaNO_3$ 溶液以 0.1 mL/min 的流速反向冲洗 4~16 h	用 25 ℃ 的 20∶80 的乙腈水溶液以 0.1 mL/min 的流速反向冲洗 4 h	用 25 ℃ 的 20∶80 的乙腈水溶液以 0.1 mL/min 的流速反向冲洗 4 h
银离子型	没有再生过程报道	用 25 ℃ 的 20∶80 的乙腈水溶液以 0.1 mL/min 的流速反向冲洗 4 h	用 25 ℃ 的 20∶80 的乙腈水溶液以 0.1 mL/min 的流速反向冲洗 4 h
铅离子型	用 85 ℃ 的 0.1 mol/L，pH 5.3 的 $Pb(NO_3)_2$ 溶液以 0.1 mL/min 的流速反向冲洗 4~16 h	用 25 ℃ 的 20∶80 的乙腈水溶液以 0.1 mL/min 的流速反向冲洗 4 h	用 25 ℃ 的 20∶80 的乙腈水溶液以 0.1 mL/min 的流速反向冲洗 4 h

附录 F 色谱谱柱再生案例

现以污染填料后对色谱柱的处理过程为例进行介绍。

1. 故障分析

YWG C18 10μ(4.6 mm×150 mm) 色谱柱使用 20 天左右后，柱压高约 1 Mpa 左右，分离效果变差，用蒸馏水清洗色谱柱没有明显改善。色谱柱分离度不好，柱效不高，可能为分析液发酵，仅仅进行简单的过滤后分析，其中的蛋白质等可能没有去除完全，致使过多的蛋白质沉淀在色谱柱中加之对沉淀的蛋白质没有及时冲洗,长时间后,破坏C18官能团,而且如果长时间用纯水冲洗色谱柱,官能团坍塌的可能性也很大。色谱柱压力增加,可能是柱头筛板被样品杂质堵塞,或者填料被污染或被流动相破坏,导致柱床层堵塞。

2. 检 测

用10%乙腈水,1.0 mL/min的流量冲洗色谱柱,冲洗大约30 min,将色柱中可能存在的磷酸缓冲盐置换掉。然后用85%甲醇流动相,尿嘧啶、硝基苯萘、芴反相样品评价色谱柱,评价分析结果如图F-1所示。

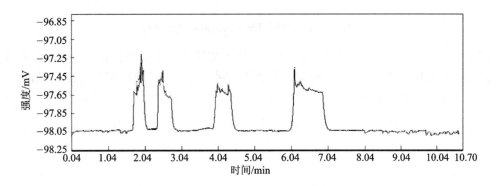

图F-1 色谱柱初次测试结果

可见色谱峰形非常差,可能是柱头污染,色谱柱中部分填料已经被污染便性,柱头打开,发现柱头部分色填料已经变,部分填料板结在筛板和四氟垫圈的周围属于典型的由于样品杂质引起色谱柱填料污染导致的色谱柱性能下降。

3. 修补与再生

将柱头污染填料挖出,用同样规格的新填料进行修补并更换新筛板,然后85%的甲醇流动相。在相同条件下进行评价,结果如图F-2所示,可见虽然色谱性能有所改善,但是还需要进行再生处理。

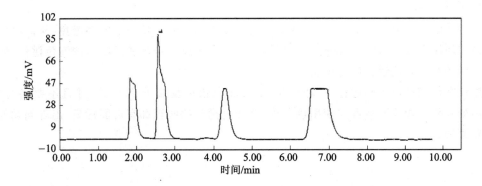

图F-2 更换柱头填料和筛板之后色谱柱评价谱图

对于C18或相应的反相色谱固定相,一般采用洗脱能力比较强的有机溶进行再生,图F-3是用异丙醇溶剂,0.5 mL/min流速下,冲洗色谱柱4 h后,用85%甲醇评价谱图,可见色谱柱性能有比较明显的改善。

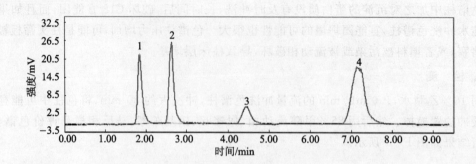

图 F-3 用异丙醇再生后色谱柱性能评价

图 F-4 是采用二氯甲烷溶剂,在 0.5 mL/min 流速下又冲洗色谱柱 30 min,后换用异丙醇冲洗色谱柱 2 h 后,换用 85%甲醇流动相评价结果,与图 F-3 比较可以看出,色谱柱性能又有进一步改善。虽然与新色谱柱出厂指标有一定距,但是较再生之前有极大差别。

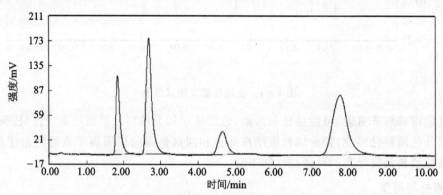

不对称度为1.23,柱效13 000 m^{-1}
(出厂指标,不对称度0.9~1.3,柱效30 000 m^{-1})

图 F-4 采用二氯甲烷再生后色谱柱性能评价

4. 结果分析

色谱柱的问题类型非常多,其中许多问题如在使用中注意则完全能够避免,从而尽可能延长色谱柱使用寿命,保证良好的分离分析结果。使用中还一定要注意经常冲洗色谱柱,使用一定时间后还需要对色谱柱进行再生。

建议在色谱柱再生的过程中,冲洗时,应该将色谱柱反接 HPLC 泵,并且不要接检测池,以免污染系统。建议不要反向使用色谱柱,这样色谱柱的两端都有可能污染,出现问题处理起来比较繁琐。

附录 G 部分高能量密度化合物相关中间体和产物的红外波谱图

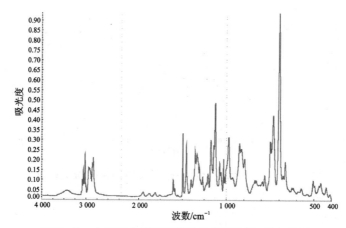

图 G-1 六苄基六氮杂异伍兹烷(HBIW)红外光谱图

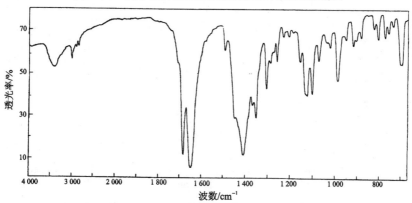

图 G-2 四乙酰基二苄基六氮杂异伍兹烷(TADBIW)红外光谱图

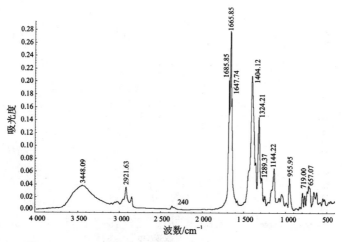

图 G-3 四乙酰基二苯甲酰基(TADBzIW)的红外光谱图

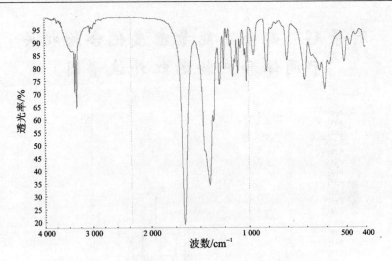

图 G-4 四乙酰基六氮杂异伍兹烷(TAIW)红外光谱图

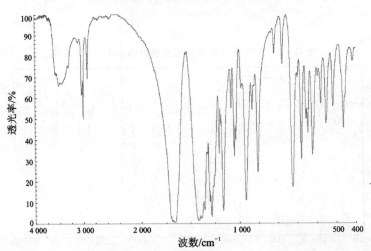

图 G-5 四乙酰基二甲酰基六氮杂异伍兹烷(TADFIW)红外光谱图

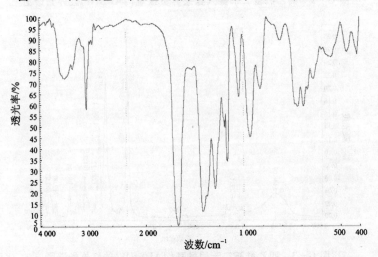

图 G-6 三乙酰基三甲酰基六氮杂异伍兹烷(TATFIW)红外光谱图

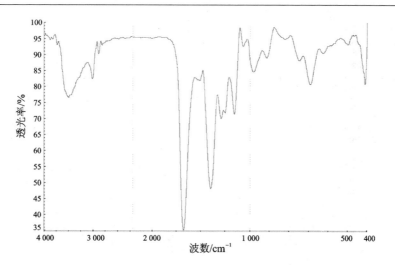

图 G-7 二乙酰基四甲酰基六氮杂异伍兹烷(DATFIW)红外光谱图

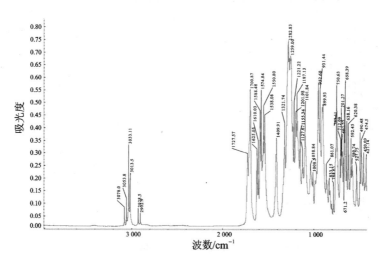

图 G-8 四硝基二甲酰基六氮杂异伍兹烷(TNDFIW)红外光谱图

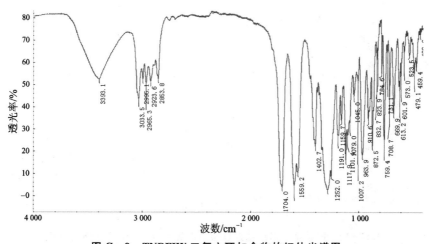

图 G-9 TNDFIW 二氧六环加合物的红外光谱图

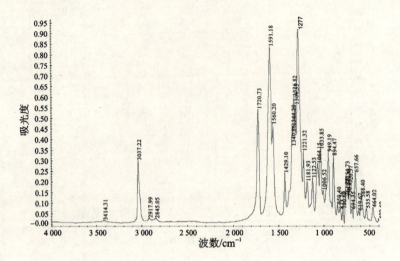

图 G-10　五硝基-甲酰基六氮杂异伍兹烷(PNMFIW)红外光谱图

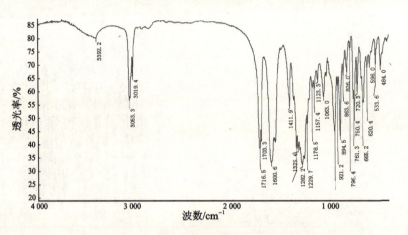

图 G-11　PNMFIW 丙酮加合物的红外谱图

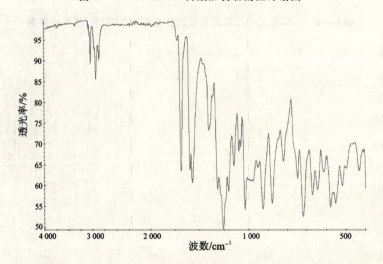

图 G-12　四硝基二乙酰基六氮杂异伍兹烷(TNDAIW)红外光谱图

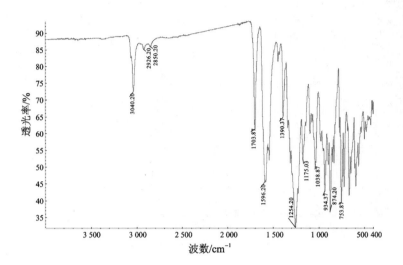

图 G-13 五硝基-乙酰基六氮杂异伍兹烷（PNMAIW）红外光谱图

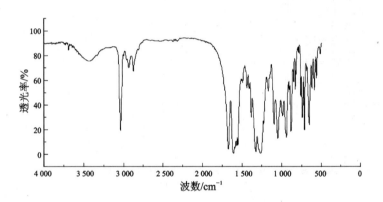

图 G-14 HNIW 与 DMF 分子加合物的红外光谱

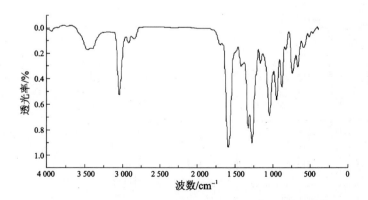

图 G-15 HNIW 与 DMSO 的分子加合物的红外光谱图

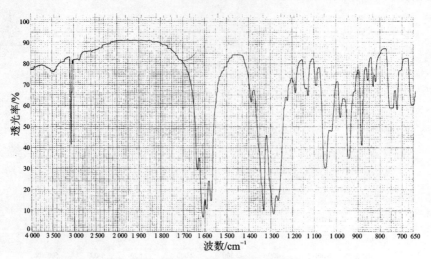

图 G-16　ε-HNIW 红外光谱图

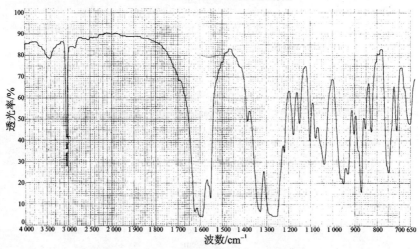

图 G-17　γ-HNIW 红外光谱图

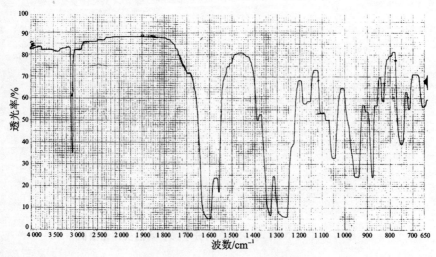

图 G-18　α-HNIW 红外光谱图

附 录

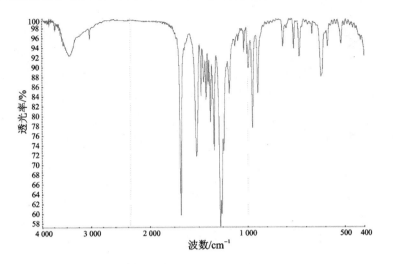

图 G-19 DADN 红外光谱图

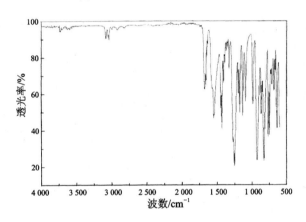

图 G-20 TAT 红外光谱图

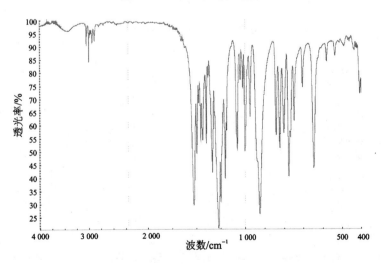

图 G-21 DPT 红外光谱图

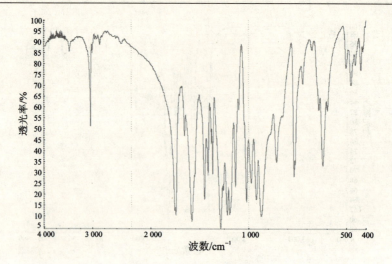

图 G-22 BSX 红外光谱图

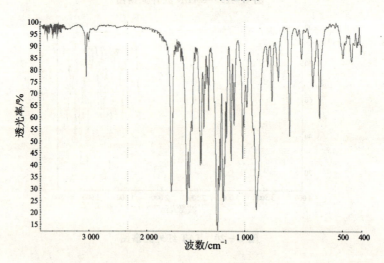

图 G-23 AcAn 红外光谱图

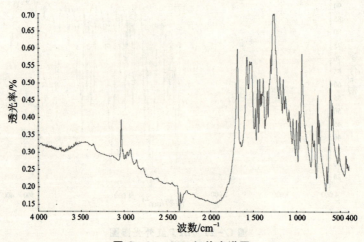

图 G-24 SEX 红外光谱图

附 录

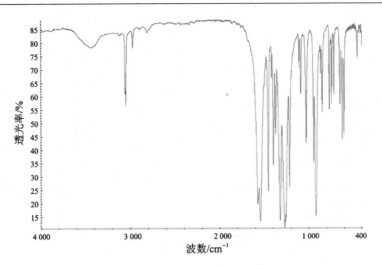

图 G-25 α-HMX 的红外谱图

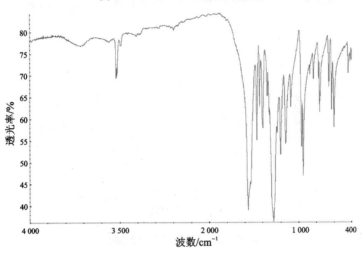

图 G-26 β-HMX 的红外谱图

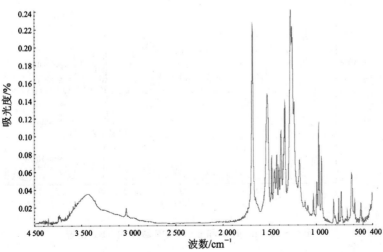

图 G-27 γ-HMX

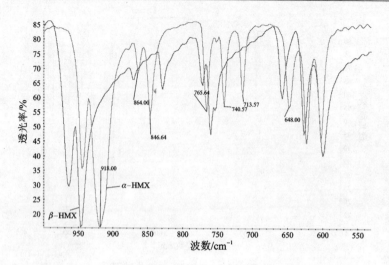

图 G-28 α-HMX(红色)和 β-HMX(蓝色)红外谱图对比图

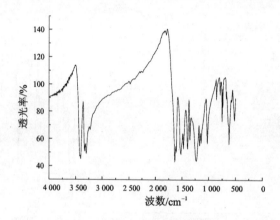

图 G-29 FOX-7 红外光谱图

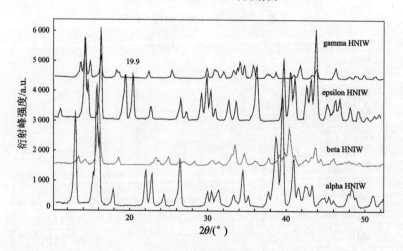

图 G-30 α, β, γ 和 ε-HNIW 晶体的 XRD 图谱

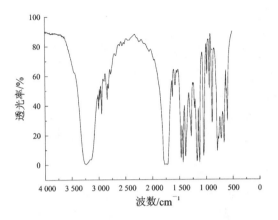

图 G-31 2-甲氧基-2-甲基-4,5-咪唑烷二酮

图 G-32 ε-HNIW 的晶体外形图

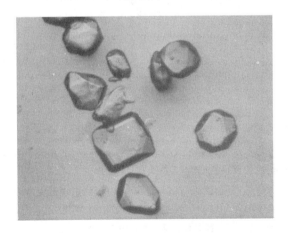

图 G-33 RDX 晶体外形图

参考文献

[1] 欧育湘.炸药学[M].北京:北京理工大学出版社,2014.
[2] 任特生.硝胺及硝酸酯炸药化学与工艺学[M].北京:兵器工业出版社,1994.
[3] Agrawal Jai Prakash,等. 高能材料——火药、炸药和烟火药[M].欧育湘,译.北京:国防工业出版社,2013.
[4] 欧育湘.炸药合成化学[M].北京:兵器工业出版社,1998.
[5] Ulrich Teipel.含能材料[M].欧育湘,译.北京:国防工业出版社,2009.
[6] 黄文尧,颜事龙,等.炸药化学与制造[M].北京:冶金工业出版社,2009.
[7] 公绪滨,孙成辉,庞思平,等.异伍兹烷衍生物的研究进展[J].有机化学,2012,32:486-496.
[8] Jin Shaohua, Shu Qinghai, Chen Shu-sen, et al. Preparation of epsilon-HNIW by a one-pot, method in concentrated nitric acid from tetraacetyldiformyl -hexaazaisowurtzitane[J]. Propellants Explosives Pyrotechnics, 2007,32(6): 468-471.
[9] 陈华雄.六氮杂异伍兹烷衍生物合成机理及工艺研究[D].北京:北京理工大学,2007.
[10] Dong Kai, Sun Cheng Hui, Song Jian W, et al. Synthesis of 2,6,8,12-Tetraacetyl-2,4,6,8,10,12-hexaazaisowurtzitane (TAIW) from 2,6,8,12-Tetraacetyl-4,10-dibenzyl-2,4,6,8,10,12-hexaazaisowurtzitane (TADBIW) by Catalytic Hydrogenolysis Using a Continuous Flow Process[J]. Organic Process Research & Development,2014,18(11):1321-1325.
[11] Chen Huaxiong,Chen Shusen,Li Lijie, et al. Synthesis,single crystal structure and characterization of pentanitromonoformylhexaazaisowurtzitane[J].Journal of Hazardous Materials,2010,175:569-574.
[12] Chen Huaxiong,Li Lijie,Jin Shuahua, et al. Effects of additives on ε-HNIW crystal morphology and impact seneitivity[J].Propellants Explosives Pyrotechnics,2012,37:77-82.
[13] Chen Huaxiong, Li Lijie, Liu Sufen, et al. 10-formyl-2,4,6,8,12 -pentanitro-2,4,6,8,10,12 -hexaazatetracyclo-[5.5.0.0^{5,9}.0^{3,11}] dodecane acetone solvate[J]. Acta Crystallpgraphiica Section E, 2010, E66, O452.
[14] 李昆,郑亚峰,李巍,等.三代含能材料六硝基六氮杂异伍兹烷研究进展[J].化工新型材料,2015,43(1):33-36.
[15] 韩卫荣.六苄基六氮杂异伍兹烷氢解工艺及机理研究[D].北京:北京理工大学,2004.
[16] 黄兴.六氮杂异伍兹烷衍生物反应性研究[D].北京:北京理工大学,2005.
[17] 湛飞.六苄基六氮杂异伍兹烷的氧化反应性研究[D].北京:北京理工大学,2005.
[18] 李丽洁.笼形酰胺类化合物的浓硝酸硝解及工艺研究[D].北京:北京理工大学,2007.
[19] 孙发明.异伍兹烷基团转换技术研究[D].北京:北京理工大学,2009.
[20] 陈留群.五硝基一乙酰基六氮杂异伍兹烷的合成及表征[D].北京:北京理工大学,2008.
[21] 鲁林.四硝基二乙酰基六氮杂异伍兹烷的合成与表征[D].北京:北京理工大学,2008.
[22] Chen Huaxiong, Shi Rui, Chen Shusen, et al. 4,10-Diformyl-2,6,8,12-tetranitro -2,4,6,8,10,12-hexaazatetracyclo-[5.5.0.05,9.03,11]dodecane[J]. Acta Crystallpgraphiica Section E, 2010, E66, O338.
[23] 欧育湘,王艳飞,刘进全,等.近20年问世的5个新高能量密度化合物[J].化学通报,2006,69:1-7.
[24] 王昕,彭翠枝.国外六硝基六氮杂异伍兹烷的发展现状[J].火炸药学报,2007,30(5):45-48.
[25] Luk'yanov Q A, shlykova N I. Pentanitro- and pentanitronitroso-2,4,6,8,10,12 -hexaazaisowurtzitanes[J]. Russian Chemical Bulletin, International Edition, 2004,53(3):566-568.

参考文献

[26] Anthony J Bellamy, Alistair MacCuish, Peter Golding, et al. The use of trifluoroacetyl as an N- and O-protecting Group during the synthesis of energetic compounds containing nitramine and/or nitrate ester groups[J]. Propellants Explosives Pyrotechnics,2007,32(1):20-30.

[27] 施瑞. 五硝基一甲酰基六氮杂异伍兹烷的合成与表征[D]. 北京:北京理工大学,2008.

[28] 蔡水兰. 四硝基二甲酰基六氮杂异伍兹烷(TNDFIW)的合成与性能表征[D]. 北京理工大学,2008.

[29] 陈留群. 五硝基一乙酰基六氮杂异伍兹烷的合成及表征[D]. 北京:北京理工大学,2008.

[30] 庞思平,申帆帆,吕芃浩,等. 六硝基六氮杂异伍兹烷合成工艺研究进展[J]. 兵工学报,2014,35(5):725-732.

[31] Urbelis Jessica H, Swift Jennifer A. Solvent Effects on the Growth Morphology and Phase Purity of CL-20[J]. Crystal Growth & Design,2014,14(4):1642-1649.

[32] 刘素芬. 笼形硝胺化合物的制备与性能研究[D]. 北京:北京理工大学,2009.

[33] 赵信岐,刘娟. 一乙酰基五硝基六氮杂异伍兹烷的制备及表征[J]. 含能材料,1996,4(4):145-149.

[34] 赵信岐,李莉,白军红,等. 二乙酰基四硝基六氮杂异伍兹烷结构表征[J]. 北京理工大学学报,1998,18(5):1.

[35] 冯泽旺,刘翠玲,方涛,等. 二乙酰基四硝基六氮杂异伍兹烷分子和晶体结构[J]. 火炸药学报,2001,1:38-40.

[36] 徐永江,欧育湘,陈博仁,等. 五硝基一甲酰基六氮杂异伍兹烷的结构表征[J]. 兵工学报,1999,20(4):298-301.

[37] 方涛,孙成辉,冯泽旺,等. 一乙酰基五硝基六氮杂异伍兹烷的晶体结构[J]. 精细化工,2005,22(5):333-336.

[38] 方涛,孙成辉,赵信岐. 四乙酰基二硝基六氮杂异伍兹烷[J]. 含能材料,2004,12(5):291-293,296.

[39] Robert D Chapman, Richard A Hollins. Benzylamine-free, heavy-metal-free synthesis of CL-20 via hexa (1-propenyl) hexaaza isowurtzitane[J]. Journal of Energetic Materials,2008,26:246-273.

[40] Pawel Maksimowski, Maciej Duda, Waldemar Tomaszewski. 2-Acetyl-2,4,6,8,10,12-pentanitro-hexaazaisowurtzitane(PNAIW) preparation and properties[J]. Propellants Explosives Pyrotechnics,2011,36,320-326.

[41] 张兴高. 高氮化合物的合成及其含能材料热分解研究[D]. 北京:国防科学技术大学,2005.

[42] 尚凤琴,金韶华,王霞,等. CL-20的降感包覆研究[J]. 四川兵工学报,2015,36(1):25-27.

[43] 钱华,刘大斌,叶志文. 黑索今的新型合成路线[J]. 应用化学,2010,27(10):1235-1237.

[44] 石煜. 黑索今的合成工艺研究[D]. 南京:南京理工大学,2010.

[45] 李伟明. 醋酐法生产HMX工艺研究[D]. 太原:中北大学,2009.

[46] 王振宇. 国外近年研制的新型不敏感单质炸药[J]. 含能材料,2003,11(4):227-230,240.

[47] 王振宇. 国外高能量密度化合物研究新进展[J]. 飞航导弹,2003,2:34-37.

[48] 奚美珏. 非醋酐法合成DPT与pH值的关系[J]. 南京理工大学学报,1994,1:75-78.

[49] 奚美珏. DPT安定性研究[J]. 华东工学院学报,1986,1:136-146.

[50] 南晓平. 由直链硝胺合成DPT[J]. 南京理工大学学报,1997,21(1):53-56.

[51] Anthony J Bellamy, Dong Soo Kim. Alternative exotherm suppressants for the nitrolysis of DAPT[J]. Journal of Energetic Materials,1997,15:4,221-236.

[52] 钱华,刘大斌,吕春绪. 超声波促进DAPT一步法制备HMX[J]. 火炸药学报,2010,33(6):16-18,24.

[53] 王鹏,宋红燕,孟子晖,等. 一锅法合成二硝基五亚甲基四胺工艺研究[J]. 北京理工大学学报,2011,31(5):603-605,617.

[54] 宋红燕,王鹏,覃光明,等. 一锅法合成二硝基五亚甲基四胺反应机理的研究[J]. 2010,30(3):414-418.

[55] 汪平. N_2O_5/HNO_3硝解TAT制备HMX反应的工艺研究[D]. 南京:南京理工大学,2012.

[56] 史楠,胡炳成,吕春绪.小分子法合成1,5-二乙酰基-3,7-二硝基-1,3,5,7-四氮杂辛烷工艺研究[J].火炸药学报,2013,36(2):13-15,19.

[57] 李丽洁,金韶华,陈树森,等.AcAn对奥克托今热稳定性的影响研究[J].兵工学报,2014,35(10):1562-1568.

[58] 舒远杰,李洪珍,黄奕刚,等.1,3,3-三硝基氮杂环丁烷的合成[J].有机化学,2003,23(10):1139-1141.

[59] 张光全.1,3,3-三硝基氮杂环丁烷(TNAZ)的工业合成现状及其应用进展[J].含能材料,2002,10(4):174-177.

[60] 丁黎,李英勃.1,3,3-三硝基氮杂环丁烷的合成方法及性能研究[J].火炸药学报,2002,4:42-44,65.

[61] 李加荣.3-硝基-1,2,4-三唑酮-5的一锅合成[J].北京理工大学学报,1998,18(4):518-519.

[62] 付秋菠.1,1-二氨基-2,2-二硝基乙烯的合成及其性能研究[D].成都:四川大学,2007.

[63] 蔡华强,舒远杰,郁卫飞,等.1,1-二氨基-2,2-二硝基乙烯的研究进展[J].含能材料,2004,12(2):124-128.

[64] 付秋菠,舒远杰,黄奕刚,等.1,1-二氨基-2,2-二硝基乙烯的晶型研究[J].四川大学学报(工程科学版),2007,39(3):67-71.

[65] Östmark H, Langlet A, Bergman H, et al. FOX-7-a new explosive with low sensitivity and high performance[M]. Sweden: Denfense Research Establishment, 2004.

[66] 杨宗云.笼形化合物的合成与表征[D].北京:北京理工大学,1996.

[67] 周彦水,张志忠,李建康,等.3,4-二硝基呋咱基氧化呋咱的晶体结构[J].火炸药学报,2005,28(2):43-46.

[68] 郑伟,王江宁.3,4-二硝基呋咱基氧化呋咱(DNTF)的研究进展[J].含能材料,2006,14(6):463-466.

[69] 胡焕性,张志忠,赵凤起,等.高能量密度材料3,4-二硝基呋咱基氧化呋咱性能及应用研究[J].兵工学报,2004,25(2):155-158.

[70] 吴敏杰,陈树森,金韶华,等.一种合成3,3'-二氨基-4,4'-氧化偶氮呋咱的新方法[J].含能材料,2013,21(2):273-275.

[71] 任晓宁,王江宁,阴翠梅,等.新型高能量密度材料DNTF的热分解特性[J].火炸药学报,2006,29(2)):33-36,40.

[72] Niko Fischer, Dennis Fischer, Thomas M Klapötke, et al. Pushing the limits of energetic materials - the synthesis and characterization of dihydroxylammonium 5,5'-bistetrazole-1,1'-diolate[J]. Journal of Materials Chemistry, 2012, 22: 20418-20422.

[73] 王小军,苏强,张广源,等.新型绿色起爆药二叠氮基乙二肟的合成及表征[C]//第十六届中国科协年会——分9含能材料及绿色民爆产业发展论坛论文集,2014:1-4.

[74] 刘进全,陈树森,欧育湘,等.1-氧-2,6-二氨基-3,5-二硝基吡嗪(LLM-105)的合成[J].化学通报,2006,2:151-153.

[75] 蔡华强,舒远杰,郁卫飞等.1,1-二氨基-2,2-二硝基乙烯的研究进展[J].含能材料,2004,12(2):124-128.

[76] H Östmark, A Langlet, H Bergman, et al. FOX-7 - A New Explosive with Low Sensitivity and High performance[M]. Colorado, USA: The 11th International Detonation Symposium, 1998.

[77] 蔡华强,舒远杰,郁卫飞,等 FOX-7的合成和反应机理研究[J].化学学报,2004,62(3):295-301.

[78] 姚冰洁,金韶华,陈树森,等.在线红外光谱技术研究乌洛托品与醋酸体系的反应[J].兵工学报,2013,34(2):209-216.

[79] Wang Dongxu, Chen Shusen, Li Yanyue, et al. An Investigation into the Effects of Additives on Crystal Characteristics and Impact Sensitivity of RDX[J]. Journal of energetic materials, 2014, 32(3):184-198.

[80] 马秀芳.高聚物粘结炸药结构与性能的计算模拟研究[D].南京:南京理工大学,2006.

[81] 徐丽娜.NTO二聚体及混合体分子间相互作用的理论研究[D].南京:南京理工大学,2004.

[82] 傅智敏,黄金印,钱新明,等.加速量热仪在物质热稳定性研究中的应用[J].火灾科学,2001,10(3):149-153.

[83] 栗元龙,汪应红,陆守香.一种新型绝热量热计及其应用[J].分析仪器,2004,4:26-29.

[84] 钱新明,傅智敏,张文明,等. NH_4NO_3 和 NH_4ClO_4 的绝热分解研究[J].含能材料,2001,9(4):156-160.

[85] 金韶华,王伟,松全才.含能材料机械撞击感度判据的认识和发展[J].爆破器材,2008,35(6):11-14.

[86] 刘海营,张景林,王作山.炸药撞击感度的研究综述[J].山西化工,2007,27(6):57-59.

[87] 李青莲,姚朴,王柳霞,等.微热量热法在烟火剂相容性测试中的应用[J].1994,3:7-10.

[88] 左玉芬,熊鹰,陈捷,等.HMX基PBX试件与聚氨酯粘接胶之间的相容性[J].含能材料,2012,20(5):587-591.

[89] 阚金玲,刘家骢,王晓萍.C80量热仪研究两种气氛下RDX的热分解性能[C]//第九届全国爆炸与安全会议论文集,73-77.

[90] 钱新明,刘丽,张杰.绝热加速量热仪在化工生产危险性评价中的应用[J].中国安全生产科学技术,2005,1(4):14-18.

[91] Pitcher Phil, Hameed Amer. Assessment of self ignition temperature (cook-off) in gun barrels[C]//27th International Symposium on Ballistics (ISB),2012,1(2):86-98.

[92] 朱华桥.利用绝热加速量热仪研究含能材料热分解反应动力学[D].北京:北京理工大学,2003.

[93] Chen Ao, Liu Yingxue. High energetic materials and explosives: Safety studies by accelerating rate calorimetry[C]//5th International Symposium on Safety Science and Technology,2006,6:1071-1077.

[94] Ghosh Mrinal, Venkatesan V, Mandave Snehal, et al. Probing crystal growth of epsilon- and alpha-CL-20 polymorphs via metastable phase transition using microscopy and vibrational spectroscopy[J]. Crystal Growth & Design,2014,14(10):5053-5063.

[95] 刘纯,潘旭海,陈发明,等.反应量热仪RC1在化工热危险性分析中的应用[J].工业安全与环保,2011,37(5):26-27,32.

[96] Zhang Pu, Xu Jinjiang, Guo Xueyong, et al. Effect of addictives on polymorphic transition of epsilon-CL-20 in castable systems[J]. Journal of Thermal Analysis and Calorimetry, 2014, 117(2):1001-1008.

[97] 李丽洁,金韶华,雷向东,等.低温氮吸附法研究六硝基六氮杂异伍兹烷的比表面积[J].实验技术与管理,2010,27(6):31-32,36.

[98] 刘江燕,武书彬.化学图文设计与分子模拟计算[M].广州:华南理工大学出版社,2009.

[99] 黄琛鸿.混合炸药机械感度理论预测研究[D].太原:中北大学,2013.

[100] 姬广富,张艳丽,李晓凤,等.极端条件下含能材料的计算机模拟[J].高能量密度物理,2008,2:77-96.

[101] 黄灿灿,李丽洁,陈树森,等.3-硝基-1,2,4-三唑-5-酮、1,1-二氨基-2,2-二硝基乙烯和黑索今对β-奥克托金晶体形貌影响的分子动力学模拟研究[J].兵工学报,2010,31(10):1322-1326.

[102] 李丽洁,陈树森,冉军鹏,等.不同结晶体系中PNMAIW对HNIW转晶影响的理论研究[J].火炸药学报,2009,32(4):1-5,9.

[103] 司振梅,金韶华,李丽洁,等.TADFIW水解反应机理的密度泛函理论[J].火炸药学报,2011,34(6):21-25.

[104] 王东旭,陈树森,李丽洁,等.HBIW的纯度分析方法[J].火炸药学报,2011,34(2):29-32.

[105] 李丽洁,施瑞.高效液相分析法在实验教学中的应用[J].实验室研究与探索,2010,29(2):14-15,19.

[106] 王东旭,陈树森,李丽洁,等.ε-HNIW/F2311 PBX界面结构力学行为模拟[J].北京理工大学学报,2015,35(2):213-217.

[107] 王世英.炸药装药在落锤撞击下的应力测试方法研究[J].力学计量测试技术学术交流会,2013,33:49-52.

[108] 钱文,舒远杰.计算机模拟混合炸药分子间作用的研究进展[J].含能材料,2013,21(5):629-637.

[109] 毕福强,付小龙,邵重斌,等.高能单元推进剂TKX-50能量特性计算研究[J].化学推进剂与分子材料,2013,11(5):70-73.
[110] 刘颖,杨茜,陈利平,等.绝热加速量热仪表征含能材料热感度的探讨[J].含能材料,2011,19(6):656-660.
[111] 李丽洁,施瑞,陈树森.大学生创新实验项目中的实验教学[J].实验技术与管理,2011,28(3):162-164.
[112] 美国康塔仪器公司.ULTRAPYCNOMETER 1000型全自动真密度仪仪器使用说明书,2004.
[113] 美国康塔仪器公司.NOVA1000E快速全自动比表面积和孔隙度分析仪仪器使用说明书,2004.
[114] 西安拓普电气有限责任公司.动态应力测试仪仪器使用说明书,1992.
[115] 法国Cilas有限责任公司.CILAS1064型高精度粒度分析仪仪器使用说明书,2004.
[116] 法国塞特拉姆有限责任公司.C80微热量热仪仪器说明书,2010.
[117] 梅特勒-托利多有限责任公司.聚焦光束反射(FBRM)测量仪器使用说明书,2010.
[118] 梅特勒-托利多有限责任公司.颗粒录影显微镜(PVM)仪器使用说明书,2010.
[119] 英国THT(Thermal Hazard Technology)有限责任公司.快速筛选仪(RSD)仪器使用说明书,2011.
[120] 英国THT(Thermal Hazard Technology)有限责任公司.绝热加速量热(ARC)仪仪器使用说明书,2011.
[121] 梅特勒-托利多有限责任公司.全自动反应量热(RC1e)仪仪器使用说明书,2012.
[122] 西安拓普电气有限责任公司.百克量单元试验装置仪器使用说明书,2011.
[123] 美国POPE科学公司.POPE两英寸刮膜式多组分物质分离设备 仪器使用说明书,2010.
[124] 梅特勒-托利多有限责任公司.React IR IC10型在线反应红外分析仪仪器使用说明书,2009.
[125] Jennifer L. Lefler, Thomas DePhillipo. Thar SFC公司.超临界流体色谱仪(SCF)仪器使用说明书,2011.
[126] 浪潮(北京)电子信息产业有限公司.浪潮计算机集群使用说明书,2013.
[127] 创腾科技有限责任公司.Material Studio材料模拟软件(6.0版)说明,2012.
[128] ThermoFisher有限责任公司.Antaris Ⅱ近红外光谱仪仪器使用说明书,2009.
[129] 史彦山.氢解压力釜使用说明书,2004.
[130] 大连依利特有限责任公司.高效液相色谱仪器使用说明书,2004.